비상주
상 주
책 임
상 주
감 리

Check List
건축공사감리 체크리스트

편집부 편

시공문화사

차례

단계별 감리 체크리스트 대장 27
단계별 감리업무 Check List 28
공종별 감리 체크리스트 총괄표 44
공종별 감리 체크리스트 대장 45

※ **비상주 공사감리 체크리스트**

공종별 감리 체크리스트
토공사 47
지정 및 기초공사 48
철근 콘크리트 공사 51
철골공사 54
벽돌・블록 및 ALC 패널 공사 56
석공사 59
타일 및 테라코다 공사 60
옥공사 61
단열공사 62
방수공사 63
지붕 및 홈통공사 64
금속공사 65
미장공사 66
창호공사 67
유리공사 68
커튼월공사 69
도장공사 70
수장공사 71
조경공사 72
잡공사 73
건물주위 공사 74

● 기계설비 공사감리 체크리스트
승강설비 및 기계식주차 설비공사 75
급배수위생 설비 공사 76
공기 조화설비공사 77
배관설비공사 78
덕트설비공사 79
자동제어 설비공사 80
신재생에너지 설비공사 81
냉동냉장 설비공사 82
클린룸 설비공사 83
가스설비공사 84
방음방진 및 내진 설비공사 85

● 전기설비 공사감리 체크리스트
옥외공사 86
수변전(인입공사) 설비공사 87
예비전원 설비공사 88
옥내배선공사 89
조명설비공사 90
동력설비공사 91
감시제어설비공사 92
피뢰 및 접지 설비공사 93

● 통신 및 약전설비 공사감리 체크리스트
통신설비공사 94
약전설비공사 95
기계소방설비공사 96
전기소방설비공사 97

※ **상주 공사감리 체크리스트**

공종별 감리 체크리스트
가설공사 98
토공사 99
지정 및 기초공사 100
거푸집 공사 102
철근 콘크리트 공사 103
철골 공사 106
벽돌・블록 및 ALC 패널 공사 108
석공사 103
타일 및 테라코타 공사 112
목공사 113
단열공사 114
방수공사 115
지붕 및 홈통공사 116
금속공사 117
미장공사 118
창호공사 119
유리공사 120
커튼월공사 121
도장공사 122
수장공사 123
조경공사 124
잡공사 125
건물주위 공사 126

철근 콘크리트 공사 ……103

● 기계설비 공사감리 체크리스트
승강설비 및 기계식주차 설비공사 ……127
급배수위생 설비 공사 ……128
공기 조화설비공사 ……129
배관설비공사 ……130
덕트설비공사 ……131
자동제어 설비공사 ……132
신재생에너지 설비공사 ……133
냉동냉장 설비공사 ……134
클린룸 설비공사 ……135
가스설비공사 ……136
방음방진 및 내진 설비공사 ……137

● 전기설비 공사감리 체크리스트
옥외공사 ……138
수변전(인입공사) 설비공사 ……139
예비전원 설비공사 ……140
옥내배선공사 ……141
조명설비공사 ……142
동력설비공사 ……143
감시제어설비공사 ……144
피뢰 및 접지 설비공사 ……145

● 통신 및 약전설비 공사감리 체크리스트
통신설비공사 ……146

● 소화 소방 설비 공사감리 체크리스트
기계소방설비공사 ……148
전기소방설비공사 ……149

※ **책임상주 공사감리 체크리스트**
공종별 감리 체크리스트
가설공사 ……150
토공사 ……151
지정 및 기초공사 ……152
거푸집 공사 ……154
철근 콘크리트 공사 ……155
철골 공사 ……158
벽돌・블록 및 ALC 패널 공사 ……160
석공사 ……163
타일 및 테라코타 공사 ……164
목공사 ……165
단열공사 ……166
방수공사 ……167
지붕 및 홈통공사 ……168
금속공사 ……169
미장공사 ……170
창호공사 ……171
유리공사 ……172
커튼월공사 ……173
도장공사 ……174
수장공사 ……175
조경공사 ……176
잡공사 ……177
건물주위 공사 ……178

● 기계설비 공사감리 체크리스트
승강설비 및 기계식주차 설비공사 ……179
급배수위생 설비공사 ……180
공기 조화설비공사 ……181
배관설비공사 ……182
덕트설비공사 ……183
자동제어 설비공사 ……184
신재생에너지 설비공사 ……185
냉동냉장 설비공사 ……186
클린룸 설비공사 ……187
가스설비공사 ……188
방음방진 및 내진 설비공사 ……189

● 전기설비 공사감리 체크리스트
옥외공사 ……190
수변전(인입공사) 설비공사 ……191
예비전원 설비공사 ……192
옥내배선공사 ……193
조명설비공사 ……194
동력설비공사 ……195
감시제어설비공사 ……196
피뢰 및 접지 설비공사 ……197

● 통신 및 약전설비 공사감리 체크리스트
통신설비공사 ……198
약전설비공사 ……198

● 소화 소방 설비 공사감리 체크리스트
기계소방설비공사 ……200
전기소방설비공사 ……201

건축공사 감리세부 기준 개정안

제1장 일반 사항

1.1 목적

이 기준은 건축법 제25조에 따라 감리자가 건축물의 공사감리를 수행함에 있어 필요한 사항을 규정함으로써 건축물의 안전과 질적 향상을 도모함을 목적으로 한다.

1.2 적용범위

이 기준은 「건축법」(이하 "법"이라 한다)제25조에 따라 시정된 공사감리자가 「건축법시행령」(이하 "영"이라 한다) 제19조 및 제19조의2에 따른 건축물의 공사감리업무를 수행함에 있어 일반적으로 적용할 수 있는 기준으로서 「건축법」, 「건축사법」 등 관계법령에 따로 정한 사항을 제외하고는 이 기준에 따른다.

1.3 용어의 정의

이 기준에서 사용하는 용어의 정의는 다음과 같다.

1. "공사감리"라 함은 법에서 정하는 바에 따라 건축물 및 건축설비 또는 공작물이 설계도서의 내용대로 시공되는지 여부를 확인하고, 품질관리 · 공사관리 및 안전관리 등에 대하여 지도 · 감독하는 행위로서 비상주감리, 상주감리, 책임상주감리로 구분한다.
2. "공사감리자"라 함은 자기 책임하에(보조자의 조력을 받는 경우를 포함한다) 법이 정하는 바에 의하여 건축물 · 건축설비 또는 공작물이 설계도서의 내용대로 시공되는지의 여부를 확인하고 품질관리 · 공사관리 및 안전관리 등에 대하여 지도 · 감독하는 자를 말한다.
3. "공사시공자"라 함은 건설산업기본법 제2조제4호에 따른 건설공사를 하는 자, 주택법 제9조에 따른 등록업자, 착공신고서에 명기된 공사시공자로서 건축물의 건축 등에 관한 공사를 행하는 자를 말한다.
4. "현장관리인"이라 함은 건축주로부터 위임 등을 받아 건설산업기본법이 적용되지 아니하는 공사를 관리하는 자를 말한다.
5. "비상주감리"라 함은 법에서 정하는 바에 따라 공사감리자가 당해 공사의 설계도서, 기타 관계서류의 내용대로 시공되는지의 여부를 확인하고, 수시로 또는 필요할 때 시공과정에서 건축 공사현장을 방문하여 확인하는 행위를 한다.
6. "상주감리"라 함은 법에서 정하는 바에 따라 공사감리자가 당해 공사의 설계도서, 기타 관계서류의 내용대로 시공되는지의 여부를 확인하고, 건축분야의 건축사보 한 명 이상을 전체 공사기간 동안 배치하여 건축 공사의 품질관리 · 공사관리 및 안전관리 등에 대한 기술지도를 하는 행위를 말한다.
7. "책임상주감리"라 함은 법에서 정하는 바에 따라 공사감리자가 다중이용 건축물에 대하여 당해 공사의 설계도서, 기타 관계서류의 내용대로 시공되는지 여부를 확인하고, 「건설기술 진흥법」에 따른 건설기술용역업자(공사시공자 본인이거나 「독점규제 및 공정거래에 관한 법률」 제2조에 따른

계열회사인 건설기술용역업자는 제외한다)나 건축사(「건설기술 진흥법 시행령」 제60조에 따라 건설사업관리기술자를배치하는 경우만 해당한다)를 전체 공사기간동안 배치하여 품질관리, 공사관리, 안전관리 등에 대한 기술지도를 하며, 건축주의 권한을 대행하는 감독업무를 하는 행위를 말한다.

8. "확인"이라 함은 공사시공자가 설계도서대로 시공하고 있는지의 여부 또는 지시, 조정, 승인, 검사 이후 실행한 결과에 대하여 건축주 또는 공사감리자가 원래의 의도와 규정대로 시행되었는지를 확인하는 행위를 말한다.
9. "검토"라 함은 공사감리자가 공사시공자가 수행하는 주요사항과 해당 건설공사와 관련된 건축주의 요구사항에 대해 설계도서, 공사시공자 작성자료, 현장실정 등을 숙지하고 공사감리자의 경험과 기술을 바탕으로 하여 타당성 여부를 파악하는 행위를 말한다. 공사감리자는 필요한 경우 검토의견을 건축주 또는 시공자에게 제출하여야 한다.
10. "지도"라 함은 적절한 시공이 이루어질 수 있도록 관련 기술을 지도하는 행위를 말한다.
11. "감독"이라 함은 공사감리자가 건축주를 대신하여 공사시공자가 공사기간동안 당초 계약내용에 따라 적합하게 당해공사가 진행되도록 지휘하는 행위를 말한다.
12. "상세시공도면"이라 함은 시공에 적용되는 자재, 공법 등에 관한 현치도, 가공도, 설치도, 조립도, 제품안내서등을 말한다.

1.4 건축주·공사감리자·설계자·시공자의 기본 책무 등

1. 건축주는 감리계약에 규정된 바에 따른 공사감리 이행에 필요한 다음 각 호 사항을 지원, 협력하여야 한다.
   1) 공사감리에 필요한 설계도면, 문서 등의 제공
   2) 공사감리 계약 이행에 필요한 시공자의 문서, 도면, 자재 등에 대한 자료제출 및 조사 보장
   3) 공사감리자가 보고한 설계변경, 기타 현장실정 보고 등 방침요구사항에 대하여 감리업무수행에 지장이 없도록 의사를 결정하여 통보
   4) 건축주는 정당한 사유 없이 감리원의 업무 수행을 방해하거나 공사감리자의 권한을 침해할 수 없다.
2. 공사감리자는 다음 각 호에 따라 기본 임무를 수행하여야한다
   1) 건축주와 체결된 공사감리 계약 내용에 따라 공사감리자는 당해 공사가 설계도서 및 기타 관계서류의 내용대로 시공되는지의 여부를 확인하고 품질관리, 공정관리, 안전관리 등에 대하여 지도·감독한다.
   2) 공사감리자는 공사감리체크리스트에 따라 설계도서에서 정한 규격 및 치수 등에 대하여 시설물의 각 공종마다 도서를 검토·확인하고, 육안검사·입회·시험 등의 방법으로 공사감리업무를 수행하여야 한다.
   3) 공사감리자는 법률과 이에 따른 명령 및 공공복리에 어긋나는 어떠한 행위도 하지 아니하며 성실·친절·공정·청렴결백의 자세로 업무를 수행해야하며, 건축공사의 안전 및 품질향상을 위하여 노력하여야 한다.
   4) 건축법 제25조제2항에 의해 건축허가권자가 공사감리자를 지정하는 건축물의 공사 감리자는 당해 건축물을 설계하는 설계자의 설계의도 구현을 위하여 설계자의 적정한 참여가 이루어질 수 있도록 협조하여야 하며, 시공과정 중에 발생되는 설계변경 사항에 대하여 협의한다.
3. 시공자는 다음 각 호의 기본 임무를 수행하여야 한다.
   1) 시공자는 공사계약문서에서 정하는 바에 따라 현장작업, 시공방법에 대하여 책임을 지고 신의와 성실의 원칙에 입각하여 시공하고 정해진 기간 내에 완성하여야 한다.

2) 시공자는 착공계를 제출하기 전에 건축물의 품질관리·공사관리 및 안전관리 등의 내용을 포함한 공사계획서를 작성하여 건축주에게 제출하여한다. 건축주는 공사계획서를 공사감리자로 하여금 검토하도록 한다.

3) 시공자는 공사계약문서에서 정하는 바에 따라 공사감리자의 업무에 적극 협조하여야 한다.

4) 건축법 제25조제2항에 의해 건축허가권자가 공사감리자를 지정하는 건축물의 공사 시공자는 설계자의 설계의도 구현을 위하여 설계자의 적정한 참여가 이루어질 수 있도록 정당한 사유 없이 방해하여서는 아니 된다.

4. 설계자는 다음 각 호의 기본 임무를 수행하여야 한다.

1) 건축물의 설계자는 설계의도가 구현될 수 있도록 건축주·시공자·감리자등에게 설계의도 구현을 위한 다음 각 호에 대한 사항을 제안할 수 있다.

(1) 설계도서의 해석 및 자문

(2) 현장여건 변화 및 업체선정에 따른 자재와 장비의 치수·위치·재질·질감·색상 등의 선정 및 변경에 대한 검토·보완

2) 설계자는 시공과정 중에서 발생되는 설계변경 사항 등을 검도하고, 이에 대한 동의서를 건축주에게 제출한다.

1.5 공사감리대상 건축물

1. 법 제11조에 따라 건축허가를 받아야 하는 건축물(법 제14조에 따른 건축신고 대상 건축물은 제외한다)을 건축하고자 하는 경우, 영 제6조제1항제6호에 따른 건축물을 리모델링하는 경우, 다중이용건축물을 건축하는 경우에는 공사감리자를 지정하여야 한다. 단, 주택법 제15조에 따른 사업계획승인 대상 및 건설기술진흥법 제39조제2항에 따른 건설사업관리에 대하여는 당해 법령이 정하는 바에 따른다.

2. 법 제14조에 따른 신고대상 건축물이라 하더라도 건축주가 건축물의 품질관리 등을 위하여 필요로 하는 경우에는 공사감리자를 지정 할 수 있다.

1.6 관계전문기술자의 협력

1. 공사감리자는 대지의 안전, 건축물의 구조상 안전, 건축설비의 설치 등을 위한 공사감리를 함에 있어서는 법 제67조 및 영 제91조의3에 따라 관계전문기술자의 협력을 받아야 한다.

2. 공사감리자에게 협력한 관계전문기술자는 그가 작성한 감리중간보고서 및 감리완료보고서에 공사감리자와 함께 서명날인한다.

제2장 공사감리업무

2.1 공사감리의 일반적 업무

공사감리자가 수행하여야 하는 감리업무는 영 제19조 제6항 및 시행규칙 제19조의2에서 정하는 업무로 하되, 공사의 질적 향상을 위하여 필요한 세부사항은 공사감리 계약으로 정할 수 있다.

2.2 공사감리자의 지정 등

1. 공사감리자의 자격

1) 법 제25조제1항에 따라 영 제19조제1항 각 호의 건축물을 건축하는 경우에는 건축사를 공사감리자로 지정하되, 다중이용건축물을 건축하는 경우에는 건설기술진흥법에 의한 건설기술용역업

자(공사시공자 본인이거나 「독점규제 및 공정거래에 관한 법률」 제2조에 따른 계열회사인 건설기술용역업자는 제외한다) 또는 건축사(「건설기술 진흥법 시행령」 제60조에 따라 건설사업관리기술자를 배치하는 경우만 해당한다)를 공사감리자로 지정한다. 다만, 다중이용건축물을 건축하는 경우로서 건설기술진흥법 시행령 제60조에 따라 감리원을 배치하는 경우에는 건축사를 공사감리자로 지정할 수 있다.

2) 상기 규정에 의하여 다중이용건축물의 공사감리자를 지정하는 경우 감리원의 배치기준 및 감리대가는 건설기술진흥법이 정하는 바에 의한다.

2. 공사감리자의 지정 방법

1) 건축법 제25조제1항에 따라 건축주는 영 제19조제1항 각 호의 건축물을 건축하는 경우에 공사감리자를 지정하여야 한다.

2) 단, 1)에도 불구하고 건축법 제25조제2항에 따라 허가권자가 해당 건축물의 설계에 참여하지 아니한 자 중에서 공사감리자를 지정하여야 하는 건축물은 다음과 같다.

(1) 「건설산업기본법」 제41조제1항 각 호에 해당하지 아니하는 건축물로서 건축주가 직접 시공하는 건축물(영 별표 1 제1호가목의 단독주택은 제외한다)

(2) 분양을 목적으로 하는 다음 각 목의 어느 하나에 해당하는 건축물(30세대 미만으로 한정한다)

가. 아파트

나. 연립주택

다. 다세대 주택

3) 2)항에 따른 공사감리자 모집 및 선정

(1) 「건축법 시행령」 제19조의2에 따라 시·도지사는 모집공고를 거쳐 법 제25조제2항에 따라 공사감리자로 지정될 수 있는 건축사의 명부를 작성하고 관리하여야 한다.

(2)허가권자는 제1호에 따른 명부에서 공사감리자를 지정하여야 한다.

4) 2)에도 불구하고 다음 각 호 어느 하나에 해당하는 건축물의 건축주는 허가권자에게 신청하여 건축물을 설계한 자를 공사감리자로 지정할 수 있다.

(1) 「건설기술 진흥법」 제14조에 따른 신기술을 적용하여 설계한 건축물

(2) 「건축서비스산업 진흥법」 제13조제4항에 따른 역량 있는 건축사가 설계한 건축물

(3) 설계공모를 통하여 설계한 건축물

3. 공사감리 계약 및 감리비용

1) 건축법 제25조제2항에 따라 허가권자가 감리자를 지정하는 건축물에 해당하는 경우 건축주와의 세부감리업무를 협의하여 건축법 제15조제3항의 규정에 따라 건축물의 공사감리 표준계약서에 의거하여 감리계약서를 작성하여야 한다.

2) 허가권자가 공사감리자를 지정하는 건축물에 해당하는 경우 건축주는 제21조에 따라 착공신고를 하는 때에 감리비용이 명시된 감리계약서를 허가권자에게 제출하여야 하고, 제22조에 따른 사용승인을 신청하는 때에는 감리용역 계약내용에 따라 감리비용이 지불되었는지를 확인할 수 있는 감리비용 입금내역서, 세금계산서, 통장 사본 등의 증빙서류를 제출하여야 한다.

3) 허가권자는 감리비용에 관한 기준을 해당 지방자치단체의 조례로 정할 수 있다.

2.3 공사감리업무의 수행방법

1. 공사감리자는 수시 또는 필요한 때 공사현장에서 감리업무를 수행하여야 하며, 아래의 건축 등의 공사감리에 있어서는 「건축사법」 제2조의제2호에 따른 건축사보(「기술사법」 제6조에 따른 기술사사

무소 또는 「건축사법」 제23조제8항 각 호의 건설기술용역업 등에 소속되어 있는 자로서 「국가기술자격법」 에 따른 해당 분야 기술계 자격을 취득한 자와 「건설기술진흥법 시행령」 제4조에 따른 건설사업 관리를 수행할 자격이 있는 자를 포함한다)중 건축분야의 건축사보 1인 이상을 전체 공사기간 동안, 토목 · 전기 · 기계분야의 건축사보 1인 이상을 각 분야별 해당 공사기간동안 각각 공사현장에서 감리업무를 수행하게 하여야 한다. 이 경우 건축사보는 해당분야 건축공사의 설계, 시공, 시험, 검사, 공사감독 또는 감리업무 등에 2년 이상 종사한 경력이 있는 자이어야 한다.

1) 바닥면적의 합계가 5천 제곱미터 이상인 건축공사. 다만, 축사 또는 작물재배사의 건축공사는 제외한다.
2) 연속된 5개층 이상(지하층을 포함한다)으로서 바닥면적의 합계가 3천제곱미터 이상인 건축공사
3) 아파트의 건축공사
4) 준다중이용 건축물 건축공사

2. 건축물의 규모별 구분에 따른 감리업무의 세부내용 및 전기, 통신, 소방분야 등 공사감리자가 공사현장에서 수행하여야 하는 당해 공사감리의 범위는 [별표1] 건축공사감리 체크리스트의 해당사항에 따른다. 단, 「전력기술관리법」, 「정보통신공사업법」, 「소방시설 공사업법」 에 의해 별도 감리업무를 수행하는 경우는 각 개별법령에 따른다.
3. 비상주 감리시 다음각호에 따라 감리업무를 수행하여야 한다.
   1) 깊이 10미터 이상 토지 굴착공사 또는 높이 5미터 이상 옹벽 등의
   공사를 감리하는 경우 해당 공사기간 동안 건축 · 토목분야 건축사보를
   배치하여 감리업무를 수행하여야 한다.
   2) 아래의 경우 현장을 방문하여 공사감리를 수행하여야 한다.
      (1) 공사착공 시 공사현장과 건축허가 도서 비교 확인
      (2) 터파기 및 규준틀 확인
      (3) 각층 바닥 철근 배근 완료
      (4) 단열 및 창호공사 완료 시
      (5) 마감공사 완료 시
      (6) 사용검사 신청 전

2.4 공사 전 단계업무

2.4.1. 감리업무 착수준비

1. 공사착수 전에 다음 중 당해공사와 관련된 사항을 건축주로부터 인수받고 숙지한다.
   1) 건축허가 필증 사본 및 허가조건 등 관련 문서 사본
   2) 지장물 철거 등에 관한 자료
   3) 허가시 제출한 관련서류 및 건축법 시행규칙 〔별표2〕 에 해당하는 설계도서 사본
   4) 착공 신고서류 사본 및 건축법 시행규칙 〔별표4의2〕 에 해당하는 설계도서 사본
   5) 공사시방서
   6) 공사계획서
   7) 지반 및 지질 조사서
   8) 기타 감리업무 수행에 필요한 사항
2. 감리사무실에는 다음의 사항을 비치한다.
   1) 공사 시공자 등으로부터 제공받은 공사추진 현황
   2) 감리업무 수행내용

3) 공사감리자 지정신고서 및 경력사항 확인서
4) 공사감리자 조직 구성 내용과 공사감리자별 투입기간 및 담당업무

3. 2.에도 불구하고 비상주감리 대상 건축물인 경우 감리현장에 관련 서류 등의 비치는 제외한다.

2.4.2. 설계도서 검토

1. 설계도면, 시방서, 구조계산서, 각종 부하계산서 등 설계도서 상호간에 불일치한 사항, 관계법령에 의거하여 설계도서 중 누락, 오류 등의 사항은 건축주에게 보고한다.
2. 구조도와 관련된 설계도서 검토
   1) 건물 층고의 확인
   2) 보의 위치 및 크기의 확인(특히, 창호 크기와의 관계)
   3) 벽체의 위치 및 두께의 확인, 바닥의 고저와 마감두께 확인
   4) 구조도면과 구조계산서의 대조
3. 특기시방서 검토
4. 공사여건 확인
5. 공법 확인
6. 관련설비공사의 내용 확인
7. 설계도서에 사용 재료 및 자재 명기 여부 확인·검토
8. 관련 별도공사 확인

2.4.3. 공사계획서등의 검토·확인(해당 건축물에 한함)

공사감리자는 공사시공자가 작성한 공사계획서에 대하여 다음 사항을 검토·확인하고, 검토서를 작성하여 건축주에게 보고한다.

1. 건축허가 내용과 부합되는지 여부
2. 현장기술자 자격, 경력 및 배치계획
3. 건설공사 공정 예정표 및 관련설비 공사 등 타 공정과의 상호 부합여부
   1) 공사감리자는 공사시공자의 공정관리계획이 공사의 종류, 특성, 공기 및 현장 실정등을 감안하여 수립되었는지를 검토, 확인하고 시공의 경제성과 품질확보의 적합성 등을 검토한다.
   2) 공사감리자는 계약된 공기내에 건설공사가 완료될 수 있도록 공사시공자의 세부 공정계획, 공사시공자의 현장기술자 및 장비 확보사항, 기타 공사계획에 관한 사항을 검토하여 공사 진행상 문제가 있다고 판단되는 경우에는 건축주에게 의견을 제시한다.
      (1) 세부 공정계획
      (2) 공사시공자의 현장기술자 및 장비 확보사항
      (3) 기타 공사계획에 관한 사항
4. 각종 품질관리 및 시험계획서 검토(시방서 및 관계법령에 따라 수행해야 하는 시험 포함)
   1) 공사감리자는 공사시공자로부터 「건설기술진흥법」 제55조에 따라 수립하여야 하는 품질관리계획 또는 품질시험계획을 제출받아 적정하게 작성되었는지를 검토하고 보완 · 지시할 수 있다.
   2) 품질관리 계획 검토대상과 품질시험계획 검토 대상은 각 호와 같다.
      (1) 품질관리계획 검토 대상은 「건설기술 진흥법 시행령」 제89조제1항에 따른 건설공사로 한다.
      (2) 품질시험계획 검토(시방서 및 관계법령에 따라 수행해야 하는 시험 포함) 대상은 「건설기술 진흥법 시행령」 제89조제2항에 따른 건설공사로 한다.

5. 안전관리계획서 검토
   1) 공사감리자는 공사시공자로부터 「건설기술진흥법」 제62조에 따라 수립하여야 하는 안전관리계획을 제출받아 적정하게 작성되었는지를 검토하고 보완 · 지시할 수 있다.
      (1) 공사시공자의 안전조직 편성 및 임무
      (2) 시공계획과 연계된 안전계획
      (3) 현장 안전관리 규정
   2) 안전관리계획 검토 대상은 「건설기술 진흥법 시행령」 제98조제1항에 따른 건설공사로 한다.
6. 설계계약서 사본, 시공 계약서 사본 및 산출내역서 첨부 여부

2.4.4. 공사착공전 현장 조사

1. 현장조사 및 피해방지 대책 사항에 대하여 공사착공전에 시공자가 조사, 대책을 수립한 사항에 대하여 검토 · 협의 한다.
   1) 지반 및 지질상태, 진입도로 현황, 매설물 및 장애물(공사용수 인입 및 배수상태) 등 공사여건 조사
   2) 인근 시설물 피해 대책, 통행지장 대책, 소음, 진동 대책, 지반침하 대책, 지하매설물, 인근 도로, 교통시설물 등의 손괴, 하수로 인한 피해 대책, 우기 기간중 배수대책, 분진, 악취 대책, 폐기물 및 쓰레기 처리대책 등에 대한 안전관리 대책 사항의 검토·확인
2. 현장확인 결과 당초설계 내용의 변경이 필요한 경우에는 건축주에게 보고한다.
3. 공사감리자는 측량의 결과를 확인한다.

2.4.5. 상세시공도면의 작성 요청 및 검토 · 확인

1. 공사감리자는 법 제25조제5항 및 영 제19조제4항에 따라 연면적의 합계가 5천제곱미터 이상인 건축공사로서 필요하다고 인정하는 경우에는 공사시공자에게 상세시공도면을 작성하도록 요청할 수 있다.
2. 공사감리자는 작성된 상세시공도면에 대해 아래와 같은 사항을 반드시 확인·검토하여 의견을 제시한다
   1) 설계도면 및 시방서 또는 관계규정에 일치하는지 여부(설계기준은 개정된 최신 설계기준에 따름)
   2) 현장기술자, 기능공이 명확하게 이해할 수 있는지 여부(실시설계도면을 기준으로 각 공종별, 형식별 세부사항들이 표현되도록 현장여건을 반영)
   3) 실제 시공이 가능한지 여부(현장여건과 공종별 시공계획을 최대한 반영하여 시공시 문제점이 발생하지 않도록 각종 구조물의 시공상세도 작성)
   4) 안전성의 확보 여부(주철근의 경우, 철근의 길이나 겹이음의 위치 등 철근상세에 관한 변경이 필요한 경우 반드시 전문기술사의 검토·확인을 거쳐 공사감독관의 승인을 받아야 함)
   5) 가시설공 시공상세도의 경우, 구조계산서 첨부 여부(관련 기술사의 서명날인 포함)
   6) 계산의 정확성
   7) 제도의 품질 및 선명성, 도면작성 표준에 일치 여부
   8) 도면으로 표시 곤란한 내용은 시공 시 유의사항으로 작성되었는지 등을 검토

2.5 공사 단계

2.5.1. 하도급 저정성 검토(해당 건축물에 한함)

1. 공사감리자는 시공자가 도급받은 건설공사를 「건설산업기본법」 제29조, 「(계약예규)공사계약일반조건」 제42조 규정에 따라 하도급 하고자 건축주에게 승낙을 요청하는 사항에 대해서는 다음 각 호의 사항에 관한 적정성 여부를 검토하여 건축주에게 보고한다.
   1) 하도급자 자격의 적정성 검토
   2) 저가 하도급에 대한 검토의견서 등
2. 공사감리자는 제1항에 따라 처리된 하도급에 대해서는 시공자가 「건설산업기본법」 제34조부터 제38조까지 및 「하도급거래 공정화에 관한 법률」에 규정된 사항을 이행하도록 지도·확인하여야 한다.
3. 공사감리자는 시공자가 하도급 사항을 제1항 및 제2항에 따라 처리하지 않고 위장 하도급 하거나, 무면허자에게 하도급 하는 등 불법적인 행위를 하지 않도록 지도한다.
4. 공사감리자는 1의 각 호 사항을 검토하기 위해 시공자에게 하도급에 관한 세부 자료를 요청할수 있으며 시공자는 공사감리자의 요청에 따라 관련 서류를 제출해야 한다.(신설)

2.5.2 공정관리

1. 주요공종 관리

공사감리자는 공사시공자가 제출하는 예정공정표상에 주공정선 표시, 주요공종에 대한 착수, 종료시점 및 소요기간 등의 명시 등을 검토한다.

2. 공사 준비사항 사전 점검

주요공종 공사착수 전에 시공준비 상태를 점검하여야 하며, 미흡한 사항에 대하여 공사시공자에게 개선을 촉구하고 협의한 내용의 이행 여부를 문서로 확인한다.

3. 공사관리

공사시공자로부터 주요공종에 대하여 다음의 공사추진 세부계획서를 제출받아 검토한다.

   1) 공사추진계획(월별)
   2) 자재 수급 및 인력동원계획
   3) 장비투입계획(필요 공종에 한함)
   4) 기 타

4. 동시작업 금지

   동일 건축물안에서 화재위험이 높은 공정(용접작업과 유증기를 다루는 작업)은 동시작업을 금지한다. 다만, 벽(개구부가 완전히 닫힌 경우만 해당한다.) 등으로 작업공간이 상호차단 되어 있고, 증기·가스 또는 분진의 환기장치를 설치하는 등 시공자가 「산업안전보건기준에 관한 규칙」에 따른 화재예방 조치 이후 감리자에게 보고하는 경우에는 동시작업을 허용할 수 있다.

2.5.3 공사감리자의 시공지도 및 시공확인

건축물 및 대지가 설계도서에 적합하도록 시공지도 및 확인하고, 부적합경우에는 건축주에게 보고한다.

1. 건축물의 위치 및 배치, 건폐율, 용적률
2. 도로, 인접대지경계선, 인접대지 건축물과 관련되는 건축물의 높이
3. 동일 대지안의 건축물 상호간에 띄어야 할 거리와 건축물의 높이
4. 기초 및 구조체의 규격 또는 단면적, 철근의 가공 및 배근, 콘크리트의 배합 타설 및 양생 등
5. 피난시설, 내화구조, 방화구조, 방화구획, 방화문 등
6. 토지의 굴착부분에 대한 정리
7. 주요 구조부용 자재
8. 바닥구조, 세대간 경계벽구조, 객실간 경계벽구조
9. 화장실 급배수 소음 저감공법 시공여부(해당 건축물에 한함)

10. 침수방지 및 방수를 위한 구조 및 시설 설치 및 적정성 여부(해당 건축물에 한함)
11. 실내건축의 적절한 설치 및 시공여부 검사(해당 건축물에 한함)
12. 빗물이용시설 및 중수도 설치 여부(해당 건축물에 한함)
13. 피난안전구역·피난시설 또는 대피공간에 피난용도 사용 표시여부 확인(해당 건축물에 한함)
14. 에너지절약 이행검토서대로 시공여부 확인(해당 건축물에 한함)

2.5.4 현장시공관리

1. 시공확인
   1) 지적 측량 결과를 확인한다.
   2) 공사감리자는 주요공종별, 단계별로 시공 규격 및 수량이 설계도서의 내용과 일치하는지를 검사하고 확인된 부분에 대하여 다음 공정을 착수하게 한다. 설계도서의 내용과 서로 다른 경우에는 시정사항을 기록, 시정하도록 통보하고 공사시공자가 지적사항을 조치 완료한 후 그 결과를 공사감리자가 재확인하여 다음 공정을 착수하게 한다. 다만, 비상주감리 시 감리자가 직접 현장에서 재확인하는 것이 불가능한 사유가 있는 경우 주요 공정외의 공정에 대해 사진 · 동영상 등으로 확인할 수 있다.
   3) 공사감리자는 정기적으로 공사시공자의 공사일지를 확인하도록 한다.
   4) 공사감리자는 적합한 사용자재, 시공품질 등의 검사항목을 도출하고 이에 따라 시공과정 또는 완료상태와 자재시험 결과를 적정하게 시행되었는지 확인하여 불합격된 부분은 공사시공자에게 시정통보한다.
   5) 주요 공종의 검사, 확인결과는 해당공종의 공사가 종료되는 즉시 공사시공자로부터 제출받아 문서화하여 기록을 유지한다.
2. 주요공종 입회

공사감리자는 건설공사의 품질확보를 위하여 품질관리가 요구되는 주요공종의 시공과정에 입회 확인한다.

3. 공사중 사진 및 동영상 촬영
   1) 공사감리자는 공사의 공정이 다음 각 호의 어느 하나에 해당하는 경우에는 공사시공자로부터 주요구조부 시공과정의 사진 및 동영상 촬영 기록을 제출받아 건축주에게 제출하여야 한다. 건축주는 제출받은 사진 및 동영상을 보관하여야 한다.
   2) 사진 및 동영상 촬영 공정
      (1) 영 제19조제3항에서 정하는 진도에 다다른 경우
      (2) 주요구조부가 매몰되는 경우
      (3) 그 밖에 공사감리자가 필요하다고 인정하는 경우
   3) 사진 및 동영상 촬영, 보관 사진 및 동영상 촬영 공정
      (1) 촬영 시 촬영 개시시각과 종료시각을 표시하여 공사 연속성과 공기 등을 파악 할 수 있도록 한다.
      (2) 공정 경과에 따른 촬영 전후 상황을 알 수 있도록 가능한 동일 장소에서 촬영위치를 선정하도록 한다.
      (3) 촬영내용은 Digital 파일, CD 등의 저장 매체를 이용하여 제출한다.
      (4) 기타 사항은 별표 2의 적용을 권장한다.
4. 시공현장 공사감리 체크리스트 작성
5. 감리자의 사전 확인이 필요한 작업허가제 확인 · 검토

공사감리자는 다음 각 호의 공정에 대해서는 공사시행 전 공사 시공자의 안전조치 이행여부를 확인하여야 하며, 이 경우 시공자에게 해당 공정에 대한 작업계획서(별지6호서식)를 요구하여야 한다.

다만, 감리자가 작업조건이 동일하게 반복되어 안전에 영향이 없다고 인정하는 경우에는 시공자는 작업계획서 제출 후 작업을 착수 할 수 있다.

1) 가설공사, 철골공사, 승강기 설치공사 등 추락위험이 있는 공정
2) 도장공사, 단열공사 등 화재 위험이 있는 공정
3) 거푸집, 토공사 등 붕괴위험이 있는 공정
4) 공사 시행 전 안전조치 확보가 필요하다고 감리자가 인정하는 경우

2.5.5 품질관리

1. 각종 재료의 확인

공사감리자는 시공 전에 설계도서의 각종 재료를 확인한 후 이의 변경이 필요한 경우에는 건축주 또는 공사시공자와 협의한다.

2. 자재의 확인
   1) 공사감리자는 공사시공자에게 자재반입에 관한 사항을 제출하게 하여 설계도서와의 적합성 여부(규격, 품질, 색상 등)를 검토확인 한다.
   2) 선정된 견본품은 반입되는 자재의 검수기준으로 활용하기 위하여 감리사무실에 비치한다.
   3) 반입된 자재가 견본품과 일치하는지 여부를 확인(시험성적서 및 품질관리 시험 포함)후 사용하도록 한다.
   4) 공사감리자는 자재의 품질확인에 관한 기록을 보관한다.
3. 자재품질관리(해당건축물에 한함)
   1) 공사감리자는 공사시공자가 작성한 품질관리계획 또는 품질관리 시험계획에 따라 품질시험·검사가 실시되었는지를 확인·검토한다.
   2) 공사감리자는 공사시공자가 품질관리계획에 따라 품질관리 업무를 적정하게 수행하였는지 여부를 확인·검토한다.
   3) 복합자재의 품질관리서를 확인·검토한다.
   4) 공사감리자는 공사시공자가 철골구조의 품질관리업무를 적정하게 수행하였는지 여부를 확인··검토한다.

2.5.6 안전관리(해당 건축물에 한함)

1. 안전관리의 확인

공사감리자는 공사전반에 대한 안전관리계획의 사전검토, 실시확인 및 평가, 자료의 기록유지 등 공사시공자가 사고예방을 위한 안전관리를 취하도록 한다.

2. 사전검토 및 확인
   1) 공사시공자의 안전조직 편성 및 임무
   2) 시공계획과 연계된 안전계획
   3) 현장 안전관리 규정
3. 재해예방전문지도기관의 기술지도 여부 확인
4. 안전관리자의 공사현장 배치여부 확인
5. 실시 확인
   1) 안전관리 계획의 실시 및 여건 변동시 계획
   2) 안전점검 계획 수립 및 실시 여부
   3) 위험장소 및 작업에 대한 안전조치
   4) 안전표지 부착, 안전통로, 자재의 적치 및 정리정돈

6. 기록유지

공사감리자는 공사현장의 안전관리를 위하여 다음 자료들의 기록 여부를 확인한다.

1) 안전업무 일지
2) 안전점검 실시
3) 안전교육
4) 각종 사고 보고
5) 월간 안전 통계

7. 사고처리

공사감리자는 현장에서 사고가 발생하였을 경우에는 공사시공자에게 즉시 필요한 응급조치를 취하도록 하고 이를 건축주에게 보고하게 한다.

8. 작업허가제 준수여부 확인 · 검토
9. 동시작업 화재위험이 높은 공정(용접작업과 가연성 물질을 다루는 작업 등)의 동시작업 금지 확인 · 검토

2.5.7 설계변경 적정여부의 검토 · 확인

1. 공사감리자는 현지확인 결과 당초설계 내용의 변경이 필요한 경우에는 시공자, 건축주, 설계자와 설계변경에 관련된 내용을 협의한다.
2. 공사감리자와 설계자는 시공자가 공사비 절감과 건설공사 품질향상 등을 위해 설계변경사유서, 설계변경 도면, 개략적인 수량증감내역 및 공사비 증감내역 등의 서류를 제출하면 이에 대한 적합여부를 검토 · 확인하여야 한다.
3. 공사감리자는 설계변경원인이 설계의 하자라고 판단되는 경우에는 이를 건축주에게 보고하고, 건축주는 설계자에게 설계변경을 지시하여 조치하도록 한다.

2.5.8 공사비 중간 기성공사 검토·확인(해당건축물에 한함)

시공자가 제출한 공사비 중간지불청구서를 검토·확인한다.

2.6 공사완료 단계

2.6.1 사용승인 등의 신청

공사감리자는 건축주가 사용승인 또는 임시사용승인을 신청하는 경우 설계도서 및 품질관리기준 등에 따라 적합 시공 여부를 검사한 후 감리중간보고서 및 감리완료보고서를 첨부토록 한다.

1. 사용승인시 검사
   1) 설계도면 및 시방서에 대한 적합한 시공상태
   2) 주요자재의 사용
   3) 건축공사용 시설, 잉여자재, 폐기물, 가건물의 제거 및 기타 주변의 원상복구 정리사항
   4) 제반 서류 및 각종 검사합격필증
2. 임시사용승인 검사
   1) 설계도면 및 시방서에 대한 적합한 시공상태
   2) 주요자재의 사용
   3) 임시사용 신청부분의 각종 검사 합격필증
3. 사용승인 현장조사·검사 및 확인에 따른 조치결과 확인

공사감리자는 각종 검사와 관련하여 시정할 사항이 있을 때에는 건축주에게 그 내용을 보고하고, 즉

시 공사시공자로 하여금 보완시공 또는 재시공하도록 하여 다시 검사 · 확인한다.

2.6.2 공사비 최종 기성공사 검토·확인(해당 건축물에 한함)

사용승인서 교부에 의한 공사비 최종지불 청구서를 검토·확인한다.

2.6.3 건축물 시운전 및 유지관리 협력

1. 공사감리자는 공사시공자로 하여금 시설장비기능에서 시험가동이 가능한 경우에는 사용승인 신청 이전에 예비 및 정상상태 시운전을 완료하도록 하되, 정상상태에서 시험가동이 불가능할 경우에는 예비 시운전만 시행하고 정상상태에서의 시험가동은 건축주와 협의, 별도의 기간을 정하여 실시하도록 한다.
2. 공사감리자는 사용승인 완료후 공사시공자가 당해 시설물을 관리할 자에게 인계하도록 협의하여야 하며, 당해 현장에서 특수한 재료 혹은 공법을 적용하였을 경우 시공 부위, 방법, 특성, 공사시공자 관리상의 주의점 등에 대한 기록을 인계하도록 하여 유지관리, 점검이 용이하도록 협력하여야 한다.

제3장 공사감리업무의 보고·기록 등

3.1 공사감리중간보고서

1. 제출시기

법 제25조 및 영 제19조에 따라 당해 건축공사가 다음의 공정에 다다른 때

구 조	공 정
- 철근콘크리트, 철골조, 철골 · 철근콘크리트조, 조적조, 보강콘크리트블럭조인 경우	- 기초공사시 철근배치를 완료한 때 - 지붕슬래브 배근을 완료한 때 - 5층 이상 건축물인 경우 지상 5개 층마다 상부 슬래브 배근을 완료한 때
- 철골구조인 경우	- 기초공사시 철근배치를 완료한 때 - 지붕철골 조립을 완료한 때 - 3층 이상 건축물인 경우 지상 3개층 마다 또는 높이 20미터 마다 주요 구조부의 조립을 완료한 때
- 상기 구조 이외의 경우	- 기초공사에 있어 거푸집 또는 주춧돌의 설치를 완료한 때

2. 제출방법

공사감리자는 상기 규정에 의하여 공사 진척사항을 공사시공자로부터 제출받아 공정을 검토 · 확인하여 건축주에게 제출한다.

3. 제출서류
   1) 공사감리중간보고서(별지 제1호 서식)
   2) 건축공사감리 체크리스트(별표 1, 단계별 감리업무 체크리스트는 해당 단계에 한함)
   3) 공사감리일지(별지 제2호 서식)
   4) 공사현황 사진 및 동영상(해당 건축물에 한함)
   5) 기타 공사감리자가 필요시 별지로 의견 및 자료 첨부

3.2 공사감리완료보고서

1. 세출방법

공사감리자는 공사를 완료한 때에는 완료된 사항을 검토·확인하여 건축주에게 제출하고, 건축주는 이를 허가권자 등에게 제출한다.

2. 제출서류
   1) 공사감리완료보고서(별지 제1호 서식)
   2) 건축공사감리 체크리스트(별표 1)
   3) 공사감리 일지(별지 제2호 서식)
   4) 공사추진 실적 및 설계변경 종합 (별지 제3호 서식)
   5) 품질시험성과 총괄표(별지 제4호 서식)
   6) KS자재 및 국토교통부장관 인정자재 사용 총괄표(별지 제5호 서식)
   7) 공사현황 사진 및 동영상(해당 건축물에 한함)
   8) 기타 공사감리자가 필요시 별지로 의견 및 자료 첨부

3.3 공사감리일지의 작성

공사감리자는 법 제25조제6항에 따라 감리일지를 기록·유지한다.

3.4 위법보고 등

1. 공사감리자는 당해 공사감리를 함에 있어 법 및 이법의 규정에 의한 명령이나 처분 기타 관계법령의 규정에 위반된 사항을 발견하거나 공사시공자가 설계도서대로 공사를 하지 아니하는 경우에는 이를 건축주에게 통지한 후 공사시공자로 하여금 이를 시정 또는 재시공하도록 요청하여야 하며, 공사시공자가 이에 따라 시정 또는 재시공하지 아니하는 경우에는 서면으로 당해 건축공사를 중지하도록 요청 할 수 있다.
2. 공사감리자는 상기 규정에 의하여 공사시공자가 시정 또는 재시공 요청을 받은 후 이에 따르지 아니하거나 공사중지 요청을 받은 후 공사를 계속하는 경우에는 허가권자에게 위법 공사보고서를 제출한다.

3.5 기준의 해석

이 기준의 해석에 이의가 있을 경우에는 대한건축사협회 이사회의 해석에 따른다.

3.6 재검토 기한

국토교통부장관은 「훈령·예규 등의 발령 및 관리에 관한 규정」(대통령 훈령 334호)에 따라 이 고시에 대하여 2019년 1월 1일 기준으로 매3년이 되는 시점(매 3년째의 12월 31일까지를 말한다)마다 그 타당성을 검토하여 개선 등의 조치를 하여야 한다

부칙 〈제2024-377호, 2024. 7. 10.〉

제1조(시행일) 이 고시는 발령한 날로부터 시행한다.

제2조(동시작업에 관한 적용례) 2.5.2 제4호 단서 및 2.5.6 제9호의 개정규정은 이 고시 시행 이후 2.5.4 제5호2)에 따라 제출된 화재 위험이 있는 공정에 대한 작업계획서를 공사감리자가 확인·검토하는 경우부터 적용한다.

[별표 2] 〈제정 2017.2.4〉

사진 및 동영상 촬영, 보관, 제출 방법

1. 사진 및 동영상 촬영, 보관 방법
   - 촬영대상의 시공위치, 규격, 시공품질, 구조체와의 상관관계를 알 수 있도록 촬영
   - 공정의 경과에 따라 촬영 내용의 전후 상황을 알 수 있도록 촬영위치를 한곳으로 하여 연속보기 가능하도록 함
   - 시공의 연속성과 공기 등을 확인할 수 있도록 촬영일시를 명확하게 표시
   - 카메라의 촬상소자(CCD 또는 COMS)는 최저 100만 화소 이상인 제품 사용을 권장
   - 카메라의 조도는 어두운 곳에서 촬영할 수 있도록 최저 0.001 lux 이하로 하여 주·야간 구분 없이 최적의 영상을 제공할 수 있어야 함.(단, 화질이 100만 화소 이상인 카메라는 0.01 lux 까지 가능)
   - 촬영시간은 3~5분 분량의 단위로 제작
   - 영상압축 방식은 MPEG-4, MJPEG 등을 지원하여야 함
   - 영상저장 품질은 압축방식에 관계없이 최저 720×480ppi, 10fps 이상으로 저장하여야 함. 단, 화질이 100만 화소 이상인 카메라는 최저 1280×720ppi, 10fps 이상으로 저장할 것을 권장함
   - 녹화장치의 저장용량은 해당공사기간 동안 보관할 수 있는 용량을 확보하여야 함
   - 수시 검토·확인 할 수 있도록 보관함

2. 사진 및 동영상 제출방법
   - 촬영부위를 쉽게 확인 가능 하도록 공종명과 시공일자, 위치, 시공내용 등을 기재하여 제출
   - 사진 및 시공 동영상 디지털 파일을 USB, CD, DVD 등(필요시 촬영한 비디오 테이프)의 저장 매체를 이용하여 제출

■ 건축공사 감리세부기준 〔별지 제1호서식〕 〈개정 2017. 2. 4.〉

감 리 보 고 서

• 공사감리보고서는 사용승인신청서와 함께 제출하며, [ ]에는 해당하는 곳에 √ 표시를 합니다. (3면 중 제1면)

<table>
<tr><td>신청구분</td><td colspan="2">[ ]감리중간보고 [ ]감리완료보고</td></tr>
<tr><td colspan="2">허가번호</td><td>허가일자</td></tr>
<tr><td colspan="2">대지위치</td><td>지번</td></tr>
</table>

<table>
<tr><th>구분</th><th>건축공정</th><th>동명칭 및 번호</th></tr>
<tr><td rowspan="4">중간보고</td><td>[ ] 기초공사 철근배근 완료</td><td></td></tr>
<tr><td>[ ] 지붕슬래브 철근배근 완료</td><td></td></tr>
<tr><td>[ ] (층)바닥슬래브 철근배근 완료
(철골조의 경우 주요구조부 조립을 완료)</td><td></td></tr>
<tr><td>[ ] 거푸집 또는 주춧돌 설치 완료</td><td></td></tr>
<tr><td rowspan="2">완료보고</td><td>공사감리기간 ~</td><td rowspan="2"></td></tr>
<tr><td>공사완료일자</td></tr>
</table>

<table>
<tr><td rowspan="9">공사감리자
• 관계전문
기술자
확인 및 의견</td><th>확인자</th><th>의견</th></tr>
<tr><td>( )분야 (서명 또는 인)</td><td></td></tr>
<tr><td>( )분야 (서명 또는 인)</td><td></td></tr>
<tr><td>( )분야 (서명 또는 인)</td><td></td></tr>
<tr><td>( )분야 (서명 또는 인)</td><td></td></tr>
<tr><td>( )분야 (서명 또는 인)</td><td></td></tr>
<tr><td>( )분야 (서명 또는 인)</td><td></td></tr>
<tr><td>( )분야 (서명 또는 인)</td><td></td></tr>
<tr><td>(공사감리자) (서명 또는 인)</td><td></td></tr>
</table>

「건축법」 제25조 및 같은 법 시행규칙 제19조에 따라 위와 같이 공사감리보고서를 제출합니다.

년 월 일

보고인(건축주) (서명 또는 인)

특별시장 · 광역시장 · 특별자치시장 · 특별자치도지사, 시장 · 군수 · 구청장 귀하

210㎜×297㎜[백상지(80g/㎡) 또는 중질지(80g/㎡)]

(3면 중 제2면)

구 분		조 사 내 용	「건축법」(조례)기준	완공 후 현황
현장조사	대지 및 도로	대지의 안전조치 등	제40조	[ ]적합 [ ]부적합 [ ]해당없음
		토지굴착 부분에 대한 조치 등	제41조	[ ]적합 [ ]부적합 [ ]해당없음
		대지안의 조경	( )% 이상	( )% [ ]해당없음
		건축선 지정	제46조	[ ]적합 [ ]부적합 [ ]해당없음
		건축선에 의한 건축제한	제47조	[ ]적합 [ ]부적합 [ ]해당없음
	구조내력	철골구조의 품질기준	제48조	[ ]적합 [ ]부적합 [ ]해당없음
	피난시설	직통계단의 설치	제49조	[ ]적합 [ ]부적합 [ ]해당없음
		피난 · 특별피난 · 옥외피난계단의 설치	제49조	[ ]적합 [ ]부적합 [ ]해당없음
		관람석 등으로부터의 출구설치	제49조	[ ]적합 [ ]부적합 [ ]해당없음
		건축물 바깥쪽으로의 출구설치	제49조	[ ]적합 [ ]부적합 [ ]해당없음
		옥상광장의 설치	제50조	[ ]적합 [ ]부적합 [ ]해당없음
		방화구획	제49조	[ ]적합 [ ]부적합 [ ]해당없음
		계단설치기준 및 구조	제49조	[ ]적합 [ ]부적합 [ ]해당없음
		거실의 반자 · 채광 · 환기	제49조	[ ]적합 [ ]부적합 [ ]해당없음
		거실의 바닥	제49조	[ ]적합 [ ]부적합 [ ]해당없음
		경계 및 칸막이벽 구조	제49조	[ ]적합 [ ]부적합 [ ]해당없음
		건축물에 설치하는 굴뚝	제49조	[ ]적합 [ ]부적합 [ ]해당없음
	내화구조	건축물의 내화구조	제50조	[ ]적합 [ ]부적합 [ ]해당없음
		대규모건축물의 방화벽 등	제50조	[ ]적합 [ ]부적합 [ ]해당없음
	건축재료	건축물의 마감재료	제52조	[ ]적합 [ ]부적합 [ ]해당없음
		복합자재의 품질기준	제52조	[ ]적합 [ ]부적합 [ ]해당없음
	지하층	지하층 구조	제53조	[ ]적합 [ ]부적합 [ ]해당없음
	용도제한	용도지역 및 용도지구 안에서의 건축물의 건축제한 등	「국토의 계획 및 이용에 관한 법률」 제76조	[ ]적합 [ ]부적합 [ ]해당없음
	건폐율 용적률	건폐율	( )% 이하	[ ]적합 [ ]부적합 ( )%
		용적률	( )% 이하	[ ]적합 [ ]부적합 ( )%
	대지안의 공지	건축선으로부터 이격거리	제58조	[ ]적합 [ ]부적합 [ ]해당없음
		인접대지경계선으로부터 이격거리	제58조	[ ]적합 [ ]부적합 [ ]해당없음
	높이제한	가로구역별 및 도로에 의한 높이제한	제60조	[ ]적합 [ ]부적합 [ ]해당없음
		일조확보를 위한 높이제한	제61조	[ ]적합 [ ]부적합 [ ]해당없음

210㎜×297㎜[백상지(80g/㎡) 또는 중질지(80g/㎡)]

(3면 중 제3면)

구 분		조 사 내 용	「건축법」(조례)기준	완공 후 현황
현장 조사	건축설비	승용승강기의 설치	제64조	[ ]적합 [ ]부적합 [ ]해당없음
		승용승강기의 구조	제64조	[ ]적합 [ ]부적합 [ ]해당없음
		비상용승강기의 설치	제64조	[ ]적합 [ ]부적합 [ ]해당없음
		비상용승강기의 승강장 및 구조	제64조	[ ]적합 [ ]부적합 [ ]해당없음
		배연설비의 설치	제49조	[ ]적합 [ ]부적합 [ ]해당없음
		강제배수시설의 설치	제62조	[ ]적합 [ ]부적합 [ ]해당없음
		온돌 및 난방설비의 설치	제62조	[ ]적합 [ ]부적합 [ ]해당없음
		열손실방지 조치	「녹색건축물 조성 지원법」 제15조	[ ]적합 [ ]부적합 [ ]해당없음
		에너지 절약계획서 이행 여부	「녹색건축물 조성 지원법」 제14조	[ ]적합 [ ]부적합 [ ]해당없음
	도시설계	지구단위계획에의 적합여부	「국토의 계획 및 이용에 관한 법률」 제49조 부터 제55조 까지	[ ]적합 [ ]부적합 [ ]해당없음
		공개공지의 확보	( )% 이상	( )% [ ]해당없음
장애인 편의시설		관계법령에서 의무화된 시설		[ ]적합 [ ]부적합 [ ]해당없음
그 밖의 사항				
종합의견				

유의사항

- 중간검사는 그 검사 당시의 공사부분까지의 현황을 적습니다.

210㎜×297㎜[백상지(80g/㎡) 또는 중질지(80g/㎡)]

■ 건축공사 감리세부기준 〔별지 제2호서식〕 〈개정 2017. 2. 4.〉

공사감리일지

<table>
<tr><td colspan="3">일련번호</td></tr>
<tr><td colspan="2">총괄감리책임자
(서명 또는 인)</td><td>건축사보
(서명 또는 인)</td></tr>
<tr><td colspan="3">공사명
공사 년 월 일(요일) 날씨 :</td></tr>
<tr><td>공종 및 세부공정
(층)</td><td>감리 항목</td><td>감리내용</td></tr>
<tr><td></td><td></td><td></td></tr>
<tr><td colspan="3">특기사항</td></tr>
<tr><td colspan="3">지적사항 및 처리결과</td></tr>
</table>

작성방법

1. 공종에는 주요공종 및 단위공종 그리고 해당 층수를 기재합니다.
2. 감리항목은 공종별 감리 체크리스트를 기반으로 감리항목을 기재합니다.
3. 감리내용에는 각 감리항목에 대하여 육안검사·입회·시험 등 통한 감리내용을 구체적으로 기재하고, 그 결과와 업무수행 근거료자료를 상세히 기재합니다.
4. 특기사항은 특별히 명기되어 있지 아니한 내용의 발생·조치사항 등을 기재합니다.
5. 지적사항 및 처리결과는 재시공 및 공사중지 등 구두 또는 서면에 의한 지시내용과 처리결과를 기재합니다.

210㎜×297㎜[일반용지 60g/㎡]

■ 건축공사 감리세부기준 〔별지 제3호서식〕 〈개정 2017. 2. 4.〉

공사추진 실적 및 설계변경 종합

1. 공종별 추진실적

(단위: 백만원)

공종	구분 / 분야	단위	전체계획		20 년도(1차)		20 년도(2차)		20 년도(3차)	
			공사량	공사비	공사량	공사비	공사량	공사비	공사량	공사비
건축공사	가설공사	식								
	토공사	식								
	지정 및 기초공사	식								
	거푸집 공사	식								
	철근콘크리트 공사	㎥								
	철골공사	식								
	벽돌·블록 및 ALC 공사	식								
	석공사	식								
	타일 및 테라코타 공사	㎡								
	목공사	식								
	단열공사	식								
	방수공사	식								
	지붕 및 홈통공사	식								
	금속공사	식								
	미장공사	㎡								
	창호공사	식								
	유리공사	식								
	커튼월 공사	식								
	도장공사	식								
	수장공사	식								
	조경공사	식								
	잡공사	식								
	건물주위 공사	식								
기계설비공사	급배수 위생설비공사	식								
	공기조화설비공사	식								
	배관설비공사	식								
	덕트설비공사	식								
	자동제어설비공사	식								
	신재생에너지설비공사	식								
	냉동냉장 설비공사	식								
	클린룸 설비공사	식								
	가스설비공사	식								
	방음방진 및 내진설비공사	식								

(2면 중 제2면)

공종	구 분 / 분 야	단위	전체계획		20 년도(1차)		20 년도(2차)		20 년도(3차)	
			공사량	공사비	공사량	공사비	공사량	공사비	공사량	공사비
전기설비공사	옥외공사	식								
	수변전(인입공사)설비공사	식								
	예비전원설비공사	식								
	옥내배선공사	식								
	조명설비공사	식								
	동력설비공사	식								
	감시제어설비공사	식								
	피뢰 및 접지설비공사	식								
통신 및 약전 설비 공사	통신 설비 공사	식								
	약전 설비 공사	식								
소화 소방 설비 공사	기계소방설비공사	식								
	전기소방설비공사	식								

* 시공자는 공사감리자가 작성하기 어려운 공사량, 공사비 등 공종별 추진실적을 작성하여야 합니다.

2. 설계변경 종합

변경일	당초	변경내용

■ 건축공사 감리세부기준 〔별지 제4호서식〕 〈개정 2017. 2. 4.〉

품질시험·검사대장

일련번호	년 월 일	시험 · 검사구분	재료	시험 · 검사항목	시험기준	시험결과	시험결과판정	시험 · 검사자		건설사업관리기술자 확인		비고
								성 명	서 명	성 명	서 명	

■ 건축공사 감리세부기준 〔별지 제5호서식〕 〈개정 2017. 2. 4.〉

K.S자재 및 국토교통부장관 인정자재 사용총괄표

순번	품 명	규 격	수 량	K.S규격번호	제조회사	제조회사 주소	비 고

작성일시 : 20 년 월 일

작성자 : 소속(시공회사) 직위: 성명: (서명 또는 인)

소속(감 리 자) 직위: 성명: (서명 또는 인)

■ 건축공사 감리세부기준 [별지 제6호서식]

작업계획서

공 사 명		작업일자	
공 종 (세부공정)		작업장소	
계 획 서 작 성 자	(서명 또는 인)	계 획 서 검 토 자	(서명 또는 인)

작 업 명		유해 · 위험작업			
작업시간		작업책임자 (서명 또는 인)	안전관리자	근로자 수	명
작 업 명		유해 · 위험작업			
작업시간		작업책임자 (서명 또는 인)	안전관리자	근로자 수	명
작 업 명		유해 · 위험작업			
작업시간		작업책임자 (서명 또는 인)	안전관리자	근로자 수	명

세 부 작업내용	
작업 안전대책	
지적사항 및 처리결과	

작성방법

1. 공사명에는 공사현장명 또는 주소를 기재
2. 공종에는 해당공정 및 세부공정을 기재
3. 작업 장소에는 작업이 이루어지는 층수와 공사현장 내 위치를 기재
4. 계획서 작성자에는 공사 시공사 또는 현장관리인이 서명 또는 날인
5. 계획서 검토자에는 공사 감리자 또는 건축분야 건축사보가 서명 또는 날인
6. 작업 명에는 해당 공종에 필요한 세부 작업을 기재
7. 유해 · 위험작업에는 추락, 발화, 휘발성 물질을 다루는 작업 등 안전사고 발생위험이 높은 작업을 포함할 경우 작업내용 기재
8. 작업시간에는 세부 작업의 시작 예정시간과 종료 예정시간을 기재
9. 작업책임자에는 세부 작업을 진행하는 전문건설사업자(작업책임자)가 서명 또는 날인
10. 안전관리자에는 「산업안전보건법」에 따른 안전관리자 또는 세부작업의 유해 · 위험방지 업무 담당자 성명을 기재
11. 근로자 수에는 세부 작업에 투입되는 근로자 등 전체 투입 근로자의 수를 기재
12. 세부작업내용에는 작업별 투입자재 및 장비 그리고 작업 방식 등을 기재
13. 안전대책에는 휘발성 물질의 환기 대책, 발화성 작업의 불티 방지 및 소화 대책, 고소작업의 추락 방지 대책 등 안전대책 방안을 기재
14. 지적사항 및 처리결과에는 안전대책의 보완사항 및 그에 따른 처리결과를 기재
15. 현장여건 등을 고려 계획서 작성자와 검토자와 협의하여 작업계획서 내용을 변경 가능

210mm×297mm[백상지(80g/㎡)]

[별표 1]

단계별 감리 체크리스트 대장

일련 번호	기간	단계	세부 단계	주요 업무 내용
1	20 . . ~ 20 . .			
2	20 . . ~ 20 . .			
3	20 . . ~ 20 . .			
4	20 . . ~ 20 . .			
5	20 . . ~ 20 . .			
6	20 . . ~ 20 . .			
7	20 . . ~ 20 . .			
8	20 . . ~ 20 . .			
9	20 . . ~ 20 . .			
10	20 . . ~ 20 . .			
11	20 . . ~ 20 . .			
12	20 . . ~ 20 . .			
13	20 . . ~ 20 . .			
14	20 . . ~ 20 . .			
15	20 . . ~ 20 . .			
16	20 . . ~ 20 . .			
17	20 . . ~ 20 . .			
18	20 . . ~ 20 . .			
19	20 . . ~ 20 . .			
20	20 . . ~ 20 . .			
예시	20 . . ~ 20 . .	공사전 단계	감리업무 착수준비	-

단계별 감리업무 Check List

공사명		문서번호	
건축주		발행일시	
공사단계	공사전 단계	업무구분	비상주 감리

<table>
<tr><th rowspan="2" colspan="2">검토항목</th><th rowspan="2">세부검토사항</th><th colspan="2">검토결과</th><th rowspan="2">조치사항</th></tr>
<tr><th>적합</th><th>부적합</th></tr>
<tr><td rowspan="16">기본
업무</td><td rowspan="3">감리
업무
착수
준비</td><td>당해 공사 관련 설계도서 인수 확인서 작성</td><td></td><td></td><td></td></tr>
<tr><td>허가도서 및 허가 조건 확인</td><td></td><td></td><td></td></tr>
<tr><td>착공도서 및 각종 조건 확인</td><td></td><td></td><td></td></tr>
<tr><td rowspan="13">설계
도서
검토
확인</td><td>설계도면, 시방서 등 설계도서 상호간 불일치 사항의 건축주 보고</td><td></td><td></td><td></td></tr>
<tr><td>구조도와 관련된 설계도서 확인</td><td></td><td></td><td></td></tr>
<tr><td>- 건물 층고의 확인</td><td></td><td></td><td></td></tr>
<tr><td>- 보의 위치 및 크기의 확인(특히, 창호 크기와의 관계)</td><td></td><td></td><td></td></tr>
<tr><td>- 벽체의 위치 및 두께의 확인, 바닥의 고저와 마감두께 확인</td><td></td><td></td><td></td></tr>
<tr><td>- 구조도와 구조계산서의 대조</td><td></td><td></td><td></td></tr>
<tr><td>특기시방서 확인</td><td></td><td></td><td></td></tr>
<tr><td>각종 사용 재료 및 자재 확인</td><td></td><td></td><td></td></tr>
<tr><td>- 설계도서에 사용 재료 및 명기 확인</td><td></td><td></td><td></td></tr>
<tr><td></td><td></td><td></td><td></td></tr>
<tr><td></td><td></td><td></td><td></td></tr>
<tr><td></td><td></td><td></td><td></td></tr>
<tr><td></td><td></td><td></td><td></td></tr>
<tr><td rowspan="13">기본
외
업무</td><td>감리
업무
착수
준비</td><td>공사추진현황 및 감리업무 수행 내용 등의 감리사무실 비치 확인
(해당 건축물에 한함)</td><td></td><td></td><td></td></tr>
<tr><td rowspan="3">설계
도서
검토
확인</td><td>입지조건(공사여건) 조사 여부 · 확인</td><td></td><td></td><td></td></tr>
<tr><td>공법 확인</td><td></td><td></td><td></td></tr>
<tr><td>관련설비 공사의 내용 확인</td><td></td><td></td><td></td></tr>
<tr><td rowspan="9">공사
계획
서등
의
확인
·
검토</td><td>건축허가 내용과 부합되는지 여부 확인</td><td></td><td></td><td></td></tr>
<tr><td>현장기술자 자격, 경력 및 배치계획 확인</td><td></td><td></td><td></td></tr>
<tr><td>건설공사 공정예정표 확인</td><td></td><td></td><td></td></tr>
<tr><td>각종 품질관리계획서 및 품질시험계획서 확인</td><td></td><td></td><td></td></tr>
<tr><td>안전관리계획서 확인</td><td></td><td></td><td></td></tr>
<tr><td>- 공사시공자의 안전조직 편성 및 임무 확인</td><td></td><td></td><td></td></tr>
<tr><td>- 시공계획과 연계된 안전계획 확인</td><td></td><td></td><td></td></tr>
<tr><td>- 현장 안전관리 규정 확인</td><td></td><td></td><td></td></tr>
<tr><td>설계계약서 사본, 시공계약서 사본 첨부 여부 확인</td><td></td><td></td><td></td></tr>
</table>

검토항목		세부검토사항	검토결과		조치사항
			적합	부적합	
	공사 착공 전 현장 조사	시공자작성 현장조사 및 피해방지 대책 등에 대한 확인협의			
		- 현지조사사항의 확인(지반 및 지질상태, 진입도로 현황, 매설물 및 장애물(공사용수 인입 및 배수상태) 등)			
		- 안전관리대책 수립 사항의 확인(지하매설물, 인근도로, 교통시설물 등의 손괴 등)			
		- 현지확인 결과 당초 설계 내용의 변경이 필요한 경우 건축주에게 보고			
		경계명시 측량결과의 확인			
	상세 시공 도면 의 확인 · 검토	연면적 합계 5천㎡ 이상인 건축물로서 필요시 상세시공도면 작성 요청			
		상세시공도면 확인 · 의견제시			

상기와 같이 단계별 감리업무에 따른 검토 사항을 확인하여 제출합니다.

총괄 감리 책임자 : (인)

건축사보(공종별 감리 책임자) : (인)

단계별 감리업무 Check List

공사명		문서번호	
건축주		발행일시	
공사단계	공사단계	업무구분	비상주 감리

검토항목		세부검토사항	검토결과		조치사항
			적합	부적합	
기본업무	공사감리자의 시공지도 및 시공확인·검토	건축물 및 대지가 설계도서에 적합하도록 시공지도 및 확인, 부적합시 건축주 보고			
		- 건축물의 위치 및 배치, 건폐율, 용적률의 설계도서와 적합 여부 확인			
		- 도로, 인접 대지경계선, 인접대지 건축물과 관련되는 건축물의 높이 확인			
		- 동일 대지안의 건축물 상호간에 띄어야 할 거리와 건축물의 높이 확인			
		- 기초 및 구조체의 규격 또는 단면적, 철근의 가공 및 배근, 콘크리트의 배합 타설 및 양생 등 확인			
		- 피난시설, 내화구조, 방화구조, 방화구획, 방화문 등의 설계도서와의 적합여부 확인			
		- 토지의 굴착부분에 대한 정리 확인			
		- 주요 구조부용 재료의 설계도서 일치여부 확인			
	주요공종 현장시공관리 및 확인·검토	- 경계명시 측량 결과 확인			
		- 주요공종별 설계도서 내용과 일치 여부 검사•확인 후공정착수 진행, 불일치시 시정통보 및 재확인 후 공정 착수 여부 확인 (비상주의 경우 재확인은 사진 등의 문서로 확인)			
		시공현장 공사감리 체크리스트 작성			
	품질관리	- 시험성적서 확인			
		- 복합자재의 품질관리서 확인			
		- 시공자가 철골구조의 품질관리업무를 적정하게 수행하였는지의 여부 확인			
	안전관리	재해예방 전문지도기관의 기술지도(해당 건축물에 한함) 여부 확인			
		안전관리자의 공사현장 배치(해당 건축물에 한함) 여부 확인			
기본 외 업무	하도급 적정성 확인·검토	하도급 적정성 여부 확인 및 건축주 보고 여부 확인(해당 건축물에 한함)			
		- 하도급자 자격의 적정성 확인 여부 확인(해당 건축물에 한함)			
		- 저가 하도급에 대한 확인 의견서 등 확인(해당 건축물에 한함)			
		하도급거래 관련 규정에 대한 지도·확인(해당 건축물에 한함)			
		위장 하도급 및 무면허자 하도급 등에 대한 지도 여부 확인(해당 건축물에 한함)			
	공정	공사시공자가 제출하는 예정공정표상의, 주공정선 표시, 주요공			

	관리	종에 대한 착수, 종료시점 및 소요기간 등의 명시 등의 확인			
		주요공종 공사착수 전 시공준비상태 및 미흡한 사항에 대하여 공사시공자에게 개선촉구, 이행여부 문서 확인			
		주요공종에 대한 공사추진 세부계획서(공사추진계획, 자재 수급 및 인력동원계획, 필요 공정에 대한 장비투입계획)를 확인			
	공사감리자의 시공지도 및 시공확인 · 검토	- 바닥구조, 세대간 경계벽구조, 객실간 경계벽구조의 설계도서와의 적합여부 확인(해당건축물에 한함)			
		- 화장실 급배수 소음 저감공법 시공여부 확인(해당건축물에 한함)			
		- 침수방지 및 방수를 위한 구조, 해당 시설설치의 적정성 여부 확인(해당 건축물에 한함)			
		- 실내건축의 적절한 설치 및 시공여부 검사(해당 건축물에 한함)			
		- 빗물이용시설 및 중수도 설치의 적정성 여부 확인(해당건축물에 한힘)			
		- 피난안전구역·피난시설 또는 대피공간에 피난용도 사용 표시여부 확인			
		- 에너지절약 이행검토서대로 시공여부 확인			
	주요공종 현장시공관리 및 확인 · 검토	시공 확인			
		- 공사일지와 금일작업 실적간 일치여부 확인 이를 감리일지에 기록			
		- 자재의 견본품 확인 및 적합한 사용자재의 사용 여부와 시공의 적정시행 확인 후 미흡한 부분은 건축주에게 알리고 시공자에게 시정하거나 재시공하도록 요청			
		- 구조적 안전성과 집단민원 발생 가능 관련 공종의 검사, 확인 결과는 해당공종 공사 종료 즉시 공사시공자로부터 제출받아 문서화 및 기록유지			
		주요 공종 입회			
		시공자의 공사 중 사진 및 동영상 촬영 자료 보관여부 확인(해당 건축물에 한함)			
	품질관리	반입된 자재가 견본품과 일치하는지 여부 확인(해당건축물에 한함)			
		- 현장 품질시험(현장 품질시험 어려운 자재는 생산공장 시험실시 및 시험의뢰 시험결과검토 · 확인) 여부 확인(해당건축물에 한함)			
		- 자재의 품질확인에 관한 기록 보관 여부 확인(해당건축물에 한함)			
		자재의 품질관리(해당건축물에 한함)			
		- 시공자가 작성한 품질관리계획 또는 품질관리시험계획에 따라 품질시험 · 검사가 실시되었는지를 확인(해당건축물에 한함)			
		- 시공자가 품질관리계획에 따라 품질관리 업무를 적정하게 수행하였는지의 여부를 확인(해당건축물에 한함)			
	안전관리	- 안전관리계획의 실시 확인(해당건축물에 한함)			
		- 안전관리 계획의 실시 및 여건 변동시 계획변경 여부 확인(해당건축물에 한함)			
		- 안전점검 계획 수립 및 실시 여부 확인(해당건축물에 한함)			
		- 위험장소 및 작업에 대한 안전조치 여부 확인(해당건축물에 한함)			
		- 안전표지 부착, 안전통로, 자재의 적치 및 정리정돈 여부 확인(해당건축물에 한함)			

		안전관리 관련 기록유지(해당건축물에 한함)			
		- 안전업무 일지(일일보고) 작성 여부 확인(해당건축물에 한함)			
		- 안전점검 실시(안전업무일지에 포함 가능) 여부 확인(해당건축물에 한함)			
		- 안전교육(안전업무일지에 포함 가능) 실시 여부 확인(해당건축물에 한함)			
		- 각종 사고 보고 여부 확인(해당건축물에 한함)			
		- 월간 안전 통계(무재해, 사고) 확인(해당건축물에 한함)			
		사고처리 및 건축주 보고 여부 확인(해당건축물에 한함)			
	설계변경 적정여부의 확인 · 검토	설계변경이 필요한 경우에는 건축주에게 보고			
		시공자의 설계변경 요청시 적정여부의 확인			
	공사비 중간 기성 검사 확인 • 검토	시공자가 제출한 공사비 중간지불 청구서의 확인			
		사용승인서 교부에 의한 최종지불 청구서의 확인			

상기와 같이 단계별 감리업무에 따른 검토 사항을 확인하여 제출합니다.

총괄 감리 책임자 : (인)

건축사보(공종별 감리 책임자) : (인)

단계별 감리업무 Check List

<table>
<tr><td>공사명</td><td></td><td>문서번호</td><td></td></tr>
<tr><td>건축주</td><td></td><td>발행일시</td><td></td></tr>
<tr><td>공사단계</td><td>공사완료단계</td><td>업무구분</td><td>비상주 감리</td></tr>
</table>

<table>
<tr><th colspan="2" rowspan="2">검토항목</th><th rowspan="2">세부검토사항</th><th colspan="2">검토결과</th><th rowspan="2">조치사항</th></tr>
<tr><th>적합</th><th>부적합</th></tr>
<tr><td rowspan="11">기본업무</td><td rowspan="11">사용승인 등의 신청</td><td>사용승인 신청서 확인</td><td></td><td></td><td></td></tr>
<tr><td>사용승인시 검사</td><td></td><td></td><td></td></tr>
<tr><td>- 건축공사가 설계도면 및 시방서에 적합한 시공상태 확인</td><td></td><td></td><td></td></tr>
<tr><td>- 주요자재의 사용 여부 확인</td><td></td><td></td><td></td></tr>
<tr><td>건축공사용 시설, 잉여자재, 폐기물, 가건물의 제거 및 기타 주변의 원상복구 정리사항 확인</td><td></td><td></td><td></td></tr>
<tr><td>- 제반 서류 및 각종 검사합격필증 확인</td><td></td><td></td><td></td></tr>
<tr><td>임시 사용승인시 검사</td><td></td><td></td><td></td></tr>
<tr><td>- 건축공사가 설계도면 및 시방서에 적합한 시공상태 확인</td><td></td><td></td><td></td></tr>
<tr><td>- 주요자재의 사용 여부 확인</td><td></td><td></td><td></td></tr>
<tr><td>- 임시사용 신청부분이 구조, 소방, 피난 및 위생 등에 있어 각종 검사 합격필증 확인</td><td></td><td></td><td></td></tr>
<tr><td>사용승인 현장조사·검사 및 확인에 의한 조치결과 확인</td><td></td><td></td><td></td></tr>
<tr><td rowspan="3">기본 외 업무</td><td>사용승인 등의 신청</td><td>사용승인서 교부에 의한 공사비 최종 지불 청구서의 확인
(공사단계에서 확인하지 않은 경우에 한한다)</td><td></td><td></td><td></td></tr>
<tr><td rowspan="2">건축물 시운전 및 유지관리 협력</td><td>사용승인 신청 이전 공사시공자의 시설장비 시험가동 완료 여부 확인</td><td></td><td></td><td></td></tr>
<tr><td>사용승인 완료 후 공사시공자와 건축물 소유자(관리자)간 인수·인계 여부 확인</td><td></td><td></td><td></td></tr>
</table>

- 상기와 같이 단계별 감리업무에 따른 검토 사항을 확인하여 제출합니다.

총괄 감리 책임자 : (인)

건축사보(공종별 감리 책임자) : (인)

단계별 감리업무 Check List

공사명		문서번호	
건축주		발행일시	
공사단계	공사전 단계	업무구분	상주

검토항목		세부검토사항	검토결과		조치사항
			적합	부적합	
기본업무	감리업무 착수준비	당해 공사 관련 설계도서 인수 확인서 작성			
		공사추진현황 및 감리업무 수행 내용 등의 감리사무실 비치 확인 (해당 건축물에 한함)			
		허가도서 및 허가 조건 확인 · 검토			
		착공도서 및 각종 조건 확인 · 검토			
	설계도서 검토 확인	설계도면, 시방서 등 설계도서 상호간 불일치 사항의 건축주 보고			
		구조도와 관련된 설계도서 확인 · 검토			
		-건물 층고의 확인 · 검토			
		-보의 위치 및 크기의 확인 · 검토(특히, 창호 크기와의 관계)			
		-벽체의 위치 및 두께의 확인 · 검토, 바닥의 고저와 마감두께 확인 · 검토			
		-구조도와 구조계산서의 대조			
		특기시방서 확인 · 검토			
		입지조건(공사여건) 확인 · 검토			
		공법 확인 · 검토			
		관련설비 공사의 내용확인 · 검토			
		설계도서에 사용 재료 및 자재 명기 확인 · 검토			
	공사계획서 등의 확인 · 검토	건축허가 내용과 부합되는지 여부 확인 · 검토			
		현장기술자 자격, 경력 및 배치계획 확인 · 검토			
		건설공사 공정예정표 확인 · 검토			
		각종 품질관리계획서 및 품질시험계획서 확인 · 검토			
		안전관리계획서 확인 · 검토			
		-공사시공자의 안전조직 편성 및 임무 확인 · 검토			
		-시공계획과 연계된 안전계획 확인 · 검토			
		-현장 안전관리 규정 확인 · 검토			
		설계계약서 사본, 시공계약서 사본 첨부 여부 확인 · 검토			
	공사착공전 현장조사	시공자작성 현장조사 및 피해방지 대책 등에 대한 확인 · 검토 · 협의			
		-현지조사사항의 확인(지반 및 지질상태, 진입도로 현황, 매설물 및 장애물(공사용수 인입 및 배수상태) 등)			
		-안전관리대책 수립 사항의 확인 · 검토(지하매설물, 인근도로, 교통시설물 등의 손괴 등)			
		-현지확인 결과 당초 설계 내용의 변경이 필요한 경우 건축주에게 보고			
		-경계명시 측량결과의 확인 · 검토			
	상세시공도면 확인검토	연면적 합계 5천㎡ 이상인 건축물로서 필요시 상세시공도면 작성 요청			
		상세시공도면 확인 · 검토 · 의견제시			

상기와 같이 단계별 감리업무에 따른 검토 사항을 확인하여 제출합니다.

총괄 감리 책임자 : (인)

건축사보(공종별 감리 책임자) : (인)

단계별 감리업무 Check List

공사명		문서번호	
건축주		발행일시	
공사단계	공사단계	업무구분	상주

검토항목		세부검토사항	검토결과		조치사항
			적합	부적합	
기본업무	공정관리	공사시공자가 제출하는 예정공정표상의, 주공정선 표시, 주요공종에 대한 착수, 종료시점 및 소요기간 등의 명시 등의 확인•검토			
		주요공종 공사착수 전 시공준비상태 및 미흡한 사항에 대하여 공사시공자에게 개선촉구, 이행여부 문서 확인·검토			
		주요공종에 대한 공사추진 세부계획서(공사추진계획, 자재 수급 및 인력동원계획, 필요 공정에 대한 장비투입계획)를 확인·검토			
	공사감리자의 시공지도 및 시공확인·검토	건축물 및 대지가 설계도서에 적합하도록 시공지도 및 확인·검토, 부적합시 건축주 보고			
		-건축물의 위치 및 배치, 건폐율, 용적률의 설계도서와 적합 여부 확인·검토			
		-도로, 인접 대지경계선, 인접대지 건축물과 관련되는 건축물의 높이 확인·검토			
		-동일 대지안의 건축물 상호간에 띄어야 할 거리와 건축물의 높이 확인·검토			
		-기초 및 구조체의 규격 또는 단면적, 철근의 가공 및 배근, 콘크리트의 배합 타설 및 양생 등 확인·검토			
		-피난시설, 내화구조, 방화구조, 방화구획, 방화문 등의 설계도서와의 적합여부 확인·검토			
		-토지의 굴착부분에 대한 정리 확인·검토			
		-주요 구조부용 재료의 설계도서 일치여부 확인·검토			
	주요공종 현장시공 관리 및 확인·검토	시공 확인			
		-경계명시 측량 결과 확인·검토			
		-주요공종별 설계도서 내용과 일치 여부 검사·확인 후공정착수 진행, 불일치시 시정통보 및 재확인 후 공정 착수 여부 확인·검토(비상주의 경우 재확인은 사진 등의 문서로 확인)			
		-공사일지와 금일작업 실적간 일치여부 확인·검토 이를 감리일지에 기록			
		-자재의 견본품 확인·검토 및 적합한 사용자재의 사용 여부와 시공의 적정시행 확인·검토 후 미흡한 부분은 건축주에게 알리고 시공자에게 시정하거나 재시공하도록 요청			
		-구조적 안전성과 집단민원 발생 가능 관련 공종의 검사, 확인·검토결과는 해당공종 공사 종료 즉시 공사시공자로부터 제출받아 문서화 및 기록유지			
		주요 공종 입회			
		시공자의 공사 중 사진 및 동영상 촬영 자료 보관여부 확인·검토(해당 건축물에 한함)			
		시공현장 공사감리 체크리스트 작성			
	품질관리	반입된 자재가 견본품과 일치하는지 여부 확인·검토(해당건축물에 한함)			
		-시험성적서 확인·검토			
		-현장 품질시험(현장 품질시험 어려운 자재는 생산공장 시험실시 및 시험의뢰 시험결과검토·확인) 여부 확인·검토(해당 건축물에 한함)			
		-자재의 품질확인에 관한 기록 보관 여부 확인·검토(해당건축물에 한함)			

		자재의 품질관리(해당건축물에 한함)			
		-시공자가 작성한 품질관리계획 또는 품질관리시험계획에 따라 품질시험ㅍ검사가 실시되었는지를 확인ㅍ검토(해당건축물에 한함)			
		-시공자가 품질관리계획에 따라 품질관리 업무를 적정하게 수행하였는지의 여부를 확인・검토(해당건축물에 한함)			
		-복합자재의 품질관리서 확인・검토			
		-시공자가 철골구조의 품질관리업무를 적정하게 수행하였는지의 여부 확인・검토			
	안전 관리	재해예방 전문지도기관의 기술지도(해당 건축물에 한함) 여부 확인・검토			
		안전관리자의 공사현장 배치(해당 건축물에 한함) 여부 확인・검토			
		안전관리계획의 실시 확인・검토(해당건축물에 한함)			
		-안전관리 계획의 실시 및 여건 변동시 계획변경 여부 확인・검토(해당건축물에 한함)			
		-안전점검 계획 수립 및 실시 여부 확인・검토(해당건축물에 한함)			
		-위험장소 및 작업에 대한 안전조치 여부 확인・검토(해당건축물에 한함)			
		-안전표지 부착, 안전통로, 자재의 적치 및 정리정돈 여부 확인・검토(해당건축물에 한함)			
		안전관리 관련 기록유지(해당건축물에 한함)			
		-안전업무 일지(일일보고) 작성 여부 확인・검토(해당건축물에 한함)			
		-안전점검 실시(안전업무일지에 포함 가능) 여부 확인・검토(해당건축물에 한함)			
		-안전교육(안전업무일지에 포함 가능) 실시 여부 확인・검토(해당건축물에 한함)			
		-각종 사고 보고 여부 확인・검토(해당건축물에 한함)			
		-월간 안전 통계(무재해, 사고) 확인・검토(해당건축물에 한함)			
		사고처리 및 건축주 보고 여부 확인・검토(해당건축물에 한함)			
기본외 업무	하도급 적정성 확인・검토	하도급 적정성 여부 확인・검토 및 건축주 보고 여부 확인・검토(해당 건축물에 한함)			
		-하도급자 자격의 적정성 확인・검토 여부 확인・검토(해당 건축물에 한함)			
		-저가 하도급에 대한 확인・검토 의견서 등 확인・검토(해당 건축물에 한함)			
		하도급거래 관련 규정에 대한 지도・확인・검토(해당 건축물에 한함)			
		위장 하도급 및 무면허자 하도급 등에 대한 지도 여부 확인・검토(해당 건축물에 한함)			
	공사감리자의 시공지도 및 시공확인검토	-바닥구조, 세대간 경계벽구조, 객실간 경계벽구조의 설계도서와의 적합여부 확인・검토(해당건축물에 한함)			
		-화장실 급배수 소음 저감공법 시공여부 확인・검토(해당건축물에 한함)			
		-침수방지 및 방수를 위한 구조, 해당 시설설치의 적정성 여부 확인・검토(해당 건축물에 한함)			
		-실내건축의 적절한 설치 및 시공여부 검사(해당 건축물에 한함)			
		-빗물이용시설 및 중수도 설치의 적정성 여부 확인・검토(해당건축물에 한함)			
		-피난안전구역・피난시설 또는 대피공간에 피난용도 사용 표시여부 확인			

		-에너지절약 이행검토서대로 시공여부 확인			
	설계변경 적정여부 확인·검토	설계변경이 필요한 경우에는 건축주에게 보고			
		시공자의 설계변경 요청시 적정여부의 확인·검토			
	공사비 중간기성 검사 확인·검토	시공자가 제출한 공사비 중간지불 청구서의 확인·검토			
		사용승인서 교부에 의한 최종지불 청구서의 확인			

상기와 같이 단계별 감리업무에 따른 검토 사항을 확인하여 제출합니다.

총괄 감리 책임자 : (인)

건축사보(공종별 감리 책임자) : (인)

단계별 감리업무 Check List

공사명		문서번호	
건축주		발행일시	
공사단계	공사완료단계	업무구분	상주

검토항목		세부검토사항	검토결과		조치사항
			적합	부적합	
기본 업무	사용 승인 등의 신청	사용승인 신청서 확인·검토			
		사용승인시 검사			
		-건축공사가 설계도면 및 시방서에 적합한 시공상태 확인 · 검토			
		-주요자재의 사용 여부 확인•검토			
		-건축공사용 시설, 잉여자재, 폐기물, 가건물의 제거 및 기타 주변의 원상복구 정리사항 확인 · 검토			
		-제반 서류 및 각종 검사합격필증 확인 · 검토			
		임시 사용승인시 검사			
		-건축공사가 설계도면 및 시방서에 적합한 시공상태 확인•검토			
		-주요자재의 사용 여부 확인 · 검토			
		-임사사용 신청부분이 구조, 소방, 피난 및 위생 등에 있어 각종 검사 합격필증 확인 · 검토			
		사용승인 현장조사 · 검사 및 확인에 의한 조치결과 확인 · 검토			
기본 외 업무	사용 승인 등의 신청	사용승인서 교부에 의한 공사비 최종 지불 청구서의 확인·검토 (공사단계에서 확인하지 않은 경우에 한한다)			
	건축물 시운전 및 유지관리 협력	사용승인 신청 이전 공사시공자의 시설장비 시험가동 완료 여부 확인 · 검토			
		사용승인 완료 후 공사시공자와 건축물 소유자(관리자)간 인수 · 인계 여부 확인 · 검토			

- 상기와 같이 단계별 감리업무에 따른 검토 사항을 확인하여 제출합니다.

총괄 감리 책임자 : (인)

건축사보(공종별 감리 책임자) : (인)

단계별 감리업무 Check List

공사명		문서번호	
건축주		발행일시	
공사단계	공사전 단계	업무구분	책임상주

검토항목		세부검토사항	검토결과		조치사항
			적합	부적합	
기본업무	감리업무 착수 준비	당해 공사 관련 설계도서 인수 확인서 작성			
		공사추진현황 및 감리업무 수행 내용 등의 감리사무실 비치 확인(해당 건축물에 한함)			
		허가도서 및 허가 조건 확인 · 검토			
		착공도서 및 각종 조건 확인 · 검토			
	설계도서 검토 확인	설계도면, 시방서 등 설계도서 상호간 불일치 사항의 건축주 보고			
		구조도와 관련된 설계도서 확인 · 검토			
		-건물 층고의 확인 · 검토			
		-보의 위치 및 크기의 확인 · 검토(특히, 창호 크기와의 관계)			
		-벽체의 위치 및 두께의 확인 · 검토 -바닥의 고저와 마감두께 확인 · 검토			
		-구조도와 구조계산서의 대조			
		특기시방서 확인 · 검토			
		입지조건(공사여건) 조사 여부 · 확인			
		공법 확인			
		관련설비 공사 등 타 공정과의 상호 부합여부 확인 · 검토			
		각종 사용재료 및 자재 확인 · 검토			
		- 설계도서의 각종 재료, 자재 명기 여부 확인 · 검토 및 필요시 건축주협의			
	착공신고서 등의 확인 · 검토	건축허가 내용과 부합되는지 여부 확인 · 검토			
		현장기술자 자격, 경력 및 배치계획 확인 · 검토			
		건설공사 공정예정표 확인 · 검토			
		각종 품질관리계획서 및 품질시험계획서 확인 · 검토			
		안전관리계획서 확인 · 검토			
		-공사시공자의 안전조직 편성 및 임무 확인 · 검토			
		-시공계획과 연계된 안전계획 확인 · 검토			
		-현장 안전관리 규정 확인 · 검투			
		설계계약서 사본, 시공계약서 사본 첨부 여부 확인 · 검토			
	공사 착공 전 현장 조사	시공자작성 현장조사 및 피해방지 대책 등에 대한 확인 · 검토 · 협의			
		-현지조사사항의 확인 · 검토(지반 및 지질상태, 진입도로 현황, 매설물 및 장애물(공사용수 인입 및 배수상태) 등)			
		-안전관리대책 수립 사항의 확인 · 검토(지하매설물, 인근도로, 교통시설물 등의 손괴 등)			
		-현지확인 결과 당초 설계 내용의 변경이 필요한 경우 건축주에게 보고			
		-경계명시 측량 시 입회 및 확인 · 검토			
	상세시공도면 확인 검토	연면적 합계 5천㎡ 이상인 건축물로서 필요시 상세시공도면 작성 요청			
		상세시공도면 확인 · 검토 · 의견제시			

상기와 같이 단계별 감리업무에 따른 검토 사항을 확인하여 제출합니다.

총괄 감리 책임자 : (인)

건축사보(공종별 감리 책임자) : (인)

단계별 감리업무 Check List

공사명		문서번호	
건축주		발행일시	
공사단계	공사단계	업무구분	책임상주

검토항목		세부검토사항	검토결과		조치사항
			적합	부적합	
기본업무	공정관리	공사시공자가 제출하는 예정공정표상의, 주공정선 표시, 주요공종에 대한 착수, 종료시점 및 소요기간 등의 명시 등의 확인·검토			
		주요공종 공사착수 전 시공준비상태 및 미흡한 사항에 대하여 공사시공자에게 개선촉구, 이행여부 문서 확인ㅍ검토			
		주요공종에 대한 공사추진 세부계획서(공사추진계획, 자재 수급 및 인력동원계획, 필요 공정에 대한 장비투입계획)를 확인·검토			
	공사감리자의 시공지도 및 시공확인·검토	건축물 및 대지가 설계도서에 적합하도록 시공지도 및 확인·검토, 부적합시 건축주 보고			
		-건축물의 위치 및 배치, 건폐율, 용적률의 설계도서와 적합여부 확인·검토			
		-도로, 인접 대지경계선, 인접대지 건축물과 관련되는 건축물의 높이 확인·검토			
		-동일 대지안의 건축물 상호간에 띄어야 할 거리와 건축물의 높이 확인·검토			
		-기초 및 구조체의 규격 또는 단면적, 철근의 가공 및 배근, 콘크리트의 배합 타설 및 양생 등 확인·검토			
		-피난시설, 내화구조, 방화구조, 방화구획, 방화문 등의 설계도서와의 적합여부 확인·검토			
		-토지의 굴착부분에 대한 정리 확인·검토			
		-주요 구조부용 재료의 설계도서 일치여부 확인·검토			
	주요공종 현장 시공관리 및 확인·검토	시공 확인			
		-경계명시 결과 확인·검토			
		-주요공종별 설계도서 내용과 일치 여부 검사·확인 후공정착수 진행, 불일치시 시정통보 및 재확인 후 공정 착수 여부 확인·검토(비상주의 경우 재확인은 사진 등의 문서로 확인)			
		-공사일지와 금일작업 실적간 일치여부 확인·검토 이를 감리일지에 기록			
		-자재의 견본품 확인·검토 및 적합한 사용자재의 사용 여부와 시공의 적정시행 확인·검토 후 미흡한 부분은 건축주에게 알리고 시공자에게 시정하거나 재시공하도록 요청			
		-구조적 안전성과 집단민원 발생 가능 관련 공종의 검사, 확인·검토결과는 해당공종 공사 종료 즉시 공사시공자로부터 제출받아 문서화 및 기록유지			
		주요 공종 입회			
		시공자의 공사 중 사진 및 동영상 촬영 자료 보관여부 확인·검토(해당 건축물에 한함)			
		시공현장 공사감리 체크리스트 작성			
	품질관리	반입된 자재가 견본품과 일치하는지 여부 확인·검토(해당건축물에 한함)			
		-시험성적서 확인·검토			

		-현장 품질시험(현장 품질시험 어려운 자재는 생산공장 시험실시 및 시험의뢰 시험결과검토 · 확인) 여부 확인 · 검토(해당건축물에 한함)			
		-자재의 품질확인에 관한 기록 보관 여부 확인 · 검토(해당건축물에 한함)			
		자재의 품질관리(해당건축물에 한함)			
		-시공자가 품질관리계획에 따라 품질관리 업무를 적정하게 수행하였는지의 여부를 확인 · 검토하여 건축주에게 보고(해당건축물에 한함)			
		-시공자가 작성한 품질관리계획 또는 품질관리시험계획에 따라 품질시험 · 검사가 실시되었는지를 확인 · 검토(해당건축물에 한함)			
		-복합자재의 품질관리서 확인 · 검토			
		-시공자가 철골구조의 품질관리업무를 적정하게 수행하였는지의 여부 확인 · 검토			
	안전관리	재해예방 전문지도기관의 기술지도(해당 건축물에 한함) 여부 확인 · 검토			
		안전관리자의 공사현장 배치(해당 건축물에 한함) 여부 확인 · 검토			
		안전관리계획의 실시 확인 · 검토(해당건축물에 한함)			
		-안전관리 계획의 실시 및 여건 변동시 계획변경 여부 확인 · 검토(해당건축물에 한함)			
		-안전점검 계획 수립 및 실시 여부 확인 · 검토(해당건축물에 한함)			
		-위험장소 및 작업에 대한 안전조치 여부 확인 · 검토(해당건축물에 한함)			
		-안전표지 부착, 안전통로, 자재의 적치 및 정리정돈 여부 확인 · 검토(해당건축물에 한함)			
		안전관리 관련 기록유지(해당건축물에 한함)			
		-안전업무 일지(일일보고) 작성 여부 확인 · 검토(해당건축물에 한함)			
		-안전점검 실시(안전업무일지에 포함 가능) 여부 확인 · 검토(해당건축물에 한함)			
		-안전교육(안전업무일지에 포함 가능) 실시 여부 확인 · 검토(해당건축물에 한함)			
		-각종 사고 보고 여부 확인 · 검토(해당건축물에 한함)			
		-월간 안전 통계(무재해, 사고) 확인 · 검토(해당건축물에 한함)			
		사고처리 및 건축주 보고 여부 확인 · 검토(해당건축물에 한함)			
	설계변경 적정여부의 확인검토	설계변경이 필요한 경우에는 건축주에게 보고			
		시공자의 설계변경 요청시 적정여부의 확인•검토			
	공사비 중간기성 검사확인 검토	시공자가 제출한 공사비 중간지불 청구서의 확인•검토			
		사용승인서 교부에 의한 최종지불 청구서의 확인 · 검토			
기본외 업무	하도급 적정	하도급 적정성 여부 확인 · 검토 및 건축주 보고 여부 확인 · 검토(해당 건축물에 한함)			

	성 확인 ·검토	-하도급자 자격의 적정성 확인·검토 여부 확인·검토(해당 건축물에 한함)			
		-저가 하도급에 대한 확인·검토 의견서 등 확인·검토(해당 건축물에 한함)			
		하도급거래 관련 규정에 대한 지도·확인·검토(해당 건축물에 한함)			
		위장 하도급 및 무면허자 하도급 등에 대한 지도 여부 확인·검토(해당 건축물에 한함)			
	공사감리자의 시공지도 및 시공확인 ·검토	-바닥구조, 세대간 경계벽구조, 객실간 경계벽구조의 설계도서와의 적합여부 확인·검토(해당건축물에 한함)			
		-화장실 급배수 소음 저감공법 시공여부 확인·검토(해당건축물에 한함)			
		-침수방지 및 방수를 위한 구조, 해당 시설설치의 적정성 여부 확인·검토(해당 건축물에 한함)			
		-실내건축의 적절한 설치 및 시공여부 검사(해당 건축물에 한함)			
		-빗물이용시설 및 중수도 설치의 적정성 여부 확인·검토(해당건축물에 한함)			
		-피난안전구역·피난시설 또는 대피공간에 피난용도 사용 표시여부 확인			
		-에너지절약 이행검토서대로 시공여부 확인			

상기와 같이 단계별 감리업무에 따른 검토 사항을 확인하여 제출합니다.

총괄 감리 책임자 : (인)

건축사보(공종별 감리 책임자) : (인)

단계별 감리업무 Check List

공사명		문서번호	
건축주		발행일시	
공사단계	공사완료단계	업무구분	책임상주

<table>
<tr><th colspan="2" rowspan="2">검토항목</th><th rowspan="2">세부검토사항</th><th colspan="2">검토결과</th><th rowspan="2">조치사항</th></tr>
<tr><th>적합</th><th>부적합</th></tr>
<tr><td rowspan="13">기본
업무</td><td rowspan="13">사용
승인
등의
신청</td><td>사용승인 신청서 확인·검토</td><td></td><td></td><td></td></tr>
<tr><td>사용승인시 검사</td><td></td><td></td><td></td></tr>
<tr><td>-건축공사가 설계도면 및 시방서에 적합한 시공상태 확인 · 검토</td><td></td><td></td><td></td></tr>
<tr><td>-주요자재의 사용 여부 확인 · 검토</td><td></td><td></td><td></td></tr>
<tr><td>-건축공사용 시설, 잉여자재, 폐기물, 가건물의 제거 및 기타 주변의 원상복구 정리사항 확인 · 검토</td><td></td><td></td><td></td></tr>
<tr><td>-제반 서류 및 각종 검사합격필증 확인 · 검토</td><td></td><td></td><td></td></tr>
<tr><td>임시 사용승인시 검사</td><td></td><td></td><td></td></tr>
<tr><td>-건축공사가 설계도면 및 시방서에 적합한 시공상태 확인 · 검토</td><td></td><td></td><td></td></tr>
<tr><td>-주요자재의 사용 여부 확인 · 검토</td><td></td><td></td><td></td></tr>
<tr><td>-임사사용 신청부분이 구조, 소방, 피난 및 위생 등에 있어 각종 검사 합격필증 확인 · 검토</td><td></td><td></td><td></td></tr>
<tr><td>사용승인 현장조사 · 검사 및 확인에 의한 조치결과 확인 · 검토</td><td></td><td></td><td></td></tr>
<tr><td>사용승인서 교부에 의한 공사비 최종 지불 청구서의 확인·검토
(공사단계에서 확인하지 않은 경우에 한한다)</td><td></td><td></td><td></td></tr>
<tr style="display:none"></tr>
<tr><td rowspan="2">기본
외
업무</td><td rowspan="2">건축
물
시운
선
및
유지
관리
협력</td><td>사용승인 신청 이전 공사시공자의 시설장비 시험가동 완료 여부 확인 · 검토</td><td></td><td></td><td></td></tr>
<tr><td>사용승인 완료 후 공사시공자와 건축물 소유자(관리자)간 인수 · 인계 여부 확인 · 검토</td><td></td><td></td><td></td></tr>
</table>

- 상기와 같이 단계별 감리업무에 따른 검토 사항을 확인하여 제출합니다.

총괄 감리 책임자 : (인)

건축사보(공종별 감리 책임자) : (인)

공종별 감리 체크리스트 총괄표

사업 개요	사 업 명	(허가번호:)		
	건축관계자	1) 건축주: 2) 설계자:		
	사업일정	1) 허 가 일: . . . 2) 착 공 일: . . . 3) 준공예정일: . . .		
	사업규모		계약 공사감리 기간	
	연면적		층수	
	주용도		주구조	

감리업무 종류구분		비상주 감리		
감리자	감리자	성 명 (인)		자격번호
	총괄 감리 책임자	성 명		
	건축사보 (공종별 감리 책임자)	성 명	참여기간	참여공종
	건축사보 (공종별 감리 책임자)	성 명	참여기간	참여공종
	건축사보 (공종별 감리 책임자)	성 명	참여기간	참여공종
	점검기간	년 월 일 ~ 년 월 일 (일간)		

시공자	시공자	성 명 (인)		등록번호
	총괄 시공 책임자	성 명		
	공종별 시공 관리자	성 명	참여기간	참여공종
	공종별 시공 관리자	성 명	참여기간	참여공종
	공종별 시공 관리자	성 명	참여기간	참여공종
	점검기간	년 월 일 ~ 년 월 일 (일간)		

공종별 감리 체크리스트 대장

일련번호	날짜	구분	공종	세부공종	주요 업무 내용
1	20 . .				
2	20 . .				
3	20 . .				
4	20 . .				
5	20 . .				
6	20 . .				
7	20 . .				
8	20 . .				
9	20 . .				
10	20 . .				
11	20 . .				
12	20 . .				
13	20 . .				
14	20 . .				
15	20 . .				
16	20 . .				
17	20 . .				
18	20 . .				
19	20 . .				
20	20 . .				
21	20 . .				
예시	20 . .	건축분야	가설공사		-

※ 비상주 공사감리 체크리스트

<table>
<tr><td colspan="3">공종별 감리 체크리스트</td><td>문서번호</td><td colspan="4"></td></tr>
<tr><td colspan="2">공 종</td><td>가설공사</td><td>세부공종</td><td colspan="4">-</td></tr>
<tr><td colspan="2">부 위</td><td>층</td><td>위치</td><td colspan="4"></td></tr>
<tr><td colspan="2" rowspan="2">구분</td><td rowspan="2">검 사 항 목</td><td rowspan="2">기준, 참고사항</td><td colspan="2">검사결과</td><td rowspan="2">조치사항</td></tr>
<tr><td>적합</td><td>부적합</td></tr>
<tr><td rowspan="8">기본 업무</td><td>부지 상황 확인</td><td>대지의 고저차 설계도서 확인</td><td></td><td></td><td></td><td></td></tr>
<tr><td>줄쳐 보기</td><td>대지경계 확인</td><td></td><td></td><td></td><td></td></tr>
<tr><td rowspan="2">벤치 마크 (BM)</td><td>기준점의 확인</td><td></td><td></td><td></td><td></td></tr>
<tr><td>BM위치에 대한 변화 확인</td><td></td><td></td><td></td><td></td></tr>
<tr><td>규준틀</td><td>먹매김 확인</td><td></td><td></td><td></td><td></td></tr>
<tr><td rowspan="2">지내력</td><td>설계 지내력의 육안 또는 서류 확인</td><td></td><td></td><td></td><td></td></tr>
<tr><td>과거의 자료(인근 우물의 샘플 등)에 의거한 지지층의 두께확인</td><td></td><td></td><td></td><td></td></tr>
<tr><td colspan="6"></td></tr>
<tr><td rowspan="17">기본 외 업무</td><td rowspan="4">부지 상황 확인</td><td>대지경계 확인</td><td></td><td></td><td></td><td></td></tr>
<tr><td>건축물, 공작물, 지하매설물(가스관, 전선, 케이블, 급수관 등) 확인</td><td></td><td></td><td></td><td></td></tr>
<tr><td>배수로 및 배수관 확인</td><td></td><td></td><td></td><td></td></tr>
<tr><td>부지주변상황과 설계도서 비교 확인</td><td></td><td></td><td></td><td></td></tr>
<tr><td rowspan="2">줄쳐 보기</td><td>발주자(건축주), 감리자, 도급자의 3자 입회하에 평면적, 입체적(건물상호 간격, 경계선, 도로부터의 거리)으로 검토하고 결과기록 확인</td><td></td><td></td><td></td><td></td></tr>
<tr><td>법규상제약(사선제한, 연소의 우려가 있는 부분, 인동간격, 피난거리 등) 확인</td><td></td><td></td><td></td><td></td></tr>
<tr><td>규준틀</td><td>설치위치 및 깊이확인: 관입깊이 30㎝이상 여부</td><td></td><td></td><td></td><td></td></tr>
<tr><td rowspan="4">가설 울타리</td><td>가설울타리의 기둥간격 확인</td><td></td><td></td><td></td><td></td></tr>
<tr><td>출입문의 위치 확인</td><td></td><td></td><td></td><td></td></tr>
<tr><td>재료하치장, 가설작업장, 기타 가설건축물에 대한 확인</td><td></td><td></td><td></td><td></td></tr>
<tr><td>비계 계획도의 확인</td><td></td><td></td><td></td><td></td></tr>
<tr><td rowspan="6">가설 점검</td><td>공사현장에서의 확인필 표시의 확인</td><td></td><td></td><td></td><td></td></tr>
<tr><td>비계 적합성 여부의 확인</td><td></td><td></td><td></td><td></td></tr>
<tr><td>가설물에 대한 매월점검・매주점검·매일점검 실시확인</td><td></td><td></td><td></td><td></td></tr>
<tr><td>비계의 허용적재하중의 표시 확인</td><td></td><td></td><td></td><td></td></tr>
<tr><td>쓰레기장・재료하치장의 정리, 정돈, 청소여부의 확인</td><td></td><td></td><td></td><td></td></tr>
<tr><td>가설구조물의 구조적 안전성 확인(해당건축물에 한함)</td><td></td><td></td><td></td><td></td></tr>
<tr><td colspan="2" rowspan="2">시공자점검일</td><td rowspan="2">년 월 일</td><td>총괄 시공 책임자 (또는 현장관리인)</td><td colspan="4">(인)</td></tr>
<tr><td>공종별 시공 관리자</td><td colspan="4">(인)</td></tr>
<tr><td colspan="2" rowspan="2">감리자점검일</td><td rowspan="2">년 월 일</td><td>총괄 감리 책임자</td><td colspan="4">(인)</td></tr>
<tr><td>건축사보 (공종별 감리 책임자)</td><td colspan="4">(인)</td></tr>
<tr><td colspan="2">첨부자료</td><td colspan="6"></td></tr>
</table>

공종별 감리 체크리스트		문서번호	
공 종	토공사	세부공종	-
부 위	층	위치	

구분		검 사 항 목	기준, 참고사항	검사결과		조치사항
				적합	부적합	
기본 업무	터파기	기초깊이가 동결선 이하인지 확인				
		터파기 깊이 확인				
		바닥면의 토질상태 확인				
	터파기 계획	터파기 관련 도서 확인				
	흙막이	터파기에 앞서 흙막이공법, 시공계획서등(구조계산서, 흙막이 설계도서)의 확인				
기본 외 업무	터파기 계획	경사면의 상황, 구배, 치수의 적합성 확인				
		흙막이와 굴착방법의 관련 확인				
		흙막이 계획도(흙막이계산서) 확인				
		출수 예상 경우 터파기전 배수계획 확인				
		바닥면이 연약지반인 경우에는 히빙대책 확인				
		주위지반에 적합한 터파기 계획 확인				
		잔토처리장소 확인				
		굴착방법(근린에 대한 진동, 소음등) 확인				
		도로 파손의 대책 확인				
	흙막이	비상시의 연락계통 확인				
		흙막이 붕괴가 발생 시 대책 확인				
	터파기 바닥	벤치마크로서 바닥높이 확인				
		터파기 저면층 및 바닥면의 토질 확인				
		직접기초의 경우 보링데이터 또는 시험굴착에 의한 샘플 확인				
	잔토 처리	장외처리의 경우 반출토량 및 반출시기, 잔토처리장소 등 확인				
	되메우기·성토	되메우기하는 부분의 구조체에 대한 방수상태 확인				
		되메우기, 성토용 흙은 기와조각, 나무부스러기, 바위덩어리 등 이물질을 제거하였는지 확인				
	대지정리 바닥고름	건물주위 대지정리의 확인				

시공자점검일	년 월 일	총괄 시공 책임자 (또는 현장관리인)	(인)
		공종별 시공 관리자	(인)
감리자점검일	년 월 일	총괄 감리 책임자	(인)
		건축사보 (공종별 감리 책임자)	(인)
첨부자료			

<table>
<tr><th colspan="3">공종별 감리 체크리스트</th><th>문서번호</th><th colspan="3"></th></tr>
<tr><td colspan="2">공 종</td><td>지정 및 기초공사</td><td>세부공종</td><td colspan="3">말뚝공사</td></tr>
<tr><td colspan="2">부 위</td><td>층</td><td>위치</td><td colspan="3"></td></tr>
<tr><th colspan="2" rowspan="2">구분</th><th rowspan="2">검 사 항 목</th><th rowspan="2">기준, 참고사항</th><th colspan="2">검사결과</th><th rowspan="2">조치사항</th></tr>
<tr><th>적합</th><th>부적합</th></tr>
<tr><td rowspan="2">기본업무</td><td>말뚝박기계획</td><td>말뚝박기 관련 도서 확인</td><td></td><td></td><td></td><td></td></tr>
<tr><td>말뚝박기</td><td>말뚝 시공완료상태 육안 확인</td><td></td><td></td><td></td><td></td></tr>
<tr><td rowspan="28">기본외업무</td><td rowspan="16">말뚝박기계획</td><td>말뚝 사용시의 확인사항</td><td></td><td></td><td></td><td></td></tr>
<tr><td>말뚝선단저항력 확인</td><td></td><td></td><td></td><td></td></tr>
<tr><td>말뚝의 주위마찰저항력 확인</td><td></td><td></td><td></td><td></td></tr>
<tr><td>배치도 확인</td><td></td><td></td><td></td><td></td></tr>
<tr><td>말뚝중심 확인</td><td></td><td></td><td></td><td></td></tr>
<tr><td>박기순서 확인</td><td></td><td></td><td></td><td></td></tr>
<tr><td>하루의 박기개수, 시공공정표 첨부 등 확인</td><td></td><td></td><td></td><td></td></tr>
<tr><td>박기 요령(타격말뚝의 경우) 확인</td><td></td><td></td><td></td><td></td></tr>
<tr><td>지반 또는 터파기 바닥박기 여부 확인</td><td></td><td></td><td></td><td></td></tr>
<tr><td>침하량의 크기 확인</td><td></td><td></td><td></td><td></td></tr>
<tr><td>공사개요(현장타설 콘크리트 말뚝의 경우) 확인</td><td></td><td></td><td></td><td></td></tr>
<tr><td>현장타설 공법의 종류 확인</td><td></td><td></td><td></td><td></td></tr>
<tr><td>말뚝지름, 말뚝길이 등 확인</td><td></td><td></td><td></td><td></td></tr>
<tr><td>콘크리트(콘크리트의 종류, 품질, 설계기준강도, 슬럼프 값) 확인</td><td></td><td></td><td></td><td></td></tr>
<tr><td>철근가공조립 확인(배근, 철근굵기, 이음방법 피복두께, 형상 등)</td><td></td><td></td><td></td><td></td></tr>
<tr><td>시공기록의 확인</td><td></td><td></td><td></td><td></td></tr>
<tr><td>시험말뚝</td><td>타격말뚝-소정의 침하량 확인</td><td></td><td></td><td></td><td></td></tr>
<tr><td rowspan="11">말뚝박기</td><td>타격말뚝 공사의 확인</td><td></td><td></td><td></td><td></td></tr>
<tr><td>제품검사 및 재령 확인</td><td></td><td></td><td></td><td></td></tr>
<tr><td>이음처리 확인</td><td></td><td></td><td></td><td></td></tr>
<tr><td>말뚝머리처리 확인</td><td></td><td></td><td></td><td></td></tr>
<tr><td>최종침하량 확인</td><td></td><td></td><td></td><td></td></tr>
<tr><td>현장타설 콘크리트 말뚝공사의 확인</td><td></td><td></td><td></td><td></td></tr>
<tr><td>세우기 확인</td><td></td><td></td><td></td><td></td></tr>
<tr><td>슬라임(Slime)처리 확인</td><td></td><td></td><td></td><td></td></tr>
<tr><td>최종타설 말뚝의 머리 확인</td><td></td><td></td><td></td><td></td></tr>
<tr><td>수압 및 토압에 의해 콘크리트 굵기가 가늘어 질 불안은 없는지의 확인</td><td></td><td></td><td></td><td></td></tr>
<tr><td>인접말뚝으로 콘크리트 경화 중에 피해를 받을 우려는 없는지 확인</td><td></td><td></td><td></td><td></td></tr>
</table>

<table>
<tr><td rowspan="2">시공자점검일</td><td rowspan="2">년 월 일</td><td>총괄 시공 책임자
(또는 현장관리인)</td><td>(인)</td></tr>
<tr><td>공종별 시공 관리자</td><td>(인)</td></tr>
<tr><td rowspan="2">감리자점검일</td><td rowspan="2">년 월 일</td><td>총괄 감리 책임자</td><td>(인)</td></tr>
<tr><td>건축사보
(공종별 감리 책임자)</td><td>(인)</td></tr>
<tr><td>첨부자료</td><td colspan="3"></td></tr>
</table>

<table>
<tr><td colspan="3">공종별 감리 체크리스트</td><td>문서번호</td><td colspan="3"></td></tr>
<tr><td colspan="2">공 종</td><td>지정 및 기초공사</td><td>세부공종</td><td colspan="3">지정공사</td></tr>
<tr><td colspan="2">부 위</td><td>층</td><td>위치</td><td colspan="3"></td></tr>
<tr><td colspan="2" rowspan="2">구분</td><td rowspan="2">검 사 항 목</td><td rowspan="2">기준, 참고사항</td><td colspan="2">검사결과</td><td rowspan="2">조치사항</td></tr>
<tr><td>적합</td><td>부적합</td></tr>
<tr><td rowspan="2">기본 업무</td><td rowspan="2">자갈 쇄석 지정</td><td>바닥면의 레벨 확인</td><td></td><td></td><td></td><td></td></tr>
<tr><td>지정공사의 확인</td><td></td><td></td><td></td><td></td></tr>
<tr><td>기본 외 업무</td><td>밑창 콘크리트</td><td>밑창콘크리트의 배합, 두께 확인</td><td></td><td></td><td></td><td></td></tr>
</table>

<table>
<tr><td rowspan="2">시공자점검일</td><td rowspan="2">년 월 일</td><td>총괄 시공 책임자
(또는 현장관리인)</td><td>(인)</td></tr>
<tr><td>공종별 시공 관리자</td><td>(인)</td></tr>
<tr><td rowspan="2">감리자점검일</td><td rowspan="2">년 월 일</td><td>총괄 감리 책임자</td><td>(인)</td></tr>
<tr><td>건축사보
(공종별 감리 책임자)</td><td>(인)</td></tr>
<tr><td>첨부자료</td><td colspan="3"></td></tr>
</table>

공종별 감리 체크리스트			문서번호			
공 종		거푸집 공사	세부공종	-		
부 위		층	위치			
구분		검 사 항 목	기준, 참고사항	검사결과		조치사항
				적합	부적합	
기본업무	먹매김	각층 바닥 먹매김 확인				
기본외업무	먹매김	밑창콘크리트 각 포인트의 기본바탕 먹매김 확인				
		세우기시 철근기둥 네모서리의 평면 먹매김 여부 확인				
		아래층에서부터 내림추로 올라가는 먹매김 확인				
		각층 기준 먹매김에서부터 각 부재까지의 허용오차 확인				
	거푸집조립	거푸집의 수직조립에 대한 확인 (층 높이, 개구부 등)				
		거푸집 안치수 확인				
		스페이서의 크기와 거푸집 및 철근과의 간격확인				
		제물치장 마감의 경우, 치장용 세퍼레이트의 배치 위치 확인				
		거푸집, 동바리, 시공도면 및 단면치수 허용오차 확인				
		각층의 기준 먹매김에서부터 각부재까지 거리의 허용오차 확인				
		바닥판, 보 밑의 레벨 확인 (층높이, 판두께, 단차, 단면, 수평도, 중앙부풀음)				
	거푸집 자재	합판, 박리제 검사 등의 확인				
		합판두께의 확인 (재사용 경우 상태 확인)				
		박리제의 종류 확인				
		제물치장용 합판검사-도료의 종류 및 바르기 확인				
		각 마감에 적합한 거푸집확인				
		합판두께 / 마감바탕 / 콘크리트 표면 확인				
	타설시 거푸집 동바리	동바리, 거푸집검사에 대한 확인				
		거푸집의 흡수나 휨 상태 / 이음면 / 상단면				
		이어치기 마감주위의 페이스트가 새는지의 확인				
	거푸집존치기간	지주의 거푸집 제거 시 콘크리트 강도확인				
		존치일수확인(이 경우도 강도시험은 반드시 확인)				
	거푸집 해체	거푸집 해체시기의 확인 / 해체후 콘크리트면 확인				

시공자점검일	년 월 일	총괄 시공 책임자 (또는 현장관리인)	(인)
		공종별 시공 관리자	(인)
감리자점검일	년 월 일	총괄 감리 책임자	(인)
		건축사보 (공종별 감리 책임자)	(인)
첨부자료			

공종별 감리 체크리스트		문서번호	
공 종	철근 콘크리트 공사	세부공종	
부 위	층	위치	

구분		검 사 항 목	기준, 참고사항	검사결과		조치사항
				적합	부적합	
기본 업무	철근 조립 ·배근	철근배근의 확인사항				
		-개수, 철근지름, 피치 확인				
		-정착길이와 굽힘정착 길이 확인				
		-이음위치와 이음길이 확인				
		결속선의 위치 및 간격유지 확인				
		-철근의 좁히기(offset bend)가공에 대한 양부 확인				
		-철근상호 간격 확인				
		-띠철근, 스터럽의 위치, 간격, 결속상태 확인				
		-기둥과 보 교차점의 띠철근 위치 확인				
		-큰보와 작은보 교차점의 늑근 확인				
		-피복두께 등 간격 유지근 등 확인				
		배근검사 후 처리 확인				
		-보강부분 확인				
		-보강근의 개수, 지름, 길이, 방법 확인				
		-재검사 여부 확인				
	철근 규격 증명서	규격품, 제조업체, 재료시험의 필요여부 확인				
		KS마크 또는 시험성적증명서에 의해 KS규격제품인지를 확인				
	콘크리트 배합	KS 규격공장의 레디믹스트 콘크리트인지 확인				
		레미콘 배합보고서 및 송장 확인				
기본 외 업무	철근 조립 ·배근	철근조립 배근 관련 도서 확인				
		스페이서, 달철물 등의 견본품의 확인				
		(제물치장 콘크리트 마감시 특히 유의)				
	철근 가공도 확인·검토	이음, 형식의 확인				
		-겹침이음 확인				
		-ø 19이상 가스압접, 겹침이음 확인				
		철근 가공도를 가공 전에 확인하고, 특수부분은 현치도 확인				
		철근가공도의 확인				
		-가공형상과 필요길이				
		-철골기둥, 보와 철근의 맞춤				
		-이음의 위치와 방법				
		-콘크리트 구조도면과 대조				
		-정착길이				
		-보강근, 보조근의 요령				
		철근 시공도의 확인				
		-이음의 위치, 겹침길이, 철근갈고리방향				
		-매달기 철근의 위치 표시				
		기둥, 보근의 가공도 및 시공도의 확인				
		-기준가공도와 확인				
		-X · Y방향의 확인				
		-기둥 · 보의 부호 혼돈 여부확인				
		-철근 스터럽의 피치와 철골 구멍 뚫기				
		-주근의 개수와 굵기				
		-겹침이음과 압접이음				
		-기둥, 보 접합부 및 정착주근이 기둥중심선을 지나는지 여부				
		-겹침이음의 주근의 갈고리 확인				
		-최상층 기둥주근의 아무림				
	가스 압접	시공요령서를 작성후 확인				
		압접의 형상은 샘플을 보내 사전협의				

공종별 감리 체크리스트			문서번호			
공 종		철근 콘크리트 공사	세부공종			
부 위		층	위치			
구분		검 사 항 목	기준, 참고사항	검사결과		조치사항
				적합	부적합	
		작업 시작 전 시험자료 및 절단부분 확인				
		편심량에 의해 절단, 재 압접의 필요여부 확인				
		-접합부의 부풀음이 지름의 1.3배 이하				
		-접합부에 현저한 줄흠이 남아 있는 것				
		-압접부에 갈라짐 등 결함이 생긴 것				
		콘크리트 타설 전 강도 확인				
		인장시험의 확인				
		-압접기				
		-압접면의 마감상황				
		-가열, 가압상태 등				
	콘크리트 타설 계획서	공정상에 기후조건으로 인한 작업의 지연정도의 예상				
		타설구획, 타설량 확인				
		이음타설부분 및 개구부 주위의 메탈라스(Metal lath)에 의한 보강 확인				
		압송가동소요시간(콘크리트펌프차 시간당의 압송능력, 믹서차적재능력 6m^3/대 등) 확인				
		배차대수, 도로상황 확인				
		펌프차의 붐(boom) 및 회전 반지름 등 확인				
		타설 순서, 수송배관계획, 위치, 고정방법, 받침대, 깔판계획 여부 확인				
		인원배치(각 직종의 인원수), 타설기구 배치 여부 확인				
	타설 준비	관련공사의 검사 확인(특히 설비공사)				
		날씨, 기온측정과 기록(타설 전후) 확인				
		철근, 배관재, 기타 매설물의 고정여부 확인				
		이음타설면의 막음판 등 틈새 확인				
		구조체(기둥, 보, 내력벽, 슬래브 두께 등) 확인				
		바닥슬래브 콘크리트 타설시기 확인				
		-선타설의 경우 주각부의 배합보정 확인				
		-후타설의 경우 지주의 지지지반 보강 확인				
		바닥판의 고저단차, 바닥내림부분 확인				
		방화구획 및 바닥판 구멍메우기 확인				
		슬래브에 의한 구배(지붕, 발코니의 물구배 등) 확인				
		단열재의 시공장소(지붕슬래브, 보, 벽) 확인				
		태핑(tapping) 마감부분(지붕아스팔트 방수마감 등) 확인				
		루프드레인(Roof drain) 타설부분과 수량 확인				
		설비기계의 바닥판 올림 확인				
		내림벽(Flontage wall)의 유무와 타설 이어치기의 치수 확인				
		설비용매설물(건축, 전기, 설비공사) 확인				
		통풍, 환기슬리브 확인				
		설비배관 및 덕트 관통슬리브 부분의 아무림 확인				
		천장보밑 배관구배의 공간 확인				
		제물치장 마감부분 확인				
		제물치장 마감 시 이어치기면의 방수 또한 단차로 인한 의장처리 확인				
		방수처리(앵커, 관통관, 물막이판의 종류와 고정 등)의 확인				

공종별 감리 체크리스트		문서번호	
공 종	철근 콘크리트 공사	세부공종	
부 위	층	위치	

구분	검 사 항 목	기준, 참고사항	검사결과 적합	검사결과 부적합	조치사항
	익스팬션조인트의 위치 및 아무림의 확인				
	피아노선, 수평실 등 거푸집의 부풀림 체크용 재료의 준비 확인				
	보양시트 및 가설재, 치올림판 보양재의 준비 확인(강우, 저온, 여름철의 일사량시 특히 유의)				
	수송관 받침대, 사다리, 달철물 및 작업원의 통로용 복공판의 준비 확인				
	타설 30분~1시간 전에 거푸집 내부 청소상태 확인				
콘크리트 타설	콘크리트 타설 작업원 인원 확인				
	타설중지 마감(막음판, 줄눈막대 등)의 확인				
	가로설치배관이나 투출호스 받이틀의 상태 확인				
	압송도중(압송관)에 폐쇄사고에 대한 대응책 확인				
	슬럼프와 공기량의 확인				
	콘크리트 면고르기 확인				
	-나무흙손 누름 / 쇠흙손 누름				
콘크리트 양생	콘크리트 양생 확인				
	-타설 후 적재금지 및 보양 여부				
	-처음 중량물을 설치시 안전성				
	콘크리트 보온장치 및 적정온도 확인(동절기공사)				
콘크리트 강도 시험	28일 압축강도 확인				
	콘크리트 압축강도 시험의 확인				
	-시험채취의 시기 확인				
	-시험채취량 확인				
	콘크리트 압축강도 시험기록의 확인				
	-공시체 채취요령, 장소 확인				
	-콘크리트 품질등급에 따른 압축강도 확인				
콘크리트 상태 확인·검토	이어치기면의 확인				
	-기둥, 보, 바닥판, 벽 / 방수처리면 확인				
	-이어치기면의 보수방법 확인				
	거푸집 해체시 보수부분 확인				
	-공동(空洞), 자갈노출, 균열 여부 확인				
	-철근 노출부 / 콘크리트 마감면 확인				
프리캐스트 콘크리트	공장제작인지 현장제작인지 확인				
	공장도, 현척도의확인 및 견본품 확인				
	거푸집의 종류·형상·크기 확인				
	배근, 보강근, 인서트 등 확인				
	시멘트, 골재, 물 등의 품질 확인				
	배합에 대한 강도 및 슬럼프 시험반죽에 의해 확인				
	현장설치시 확인				
	-정착부의 볼트조임고정, 앵커용접에 의한 강도확인				

시공자점검일	년 월 일	총괄 시공 책임자 (또는 현장관리인)	(인)
		공종별 시공 관리자	(인)
감리자점검일	년 월 일	총괄 감리 책임자	(인)
		건축사보 (공종별 감리 책임자)	(인)
첨부자료			

공종별 감리 체크리스트			문서번호			
공 종		철골 공사	세부공종			
부 위		층	위치			
구분		검 사 항 목	기준, 참고사항	검사결과		조치사항
				적합	부적합	
기본 업무	시공	강재 규격・치수의확인				
		설계도서와의 대조・검토				
		-치수기준의 통일(안치수, 바깥치수 중 통일) 확인				
		-설계도와 치수선 대조 확인				
		-기둥, 보의 부호 및 부재단면 확인				
		-앵커볼트의 배치, 베이스플레이트와 주근 개수 확인				
		-철골과 철근의 접촉부 확인				
		・벽중심과 보중심이 일치된 경우 확인				
		・벽중심과 기둥중심이 일치하고 주근의 수가 홀수인 경우 확인				
		・가셋플레이트(Gusset plate)와 철근의 접촉여부 확인				
		-철근, 덕트, 배관 등 각종 관통구멍의 위치 및 상세 확인				
		-내화피복의 유무와 두께, 치수 확인				
		제작도면(Shop drawing) 확인				
		현치도의 확인(시공도와 치수)				
	앵커 볼트	앵커볼트 주위에 배근이 있는 경우 베이스플레이트에 접촉되지 않도록 베이스플레이트의 크기와 철근의 위치 확인				
		앵커 볼트 상태 확인				
		-콘크리트 타설 전 / 후 확인				
		-세우기 전 확인				
	기둥밑고르기	무수축 모르타르에 의한 그라우트 시공 여부 확인				
		-높이 조정 후 확인				
		-수평세우기 수정 후 확인				
	제작 공장 (업자)	제조업자의 관련 자료 확인				
	강재 재질	강재의 재질 규격 확인				
		공공기관의 강재시험성적표 확인				
	용접 공사 보고서	용접부 시험성적표의 확인				
기본 외 업무	시공	-철골접합 부분에 필러 설치여부 확인				
		-조립순서, 허용공차, 오차수정 확인				
		공장의 현치용인 것과 현장공사용의 테이프맞춤용인지 확인				
		공정, 수송, 양생, 세우기 순서에 대한 협의・확인				
	현장 세우기	세우기 조립 정도에 대한 확인				
		허용되는 조립기울기의 범위내 인지 확인(KASS의 수치)				
	고장력 볼트 본조임	고장력 볼트의 조임 순서 지도				
		-볼트, 너트 규격품 확인				
		-나사정밀도 확인				
		-죄이기 순서 지도				
	현장 용접	용접봉 검시에 대한 확인				
		스터드(Stud) 용접의 확인				

공종별 감리 체크리스트		**문서번호**	
공 종	철골 공사	**세부공종**	
부 위	층	**위치**	

구분		**검 사 항 목**	**기준, 참고사항**	**검사결과**		**조치사항**
				적합	**부적합**	
	제작 요령서	절단시 확인사항				
		-강재 가공방법 확인				
		-강재의 재질 확인				
		용접봉에 대한 확인				
	공장 가공	공장가공 제품의 확인				
		-공장 방청도장의 종류와 도장회수 확인				
	제품 공장 검사	확인 사항				
		-공장내의 사내 검사보고서의 수리 · 확인				
		-제품가조립 상태 확인				
		-철근관통 구멍뚫기 위치 확인				
		가공한 철골의 조립용 표시(동서남북, X · Y 등 세우기 방향 명시, 통일성) 여부 확인				
	용접 공사 보고서	용접 전의 확인사항				
		-용접순서, 용접절차 시방서 확인				
		용접 후의 확인 사항				

시공자점검일	년 월 일	총괄 시공 책임자 (또는 현장관리인)	(인)
		공종별 시공 관리자	(인)
감리자점검일	년 월 일	총괄 감리 책임자	(인)
		건축사보 (공종별 감리 책임자)	(인)
첨부자료			

<table>
<tr><th colspan="3">공종별 감리 체크리스트</th><th>문서번호</th><th colspan="3"></th></tr>
<tr><th colspan="2">공 종</th><td>벽돌 · 블록 및 ALC 패널 공사</td><th>세부공종</th><td colspan="3">벽돌공사</td></tr>
<tr><th colspan="2">부 위</th><td>층</td><th>위치</th><td colspan="3"></td></tr>
<tr><th colspan="2" rowspan="2">구분</th><th rowspan="2">검 사 항 목</th><th rowspan="2">기준, 참고사항</th><th colspan="2">검사결과</th><th rowspan="2">조치사항</th></tr>
<tr><th>적합</th><th>부적합</th></tr>
<tr><td rowspan="3">기본
업무</td><td rowspan="2">자재</td><td>KS 등의 자재성능 관련 서류 확인</td><td></td><td></td><td></td><td></td></tr>
<tr><td>KS 규격품 여부 확인</td><td></td><td></td><td></td><td></td></tr>
<tr><td>공사
완료</td><td>최종 마감상태 육안 확인</td><td></td><td></td><td></td><td></td></tr>
<tr><td rowspan="12">기본
외
업무</td><td rowspan="4">도서</td><td>벽돌 나누기 확인</td><td></td><td></td><td></td><td></td></tr>
<tr><td>보강철물의 위치, 크기 및 간격 확인</td><td></td><td></td><td></td><td></td></tr>
<tr><td>조적과 접촉되는 부분(콘크리트 구조의 벽, 기둥, 보 등)의 상세도 확인</td><td></td><td></td><td></td><td></td></tr>
<tr><td>개구부 보강방법 확인</td><td></td><td></td><td></td><td></td></tr>
<tr><td rowspan="3">자재</td><td>벽체쌓기 및 두께 확인</td><td></td><td></td><td></td><td></td></tr>
<tr><td>품질 및 치수 확인</td><td></td><td></td><td></td><td></td></tr>
<tr><td>모르타르 종류 및 배합비 확인</td><td></td><td></td><td></td><td></td></tr>
<tr><td rowspan="4">시공</td><td>공간쌓기시 연결철물 설치 및 종류 확인</td><td></td><td></td><td></td><td></td></tr>
<tr><td>쌓기높이 및 단수 확인</td><td></td><td></td><td></td><td></td></tr>
<tr><td>테두리보의 위치 및 크기 확인</td><td></td><td></td><td></td><td></td></tr>
<tr><td>바닥재의 경우 미끄럼방지 확인(논슬립)</td><td></td><td></td><td></td><td></td></tr>
<tr><td>공사
완료</td><td>모르타르 채우기 확인</td><td></td><td></td><td></td><td></td></tr>
</table>

<table>
<tr><td rowspan="2">시공자점검일</td><td rowspan="2">년 월 일</td><td>총괄 시공 책임자
(또는 현장관리인)</td><td>(인)</td></tr>
<tr><td>공종별 시공 관리자</td><td>(인)</td></tr>
<tr><td rowspan="2">감리자점검일</td><td rowspan="2">년 월 일</td><td>총괄 감리 책임자</td><td>(인)</td></tr>
<tr><td>건축사보
(공종별 감리 책임자)</td><td>(인)</td></tr>
<tr><td>첨부자료</td><td colspan="3"></td></tr>
</table>

<table>
<tr><td colspan="3">공종별 감리 체크리스트</td><td>문서번호</td><td colspan="3"></td></tr>
<tr><td colspan="2">공 종</td><td>벽돌 · 블록 및 ALC 패널 공사</td><td>세부공종</td><td colspan="3">블록공사</td></tr>
<tr><td colspan="2">부 위</td><td>층</td><td>위치</td><td colspan="3"></td></tr>
<tr><td colspan="2" rowspan="2">구분</td><td rowspan="2">검 사 항 목</td><td rowspan="2">기준, 참고사항</td><td colspan="2">검사결과</td><td rowspan="2">조치사항</td></tr>
<tr><td>적합</td><td>부적합</td></tr>
<tr><td rowspan="3">기본 업무</td><td>자재</td><td>KS 등의 자재성능 관련 서류 확인</td><td></td><td></td><td></td><td></td></tr>
<tr><td>시공</td><td>현장에 반입된 블록의 규격품 확인(KS마크와 종별표시)</td><td></td><td></td><td></td><td></td></tr>
<tr><td>공사 완료</td><td>최종 마감상태 육안 확인</td><td></td><td></td><td></td><td></td></tr>
<tr><td rowspan="13">기본 외 업무</td><td rowspan="5">도서</td><td>배치도의 확인</td><td></td><td></td><td></td><td></td></tr>
<tr><td>블록단수의 처리 확인</td><td></td><td></td><td></td><td></td></tr>
<tr><td>보강근의 배근도 확인</td><td></td><td></td><td></td><td></td></tr>
<tr><td>구멍을 뚫는 곳과 크기 확인</td><td></td><td></td><td></td><td></td></tr>
<tr><td>나무벽돌의 배치, 배관의 위치 확인</td><td></td><td></td><td></td><td></td></tr>
<tr><td rowspan="6">시공</td><td>모르타르배합 확인</td><td></td><td></td><td></td><td></td></tr>
<tr><td>콘크리트, 유리 블록쌓기의 확인</td><td></td><td></td><td></td><td></td></tr>
<tr><td>쌓기 높이 확인</td><td></td><td></td><td></td><td></td></tr>
<tr><td>보강근의 위치 확인</td><td></td><td></td><td></td><td></td></tr>
<tr><td>모르타르 채움부분 확인</td><td></td><td></td><td></td><td></td></tr>
<tr><td>연결철물 설치 및 종류, 쌓기 높이 및 단 수, 테두리보의 위치 및 크기, 보강블록 시공시 가로근과 세로근의 치수 · 간격 확인</td><td></td><td></td><td></td><td></td></tr>
<tr><td rowspan="2">공사 완료</td><td>전체의 수평 · 수직성은 안전한지에 대한 확인</td><td></td><td></td><td></td><td></td></tr>
<tr><td>보강근의 앵커류는 안전한지에 대한 확인</td><td></td><td></td><td></td><td></td></tr>
<tr><td colspan="2" rowspan="2">시공사섬검일</td><td rowspan="2">년 월 일</td><td>총괄 시공 책임자
(또는 현장관리인)</td><td colspan="3">(인)</td></tr>
<tr><td>공종별 시공 관리자</td><td colspan="3">(인)</td></tr>
<tr><td colspan="2" rowspan="2">감리자점검일</td><td rowspan="2">년 월 일</td><td>총괄 감리 책임자</td><td colspan="3">(인)</td></tr>
<tr><td>건축사보
(공종별 감리 책임자)</td><td colspan="3">(인)</td></tr>
<tr><td colspan="2">첨부자료</td><td colspan="5"></td></tr>
</table>

<table>
<tr><td colspan="3">공종별 감리 체크리스트</td><td>문서번호</td><td colspan="3"></td></tr>
<tr><td colspan="2">공 종</td><td>벽돌·블록 및 ALC 패널 공사</td><td>세부공종</td><td colspan="3">ALC공사</td></tr>
<tr><td colspan="2">부 위</td><td>층</td><td>위치</td><td colspan="3"></td></tr>
<tr><td colspan="2" rowspan="2">구분</td><td rowspan="2">검 사 항 목</td><td rowspan="2">기준, 참고사항</td><td colspan="2">검사결과</td><td rowspan="2">조치사항</td></tr>
<tr><td>적합</td><td>부적합</td></tr>
<tr><td rowspan="2">기본 업무</td><td>자재</td><td>KS 등의 자재성능 관련 서류 확인</td><td></td><td></td><td></td><td></td></tr>
<tr><td>공사 완료</td><td>최종 마감상태 육안 확인</td><td></td><td></td><td></td><td></td></tr>
<tr><td rowspan="10">기본 외 업무</td><td rowspan="3">도서</td><td>공사범위(패널받이 철물공사, 개구부 보강철물공사, 설비용 구멍뚫기공사 등 별도 공사범위)확인</td><td></td><td></td><td></td><td></td></tr>
<tr><td>배치치수의 확인</td><td></td><td></td><td></td><td></td></tr>
<tr><td>따내기, 구멍뚫기, 개구부(설비용 구멍뚫기) 확인</td><td></td><td></td><td></td><td></td></tr>
<tr><td>자재</td><td>검사항목(물성, 치수, 형상, 철근) 확인</td><td></td><td></td><td></td><td></td></tr>
<tr><td rowspan="3">시공</td><td>ALC 블록 공사시 쌓기 높이, 수직 수평여부, 공간벽의 연결 철물, 개구부 보강, 콘크리트 구조체와의 연결부 부위, 세면기 및 벽장 고정부, 창호와 접합부, 방수·방습처리 확인</td><td></td><td></td><td></td><td></td></tr>
<tr><td>시공부분별 쌓기 및 붙이기 공법(건식공법, 습식공법)등 확인</td><td></td><td></td><td></td><td></td></tr>
<tr><td>설치바탕, 철근(수직, 수평), 설치철물(고정용 철물, 꽂임촉, 꺾쇠)의 종류 및 방청처리</td><td></td><td></td><td></td><td></td></tr>
<tr><td rowspan="2">공사 완료</td><td>지붕, 바닥패널의 불균형과 돌출부분 확인</td><td></td><td></td><td></td><td></td></tr>
<tr><td>미장공사, 마감뿜칠공사 바탕 확인</td><td></td><td></td><td></td><td></td></tr>
</table>

<table>
<tr><td rowspan="2">시공자점검일</td><td rowspan="2">년 월 일</td><td>총괄 시공 책임자
(또는 현장관리인)</td><td>(인)</td></tr>
<tr><td>공종별 시공 관리자</td><td>(인)</td></tr>
<tr><td rowspan="2">감리자점검일</td><td rowspan="2">년 월 일</td><td>총괄 감리 책임자</td><td>(인)</td></tr>
<tr><td>건축사보
(공종별 감리 책임자)</td><td>(인)</td></tr>
<tr><td>첨부자료</td><td colspan="3"></td></tr>
</table>

공종별 감리 체크리스트		문서번호	
공 종	석공사	세부공종	-
부 위	층	위치	

구분		검 사 항 목	기준, 참고사항	검사결과		조치사항
				적합	부적합	
기본 업무	자재	KS 등의 자재성능 관련 서류 확인				
	공사 완료	최종 마감상태 육안 확인				
기본 외 업무	도서	재료의 종류와 사용할 곳에 대한 확인				
		긴결방법, 부착철물(고정용 철물, 꽂임촉)에 대한 확인				
		창호류, 치장철물, 설비와의 접합 확인				
		다른 미감재료와의 접합(겹침, 벌어진, 근입) 확인				
	자재	다듬기의 정도, 연마, 마감의 종류 및 가공정도 확인				
		시공부분별 시험제작 견본품 확인				
	시공	시공부분별 쌓기 및 붙이기 공법(건식공법, 습식공법)등 확인				
		설치바탕, 철근(수직, 수평), 설치철물(고정용 철물, 꽂임촉, 꺾쇠)의 종류 확인				
		시공도에 따른 쌓기, 붙이기 확인				
		접합, 철물류의 준비, 점검 확인				
		습식 공법의 경우 뒤채움 시공 확인				
		바닥재의 경우 미끄럼방지 확인(논슬립)				
	공사 완료	줄눈 채우기, 줄눈마감상태 검사에 대한 확인				

시공자점검일	넌 월 일	총괄 시공 책임자 (또는 현장관리인)	(인)
		공종별 시공 관리자	(인)
감리자점검일	년 월 일	총괄 감리 책임자	(인)
		건축사보 (공종별 감리 책임자)	(인)
첨부자료			

<table>
<tr><td colspan="3">공종별 감리 체크리스트</td><td>문서번호</td><td colspan="4"></td></tr>
<tr><td colspan="2">공 종</td><td>타일 및 테라코타 공사</td><td>세부공종</td><td colspan="4">-</td></tr>
<tr><td colspan="2">부 위</td><td>층</td><td>위치</td><td colspan="4"></td></tr>
<tr><td colspan="2" rowspan="2">구분</td><td rowspan="2">검 사 항 목</td><td rowspan="2">기준, 참고사항</td><td colspan="2">검사결과</td><td rowspan="2">조치사항</td></tr>
<tr><td>적합</td><td>부적합</td></tr>
<tr><td rowspan="5">기본
업무</td><td rowspan="4">자재</td><td>외장·내장·바닥타일의 견본품의 형상, 치수, 색조, 바탕상태 등 확인</td><td></td><td></td><td></td><td></td></tr>
<tr><td>모자이크 타일 견본 확인</td><td></td><td></td><td></td><td></td></tr>
<tr><td>테라코타의 품명, 형상, 치수, 표면상태, 유약의 색깔등 견본품 확인</td><td></td><td></td><td></td><td></td></tr>
<tr><td>KS 등의 자재성능 관련 서류 확인</td><td></td><td></td><td></td><td></td></tr>
<tr><td>공사
완료</td><td>최종 마감상태 육안 확인</td><td></td><td></td><td></td><td></td></tr>
<tr><td rowspan="29">기본
외
업무</td><td rowspan="11">도서</td><td>외장타일의 확인</td><td></td><td></td><td></td><td></td></tr>
<tr><td>-익스팬션 줄눈의 위치 및 상세도 확인</td><td></td><td></td><td></td><td></td></tr>
<tr><td>-설비관계 기구의 명시, 나누기 및 아무림 여부 확인</td><td></td><td></td><td></td><td></td></tr>
<tr><td>내장타일의 확인</td><td></td><td></td><td></td><td></td></tr>
<tr><td>-이형타일 확인</td><td></td><td></td><td></td><td></td></tr>
<tr><td>· 치수, 유약, 붙임공법의 종류 확인</td><td></td><td></td><td></td><td></td></tr>
<tr><td>-징두리 타일 확인</td><td></td><td></td><td></td><td></td></tr>
<tr><td>· 치수, 유약, 붙임공법의 종류 확인</td><td></td><td></td><td></td><td></td></tr>
<tr><td>바닥타일의 확인</td><td></td><td></td><td></td><td></td></tr>
<tr><td>-무유약타일 또는 논슬립타일 여부 확인</td><td></td><td></td><td></td><td></td></tr>
<tr><td>-형상 및 치수 확인</td><td></td><td></td><td></td><td></td></tr>
<tr><td rowspan="17">시공</td><td>압착공법의 확인</td><td></td><td></td><td></td><td></td></tr>
<tr><td>-시공단위별 붙이기 공법 확인</td><td></td><td></td><td></td><td></td></tr>
<tr><td>세미 압착공법의 확인</td><td></td><td></td><td></td><td></td></tr>
<tr><td>-바탕 모르타르 확인</td><td></td><td></td><td></td><td></td></tr>
<tr><td>모르타르붙이기 공법의 확인</td><td></td><td></td><td></td><td></td></tr>
<tr><td>-타일과 바탕면의 접착부위 확인</td><td></td><td></td><td></td><td></td></tr>
<tr><td>-쌓기 높이 확인</td><td></td><td></td><td></td><td></td></tr>
<tr><td>그라우트 붙임공법의 확인</td><td></td><td></td><td></td><td></td></tr>
<tr><td>접착제 붙임의 시공법 확인</td><td></td><td></td><td></td><td></td></tr>
<tr><td>-접착제 종류 확인</td><td></td><td></td><td></td><td></td></tr>
<tr><td>바닥타일 붙이기의 시공법 확인</td><td></td><td></td><td></td><td></td></tr>
<tr><td>줄눈보양 및 타일의 상태 확인</td><td></td><td></td><td></td><td></td></tr>
<tr><td>테라코타의 고정철물, 촉, 연결철물 등의 재질, 형상, 치수 확인</td><td></td><td></td><td></td><td></td></tr>
<tr><td>테라코타의 녹막이 도장 확인, 줄눈 나누기 확인</td><td></td><td></td><td></td><td></td></tr>
<tr><td>바닥재의 경우 미끄럼 방지 확인(논슬립)</td><td></td><td></td><td></td><td></td></tr>
<tr><td>공사
완료</td><td>타일들뜸 검사에 대한 확인</td><td></td><td></td><td></td><td></td></tr>
</table>

<table>
<tr><td rowspan="2">시공자점검일</td><td rowspan="2">년 월 일</td><td>총괄 시공 책임자
(또는 현장관리인)</td><td>(인)</td></tr>
<tr><td>공종별 시공 관리자</td><td>(인)</td></tr>
<tr><td rowspan="2">감리자점검일</td><td rowspan="2">년 월 일</td><td>총괄 감리 책임자</td><td>(인)</td></tr>
<tr><td>건축사보
(공종별 감리 책임자)</td><td>(인)</td></tr>
<tr><td>첨부자료</td><td colspan="3"></td></tr>
</table>

<table>
<tr><td colspan="3">공종별 감리 체크리스트</td><td>문서번호</td><td colspan="3"></td></tr>
<tr><td colspan="2">공 종</td><td>목공사</td><td>세부공종</td><td colspan="3">-</td></tr>
<tr><td colspan="2">부 위</td><td>층</td><td>위치</td><td colspan="3"></td></tr>
<tr><td colspan="2" rowspan="2">구분</td><td rowspan="2">검 사 항 목</td><td rowspan="2">기준, 참고사항</td><td colspan="2">검사결과</td><td rowspan="2">조치사항</td></tr>
<tr><td>적합</td><td>부적합</td></tr>
<tr><td rowspan="2">기본 업무</td><td>자재</td><td>KS 등의 자재성능 관련 서류 확인</td><td></td><td></td><td></td><td></td></tr>
<tr><td>공사 완료</td><td>최종 마감상태 육안 확인</td><td></td><td></td><td></td><td></td></tr>
<tr><td rowspan="11">기본 외 업무</td><td rowspan="2">도서</td><td>부위별 가공도에 의한 형상 확인</td><td></td><td></td><td></td><td></td></tr>
<tr><td>불연재 사용 확인</td><td></td><td></td><td></td><td></td></tr>
<tr><td rowspan="2">자재</td><td>목재, 바탕재, 구조재, 수종, 무늬목의 품질, 치수 확인</td><td></td><td></td><td></td><td></td></tr>
<tr><td>방부, 방충처리제 확인</td><td></td><td></td><td></td><td></td></tr>
<tr><td rowspan="5">시공</td><td>시공도에 따르는 기준먹매김, 바닥높이, 마감먹매김 확인</td><td></td><td></td><td></td><td></td></tr>
<tr><td>목재의 건조정도 확인</td><td></td><td></td><td></td><td></td></tr>
<tr><td>목재검사에 대한 확인</td><td></td><td></td><td></td><td></td></tr>
<tr><td>방부, 방충처리제(방부, 방충처리필 증명) 검사</td><td></td><td></td><td></td><td></td></tr>
<tr><td>바닥재의 경우 미끄럼방지 확인(논슬립)</td><td></td><td></td><td></td><td></td></tr>
<tr><td rowspan="2">공사 완료</td><td>바닥판 턱솔, 바닥판 흔들림 여부에 대한 확인</td><td></td><td></td><td></td><td></td></tr>
<tr><td>수장재, 올거미의 고정, 턱솔 등 검사에 대한 확인</td><td></td><td></td><td></td><td></td></tr>
</table>

<table>
<tr><td rowspan="2">시공자점검일</td><td rowspan="2">년 월 일</td><td>총괄 시공 책임자
(또는 현장관리인)</td><td>(인)</td></tr>
<tr><td>공종별 시공 관리자</td><td>(인)</td></tr>
<tr><td rowspan="2">감리자점검일</td><td rowspan="2">년 월 일</td><td>총괄 감리 책임자</td><td>(인)</td></tr>
<tr><td>건축사보
(공종별 감리 책임자)</td><td>(인)</td></tr>
<tr><td>첨부자료</td><td colspan="3"></td></tr>
</table>

<table>
<tr><td colspan="3">공종별 감리 체크리스트</td><td>문서번호</td><td colspan="3"></td></tr>
<tr><td colspan="2">공 종</td><td>단열공사</td><td>세부공종</td><td colspan="3"></td></tr>
<tr><td colspan="2">부 위</td><td>층</td><td>위치</td><td colspan="3"></td></tr>
<tr><td colspan="2" rowspan="2">구분</td><td rowspan="2">검 사 항 목</td><td rowspan="2">기준, 참고사항</td><td colspan="2">검사결과</td><td rowspan="2">조치사항</td></tr>
<tr><td>적합</td><td>부적합</td></tr>
<tr><td rowspan="2">기본 업무</td><td>자재</td><td>KS 등의 자재성능 관련 서류 확인</td><td></td><td></td><td></td><td></td></tr>
<tr><td>공사 완료</td><td>최종 마감상태 육안 확인</td><td></td><td></td><td></td><td></td></tr>
<tr><td rowspan="5">기본 외 업무</td><td>도서</td><td>단열재 부위별 공법 및 시공방법의 확인</td><td></td><td></td><td></td><td></td></tr>
<tr><td>자재</td><td>단열재의 반입 및 적정 사용량 확인</td><td></td><td></td><td></td><td></td></tr>
<tr><td rowspan="3">시공</td><td>부위별 자재 규격 및 설치 확인</td><td></td><td></td><td></td><td></td></tr>
<tr><td>단열 부위 및 개소 확인</td><td></td><td></td><td></td><td></td></tr>
<tr><td>단열재의 가공 및 설치(단열부위 사이의 접합부 등) 확인</td><td></td><td></td><td></td><td></td></tr>
</table>

<table>
<tr><td rowspan="2">시공자점검일</td><td rowspan="2">년 월 일</td><td>총괄 시공 책임자
(또는 현장관리인)</td><td>(인)</td></tr>
<tr><td>공종별 시공 관리자</td><td>(인)</td></tr>
<tr><td rowspan="2">감리자점검일</td><td rowspan="2">년 월 일</td><td>총괄 감리 책임자</td><td>(인)</td></tr>
<tr><td>건축사보
(공종별 감리 책임자)</td><td>(인)</td></tr>
<tr><td>첨부자료</td><td colspan="3"></td></tr>
</table>

<table>
<tr><td colspan="3">공종별 감리 체크리스트</td><td>문서번호</td><td colspan="3"></td></tr>
<tr><td colspan="2">공 종</td><td>방수공사</td><td>세부공종</td><td colspan="3"></td></tr>
<tr><td colspan="2">부 위</td><td>층</td><td>위치</td><td colspan="3"></td></tr>
<tr><td colspan="2" rowspan="2">구분</td><td rowspan="2">검 사 항 목</td><td rowspan="2">기준, 참고사항</td><td colspan="2">검사결과</td><td rowspan="2">조치사항</td></tr>
<tr><td>적합</td><td>부적합</td></tr>
<tr><td rowspan="2">기본 업무</td><td>자재</td><td>KS 등의 자재성능 관련 서류 확인</td><td></td><td></td><td></td><td></td></tr>
<tr><td>공사 완료</td><td>최종 마감상태 육안 확인</td><td></td><td></td><td></td><td></td></tr>
<tr><td rowspan="8">기본 외 업무</td><td>도서</td><td>방수재 부위별 공법 및 시공방법의 확인</td><td></td><td></td><td></td><td></td></tr>
<tr><td>자재</td><td>방수재 반입 및 적정사용량 확인</td><td></td><td></td><td></td><td></td></tr>
<tr><td rowspan="5">시공</td><td>시공 준비 확인</td><td></td><td></td><td></td><td></td></tr>
<tr><td>공사 범위 확인</td><td></td><td></td><td></td><td></td></tr>
<tr><td>시공 계획 확인</td><td></td><td></td><td></td><td></td></tr>
<tr><td>배합 계획 확인</td><td></td><td></td><td></td><td></td></tr>
<tr><td>보양 계획 확인</td><td></td><td></td><td></td><td></td></tr>
<tr><td>공사 완료</td><td>방수층의 누수검사에 대한 확인</td><td></td><td></td><td></td><td></td></tr>
<tr><td colspan="2" rowspan="2">시공자점검일</td><td rowspan="2">년 월 일</td><td>총괄 시공 책임자
(또는 현장관리인)</td><td colspan="3">(인)</td></tr>
<tr><td>공종별 시공 관리자</td><td colspan="3">(인)</td></tr>
<tr><td colspan="2" rowspan="2">감리자점검일</td><td rowspan="2">년 월 일</td><td>총괄 감리 책임자</td><td colspan="3">(인)</td></tr>
<tr><td>건축사보
(공종별 감리 책임자)</td><td colspan="3">(인)</td></tr>
<tr><td colspan="2">첨부자료</td><td colspan="5"></td></tr>
</table>

공종별 감리 체크리스트		문서번호	
공 종	지붕 및 홈통공사	세부공종	
부 위	층	위치	

구분		검 사 항 목	기준, 참고사항	검사결과		조치사항
				적합	부적합	
기본 업무	자재	KS 등의 자재성능 관련 서류 확인				
		금속패널(복합자재) 시험성적서 및 패널시스템 구조적 안전성 등 품질을 확인할 수 있는 서류(품질관리서 등)				
	공사 완료	최종 마감상태 육안 확인				
기본 외 업무	자재	금속 두께, 유효 폭 확인				
		표면처리 확인				
		이음상세 확인				
		지붕 바탕재(자기소화성 발포스티롤)의 사용 여부 확인				
		-물매(2.5/10-수직물매) 확인				
		-한식기와의 재래식공법인 경우 확인				
	도서	재료견본 확인				
		-금속두께, 유효폭 확인				
		-특수가공 및 표면처리(앵커등) 여부 확인				
	시공	이어 올라감의 불균형 검사에 대한 확인				
		기와잇기 상태의 확인				
		접합부분 아무림의 확인				
		코킹부분의 확인				
		설계도서에 명시된 설치방향, 크기 및 위치 확인				
		선홈통 고정상태, 길이의 적정여부 확인				
		배관의 구배 상태 확인				

시공자점검일	년 월 일	총괄 시공 책임자 (또는 현장관리인)	(인)
		공종별 시공 관리자	(인)
감리자점검일	년 월 일	총괄 감리 책임자	(인)
		건축사보 (공종별 감리 책임자)	(인)
첨부자료			

<table>
<tr><td colspan="3">공종별 감리 체크리스트</td><td>문서번호</td><td colspan="3"></td></tr>
<tr><td colspan="2">공 종</td><td>금속공사</td><td>세부공종</td><td colspan="3"></td></tr>
<tr><td colspan="2">부 위</td><td>층</td><td>위치</td><td colspan="3"></td></tr>
<tr><td colspan="2" rowspan="2">구분</td><td rowspan="2">검 사 항 목</td><td rowspan="2">기준, 참고사항</td><td colspan="2">검사결과</td><td rowspan="2">조치사항</td></tr>
<tr><td>적합</td><td>부적합</td></tr>
<tr><td rowspan="3">기본 업무</td><td>자재</td><td>KS 등의 자재성능 관련 서류 확인</td><td></td><td></td><td></td><td></td></tr>
<tr><td rowspan="2">공사 완료</td><td>최종 마감상태 육안 확인</td><td></td><td></td><td></td><td></td></tr>
<tr><td>난간 등의 높이 확인</td><td></td><td></td><td></td><td></td></tr>
<tr><td rowspan="12">기본 외 업무</td><td rowspan="2">도서</td><td>기성품 이외의 시공도, 공작도, 설치도 확인</td><td></td><td></td><td></td><td></td></tr>
<tr><td>난간 등 바닥으로부터의 높이 및 설치장소, 길이 확인</td><td></td><td></td><td></td><td></td></tr>
<tr><td rowspan="2">자재</td><td>기성품은 견본품(시판품 견본)이나 설명서(카탈로그)로 확인</td><td></td><td></td><td></td><td></td></tr>
<tr><td>제작도(시공도)와의 대조・확인</td><td></td><td></td><td></td><td></td></tr>
<tr><td rowspan="6">시공</td><td>이음, 맞춤, 겹치기 확인</td><td></td><td></td><td></td><td></td></tr>
<tr><td>나사고정, 용접의 종류 확인</td><td></td><td></td><td></td><td></td></tr>
<tr><td>방청방법 확인</td><td></td><td></td><td></td><td></td></tr>
<tr><td>구조체와 접속부분 주위 코킹작업 여부 확인</td><td></td><td></td><td></td><td></td></tr>
<tr><td>옥상난간의 아무림 확인</td><td></td><td></td><td></td><td></td></tr>
<tr><td>방청, 방식처리 검사의 확인</td><td></td><td></td><td></td><td></td></tr>
<tr><td rowspan="2">공사 완료</td><td>아무림 접합부 코킹 검사에 대한 확인</td><td></td><td></td><td></td><td></td></tr>
<tr><td>구조체관통부 등 비아무림, 방수처리 검사에 대한 확인</td><td></td><td></td><td></td><td></td></tr>
</table>

<table>
<tr><td rowspan="2">시공자점검일</td><td rowspan="2">년 월 일</td><td>총괄 시공 책임자 (또는 현장관리인)</td><td>(인)</td></tr>
<tr><td>공종별 시공 관리자</td><td>(인)</td></tr>
<tr><td rowspan="2">감리자점검일</td><td rowspan="2">년 월 일</td><td>총괄 감리 책임자</td><td>(인)</td></tr>
<tr><td>건축사보 (공종별 감리 책임자)</td><td>(인)</td></tr>
<tr><td>첨부자료</td><td colspan="3"></td></tr>
</table>

<table>
<tr><td colspan="3">공종별 감리 체크리스트</td><td>문서번호</td><td colspan="3"></td></tr>
<tr><td colspan="2">공 종</td><td>미장공사</td><td>세부공종</td><td colspan="3"></td></tr>
<tr><td colspan="2">부 위</td><td>층</td><td>위치</td><td colspan="3"></td></tr>
<tr><td colspan="2" rowspan="2">구분</td><td rowspan="2">검 사 항 목</td><td rowspan="2">기준, 참고사항</td><td colspan="2">검사결과</td><td rowspan="2">조치사항</td></tr>
<tr><td>적합</td><td>부적합</td></tr>
<tr><td rowspan="2">기본 업무</td><td>지재</td><td>KS 등의 자재성능 관련 서류 확인</td><td></td><td></td><td></td><td></td></tr>
<tr><td>공사 완료</td><td>최종 마감상태 육안 확인</td><td></td><td></td><td></td><td></td></tr>
<tr><td rowspan="19">기본 외 업무</td><td rowspan="6">도서</td><td>배합계획 확인</td><td></td><td></td><td></td><td></td></tr>
<tr><td>흙손누름, 바르기 두께 확인</td><td></td><td></td><td></td><td></td></tr>
<tr><td>바름두께 확인</td><td></td><td></td><td></td><td></td></tr>
<tr><td>혹한기, 혹서기의 시공 유의사항 확인</td><td></td><td></td><td></td><td></td></tr>
<tr><td>바름층의 보양, 건조기간 확인</td><td></td><td></td><td></td><td></td></tr>
<tr><td>보양, 안전대책 확인</td><td></td><td></td><td></td><td></td></tr>
<tr><td rowspan="3">자재</td><td>재료 확인</td><td></td><td></td><td></td><td></td></tr>
<tr><td>-시멘트류는 모두 KS 규격품인지 여부 확인</td><td></td><td></td><td></td><td></td></tr>
<tr><td>-플라스터류는 KS 규격품인지 여부 확인</td><td></td><td></td><td></td><td></td></tr>
<tr><td rowspan="8">시공</td><td>바름두께의 고른 바탕처리 확인</td><td></td><td></td><td></td><td></td></tr>
<tr><td>바닥콘크리트의 고름마감 확인</td><td></td><td></td><td></td><td></td></tr>
<tr><td>바닥모르타르 바름 확인</td><td></td><td></td><td></td><td></td></tr>
<tr><td>벽모르타르 바르기 확인</td><td></td><td></td><td></td><td></td></tr>
<tr><td>방수모르타르 시공부분 확인</td><td></td><td></td><td></td><td></td></tr>
<tr><td>-외부 시공부분 확인</td><td></td><td></td><td></td><td></td></tr>
<tr><td>-내부 시공부분 확인</td><td></td><td></td><td></td><td></td></tr>
<tr><td>방청, 방식처리 검사의 확인</td><td></td><td></td><td></td><td></td></tr>
<tr><td rowspan="2">공사 완료</td><td>바닥 모르타르바름 검사에 대한 확인</td><td></td><td></td><td></td><td></td></tr>
<tr><td>벽, 천장의 모르타르바름면 검사에 대한 확인</td><td></td><td></td><td></td><td></td></tr>
</table>

<table>
<tr><td rowspan="2">시공자점검일</td><td rowspan="2">년 월 일</td><td>총괄 시공 책임자 (또는 현장관리인)</td><td>(인)</td></tr>
<tr><td>공종별 시공 관리자</td><td>(인)</td></tr>
<tr><td rowspan="2">감리자점검일</td><td rowspan="2">년 월 일</td><td>총괄 감리 책임자</td><td>(인)</td></tr>
<tr><td>건축사보 (공종별 감리 책임자)</td><td>(인)</td></tr>
<tr><td>첨부자료</td><td colspan="3"></td></tr>
</table>

공종별 감리 체크리스트			문서번호			
공 종		창호공사	세부공종			
부 위		층	위치			
구분		검 사 항 목	기준, 참고사항	검사결과		조치사항
				적합	부적합	
기본 업무	자재	KS 등의 자재성능 관련 서류 확인				
	도서	방화셔터에 대한 확인				
		방화문에 대한 확인				
	공사 완료	개폐상태의 검사 확인				
		방화문의 개폐장치 작동검사 확인				
		최종 마감상태 육안 확인				
기본 외 업무	도서	설계도와 대조・확인				
		셔터의 확인				
		시방서 등의 확인				
		창호목록에 의한 부호, 종별분류, 수량, 개구부 치수, 철물의 종류와 수량 확인				
	자재	제조업체에 대한 확인, 철물류의 견본품 확인				
		증명서의 수리 및 확인				
		납품기일 확인				
		입회・제품검사 기록의 작성과 확인				
		제조업체별 철물 확인				
		부속철물의 확인				
		알루미늄 창호 및 PVC 창호의 공장제품인 경우 제조회사의 제품검사 성적보고서 확인				
		견본을 통해 색깔의 확인				
	시공	방화문 및 방화셔터의 경우 현장반입제품의 점검은 부착전 확인				
		부착위치의 먹매김 확인				
		문의 마구리의 방청마감은 세우기 전 확인				
		부착공사 후 모르타르 채움 상태, 개폐상태, 방화문의 개폐장치 작동상태 확인				
		유리를 끼운 후 작동상태 확인				
		비막이 창틀 주위의 기밀성 여부 확인				
		현장제작 제품의 경우 종별(플러시문, 미서기문, 유리문, 장지문)에 따르는 조립 및 협의사항 확인				
	공사 완료	새시접합부 등의 실링재 종류에 대한 확인				
		방수처리부분 확인				
		스토퍼, 맞물림, 문주위 틈새 확인				
		부속철물의 부착위치, 파넣기 상태 확인				
		나사, 고정못의 조이기 상태 확인				

시공자점검일	년 월 일	총괄 시공 책임자 (또는 현장관리인)	(인)
		공종별 시공 관리자	(인)
감리자점검일	년 월 일	총괄 감리 책임자	(인)
		건축사보 (공종별 감리 책임자)	(인)
첨부자료			

<table>
<tr><th colspan="3">공종별 감리 체크리스트</th><th>문서번호</th><th colspan="3"></th></tr>
<tr><th colspan="2">공 종</th><td>유리공사</td><th>세부공종</th><td colspan="3"></td></tr>
<tr><th colspan="2">부 위</th><td>층</td><th>위치</th><td colspan="3"></td></tr>
<tr><th colspan="2" rowspan="2">구분</th><th rowspan="2">검 사 항 목</th><th rowspan="2">기준, 참고사항</th><th colspan="2">검사결과</th><th rowspan="2">조치사항</th></tr>
<tr><th>적합</th><th>부적합</th></tr>
<tr><td rowspan="2">기본 업무</td><td>자재</td><td>KS등의 자재성능 관련 서류 확인</td><td></td><td></td><td></td><td></td></tr>
<tr><td>공사 완료</td><td>최종 마감상태 육안 확인</td><td></td><td></td><td></td><td></td></tr>
<tr><td rowspan="5">기본 외 업무</td><td>도서</td><td>설계풍압 및 설치 형태 등의 제반조건 확인</td><td></td><td></td><td></td><td></td></tr>
<tr><td>자재</td><td>유리제조회사의 상호 및 라벨 확인</td><td></td><td></td><td></td><td></td></tr>
<tr><td rowspan="2">시공</td><td>복층 유리 시공 시 최소 유리 물림 깊이 확인</td><td></td><td></td><td></td><td></td></tr>
<tr><td>유리 및 공기층 두께, 1차 및 2차 실링제, 스페이서, 흡습제, 코너 처리, 유리 색상 및 열처리, 코팅 사양 등 확인</td><td></td><td></td><td></td><td></td></tr>
<tr><td>공사 완료</td><td>유리의 평활도, 파손 등 확인</td><td></td><td></td><td></td><td></td></tr>
</table>

<table>
<tr><td rowspan="2">시공자점검일</td><td rowspan="2">년 월 일</td><td>총괄 시공 책임자 (또는 현장관리인)</td><td>(인)</td></tr>
<tr><td>공종별 시공 관리자</td><td>(인)</td></tr>
<tr><td rowspan="2">감리자점검일</td><td rowspan="2">년 월 일</td><td>총괄 감리 책임자</td><td>(인)</td></tr>
<tr><td>건축사보 (공종별 감리 책임자)</td><td>(인)</td></tr>
<tr><td>첨부자료</td><td colspan="3"></td></tr>
</table>

<table>
<tr><td colspan="3">공종별 감리 체크리스트</td><td>문서번호</td><td colspan="3"></td></tr>
<tr><td colspan="2">공 종</td><td>커튼월공사</td><td>세부공종</td><td colspan="3">-</td></tr>
<tr><td colspan="2">부 위</td><td>층</td><td>위치</td><td colspan="3"></td></tr>
<tr><td colspan="2" rowspan="2">구분</td><td rowspan="2">검 사 항 목</td><td rowspan="2">기준,참고사항</td><td colspan="2">검사결과</td><td rowspan="2">조치사항</td></tr>
<tr><td>적합</td><td>부적합</td></tr>
<tr><td rowspan="2">기본 업무</td><td>자재</td><td>KS등의 자재성능 관련 서류 확인</td><td></td><td></td><td></td><td></td></tr>
<tr><td>공사 완료</td><td>최종 마감상태 육안 확인</td><td></td><td></td><td></td><td></td></tr>
<tr><td rowspan="8">기본 외 업무</td><td rowspan="2">도서</td><td>배연창 및 피난창의 위치, 크기, 개폐방법 확인</td><td></td><td></td><td></td><td></td></tr>
<tr><td>부재의 설치 순서, 설치방법 확인</td><td></td><td></td><td></td><td></td></tr>
<tr><td>자재</td><td>앵커 및 브래킷류 재질 확인</td><td></td><td></td><td></td><td></td></tr>
<tr><td rowspan="4">시공</td><td>세부 시공 상세도에 의한 긴결재 및 브래킷 등 주요 지점 먹매김 확인</td><td></td><td></td><td></td><td></td></tr>
<tr><td>층간 방화구획 부위 확인</td><td></td><td></td><td></td><td></td></tr>
<tr><td>-층간 방화 충전재의 간격, 길이 등 확인</td><td></td><td></td><td></td><td></td></tr>
<tr><td>줄눈재의 손상 및 오염여부 확인</td><td></td><td></td><td></td><td></td></tr>
<tr><td>공사 완료</td><td>배연창의 자동 및 수동 개폐 확인</td><td></td><td></td><td></td><td></td></tr>
<tr><td colspan="2" rowspan="2">시공자점검일</td><td rowspan="2">년 월 일</td><td>총괄 시공 책임자
(또는 현장관리인)</td><td colspan="3">(인)</td></tr>
<tr><td>공종별 시공 관리자</td><td colspan="3">(인)</td></tr>
<tr><td colspan="2" rowspan="2">감리자점검일</td><td rowspan="2">년 월 일</td><td>총괄 감리 책임자</td><td colspan="3">(인)</td></tr>
<tr><td>건축사보
(공종별 감리 책임자)</td><td colspan="3">(인)</td></tr>
<tr><td colspan="2">첨부자료</td><td colspan="5"></td></tr>
</table>

<table>
<tr><td colspan="3">공종별 감리 체크리스트</td><td>문서번호</td><td colspan="3"></td></tr>
<tr><td colspan="2">공 종</td><td>도장공사</td><td>세부공종</td><td colspan="3">-</td></tr>
<tr><td colspan="2">부 위</td><td>층</td><td>위치</td><td colspan="3"></td></tr>
<tr><td colspan="2" rowspan="2">구분</td><td rowspan="2">검 사 항 목</td><td rowspan="2">기준, 참고사항</td><td colspan="2">검사결과</td><td rowspan="2">조치사항</td></tr>
<tr><td>적합</td><td>부적합</td></tr>
<tr><td rowspan="2">기본
업무</td><td>자재</td><td>KS 등의 자재성능 관련 서류 확인</td><td></td><td></td><td></td><td></td></tr>
<tr><td>공사
완료</td><td>최종 마감상태 육안 확인</td><td></td><td></td><td></td><td></td></tr>
<tr><td rowspan="8">기본
외
업무</td><td>자재</td><td>제조업체지정 및 재료견본 확인</td><td></td><td></td><td></td><td></td></tr>
<tr><td rowspan="4">시공</td><td>모르타르 바탕면인 경우의 바탕만들기 여부 확인</td><td></td><td></td><td></td><td></td></tr>
<tr><td>철부(鐵) 바탕면의 확인</td><td></td><td></td><td></td><td></td></tr>
<tr><td>목조(木造) 바탕면의 확인</td><td></td><td></td><td></td><td></td></tr>
<tr><td>도막할 곳 주변, 도장이 끝난 면에 오염, 손상을 주지 않도록 보호를 위한 보양 확인</td><td></td><td></td><td></td><td></td></tr>
<tr><td rowspan="2">공사
완료</td><td>도장시 발생한 도막의 결함에 대한 확인</td><td></td><td></td><td></td><td></td></tr>
<tr><td>도장후에 생긴 도막의 결함검사 및 확인</td><td></td><td></td><td></td><td></td></tr>
</table>

<table>
<tr><td rowspan="2">시공자점검일</td><td rowspan="2">년 월 일</td><td>총괄 시공 책임자
(또는 현장관리인)</td><td>(인)</td></tr>
<tr><td>공종별 시공
관리자</td><td>(인)</td></tr>
<tr><td rowspan="2">감리자점검일</td><td rowspan="2">년 월 일</td><td>총괄 감리 책임자</td><td>(인)</td></tr>
<tr><td>건축사보
(공종별 감리
책임자)</td><td>(인)</td></tr>
<tr><td>첨부자료</td><td colspan="3"></td></tr>
</table>

공종별 감리 체크리스트		문서번호	
공 종	수장공사	세부공종	
부 위	층	위치	

구분		검 사 항 목	기준, 참고사항	검사결과		조치사항
				적합	부적합	
기본 업무	자재	KS 등의 자재성능 관련 서류 확인				
		차음 및 내화 성능을 확인할 수 있는 서류 확인				
		규격, 제조업체, 상품명 확인				
		제품검사에 대한 확인				
	공사 완료	최종 마감상태 육안 확인				
기본 외 업무	도서	균열방지 대책 확인				
		경질타일, 돌붙이기 등의 경우에는 줄눈나누기, 붙임모르타르 두께등 확인				
		설비장치용 개구부 주위의 처리 확인				
	시공	바탕면 확인				
	공사 완료	바닥공사의 확인				
		-도장마감 확인				
		-보양 여부 확인				
		-바닥 표면 처리 여부 확인				
		벽·천장 공사의 확인				

시공자점검일	년 월 일	총괄 시공 책임자 (또는 현장관리인)	(인)
		공종별 시공 관리자	(인)
감리자점검일	년 월 일	총괄 감리 책임자	(인)
		건축사보 (공종별 감리 책임자)	(인)
첨부자료			

<table>
<tr><td colspan="3">공종별 감리 체크리스트</td><td>문서번호</td><td colspan="3"></td></tr>
<tr><td colspan="2">공 종</td><td>조경공사</td><td>세부공종</td><td colspan="3"></td></tr>
<tr><td colspan="2">부 위</td><td>층</td><td>위치</td><td colspan="3"></td></tr>
<tr><td colspan="2" rowspan="2">구분</td><td rowspan="2">검 사 항 목</td><td rowspan="2">기준, 참고사항</td><td colspan="2">검사결과</td><td rowspan="2">조치사항</td></tr>
<tr><td>적합</td><td>부적합</td></tr>
<tr><td rowspan="2">기본
업무</td><td>자재</td><td>조경수 및 시설물의 납품확인서 확인</td><td></td><td></td><td></td><td></td></tr>
<tr><td>공사
완료</td><td>식재 및 조경시설물 등 설치 확인</td><td></td><td></td><td></td><td></td></tr>
<tr><td rowspan="21">기본
외
업무</td><td rowspan="3">도서</td><td>설계도서와의 대조, 확인</td><td></td><td></td><td></td><td></td></tr>
<tr><td>기존식목의 확인</td><td></td><td></td><td></td><td></td></tr>
<tr><td>나무심기의 배치 확인</td><td></td><td></td><td></td><td></td></tr>
<tr><td rowspan="4">자재</td><td>수목 및 그루터기 등의 확인</td><td></td><td></td><td></td><td></td></tr>
<tr><td>반입토(객토질)의 확인</td><td></td><td></td><td></td><td></td></tr>
<tr><td>잔디 (종류와 시방 등) 확인</td><td></td><td></td><td></td><td></td></tr>
<tr><td>보양재료(통나무, 대나무, 새끼줄, 철사 등의 품질)의 확인 등</td><td></td><td></td><td></td><td></td></tr>
<tr><td rowspan="12">시공</td><td>식재재의 확인</td><td></td><td></td><td></td><td></td></tr>
<tr><td>-흙덩이, 기와조각, 잡초 등의 확인</td><td></td><td></td><td></td><td></td></tr>
<tr><td>-성토, 굴착으로 인한 고저 확인</td><td></td><td></td><td></td><td></td></tr>
<tr><td>-객토 사용 확인 등</td><td></td><td></td><td></td><td></td></tr>
<tr><td>식재의 확인</td><td></td><td></td><td></td><td></td></tr>
<tr><td>-이식, 파내기 상태의 확인</td><td></td><td></td><td></td><td></td></tr>
<tr><td>-운반시의 보양을 확인</td><td></td><td></td><td></td><td></td></tr>
<tr><td>-심기위치의 적정배치, 모습 상태 확인</td><td></td><td></td><td></td><td></td></tr>
<tr><td>-심은 후의 버팀기둥 확인 등</td><td></td><td></td><td></td><td></td></tr>
<tr><td>잔디심기의 확인</td><td></td><td></td><td></td><td></td></tr>
<tr><td>-지정줄눈폭, 심기의 확인</td><td></td><td></td><td></td><td></td></tr>
<tr><td>-줄눈 메우기흙, 물대기의 확인 등</td><td></td><td></td><td></td><td></td></tr>
<tr><td rowspan="2">공사
완료</td><td>지정된 보호, 보양방법의 검사에 대한 확인</td><td></td><td></td><td></td><td></td></tr>
<tr><td>건축허가 조건과의 부합 여부</td><td></td><td></td><td></td><td></td></tr>
</table>

<table>
<tr><td rowspan="2">시공자점검일</td><td rowspan="2">년 월 일</td><td>총괄 시공 책임자
(또는 현장관리인)</td><td>(인)</td></tr>
<tr><td>공종별 시공 관리자</td><td>(인)</td></tr>
<tr><td rowspan="2">감리자점검일</td><td rowspan="2">년 월 일</td><td>총괄 감리 책임자</td><td>(인)</td></tr>
<tr><td>건축사보
(공종별 감리 책임자)</td><td>(인)</td></tr>
<tr><td>첨부자료</td><td colspan="3"></td></tr>
</table>

<table>
<tr><th colspan="3">공종별 감리 체크리스트</th><th>문서번호</th><th colspan="3"></th></tr>
<tr><td colspan="2">공 종</td><td>잡공사</td><td>세부공종</td><td colspan="3"></td></tr>
<tr><td colspan="2">부 위</td><td>층</td><td>위치</td><td colspan="3"></td></tr>
<tr><th colspan="2" rowspan="2">구분</th><th rowspan="2">검 사 항 목</th><th rowspan="2">기준, 참고사항</th><th colspan="2">검사결과</th><th rowspan="2">조치사항</th></tr>
<tr><th>적합</th><th>부적합</th></tr>
<tr><td rowspan="3">기본 업무</td><td rowspan="2">자재</td><td>KS 등의 자재성능 관련 서류 확인</td><td></td><td></td><td></td><td></td></tr>
<tr><td>실내건축 확인, 불연・준불연・난연재료 등 확인</td><td></td><td></td><td></td><td></td></tr>
<tr><td>공사 완료</td><td>최종 마감상태 육안 확인</td><td></td><td></td><td></td><td></td></tr>
<tr><td rowspan="8">기본 외 업무</td><td rowspan="3">도서</td><td>커튼박스의 유무와 종류 확인</td><td></td><td></td><td></td><td></td></tr>
<tr><td>배기, 환기후드의 설치장소, 크기 내・외 마감재질 확인</td><td></td><td></td><td></td><td></td></tr>
<tr><td>안내판, 간판 등 확인</td><td></td><td></td><td></td><td></td></tr>
<tr><td rowspan="3">자재</td><td>제조업체의 확인</td><td></td><td></td><td></td><td></td></tr>
<tr><td>재료견본에 의한 재질, 형상, 색깔, 기능 등 확인</td><td></td><td></td><td></td><td></td></tr>
<tr><td>카탈로그에 의한 제조업체, 규격, 시방 확인</td><td></td><td></td><td></td><td></td></tr>
<tr><td rowspan="2">공사 완료</td><td>인도까지의 보양, 보호에 대한 확인(청소, 연마도 포함)</td><td></td><td></td><td></td><td></td></tr>
<tr><td>오염, 청소, 정리상태 등 검사에 대한 확인</td><td></td><td></td><td></td><td></td></tr>
<tr><td colspan="2" rowspan="2">시공자점검일</td><td rowspan="2">년 월 일</td><td>총괄 시공 책임자
(또는 현장관리인)</td><td colspan="3">(인)</td></tr>
<tr><td>공종별 시공 관리자</td><td colspan="3">(인)</td></tr>
<tr><td colspan="2" rowspan="2">감리자점검일</td><td rowspan="2">년 월 일</td><td>총괄 감리 책임자</td><td colspan="3">(인)</td></tr>
<tr><td>건축사보
(공종별 감리 책임자)</td><td colspan="3">(인)</td></tr>
<tr><td colspan="2">첨부자료</td><td colspan="5"></td></tr>
</table>

<table>
<tr><th colspan="3">공종별 감리 체크리스트</th><th>문서번호</th><th colspan="3"></th></tr>
<tr><td colspan="2">공 종</td><td>건물주위 공사</td><td>세부공종</td><td colspan="3">-</td></tr>
<tr><td colspan="2">부 위</td><td>층</td><td>위치</td><td colspan="3"></td></tr>
<tr><td colspan="2" rowspan="2">구분</td><td rowspan="2">검 사 항 목</td><td rowspan="2">기준, 참고사항</td><td colspan="2">검사결과</td><td rowspan="2">조치사항</td></tr>
<tr><td>적합</td><td>부적합</td></tr>
<tr><td rowspan="7">기본 업무</td><td rowspan="5">바닥 포장</td><td>KS등의 자재성능 관련 서류 확인</td><td></td><td></td><td></td><td></td></tr>
<tr><td>포장의 경계위치는 줄쳐보기에 의한 확인</td><td></td><td></td><td></td><td></td></tr>
<tr><td>아스팔트 포장 확인</td><td></td><td></td><td></td><td></td></tr>
<tr><td>주차장의 위치, 주차대수 확인</td><td></td><td></td><td></td><td></td></tr>
<tr><td>배수구, 집수구류의 구배와 배수면 높이 확인</td><td></td><td></td><td></td><td></td></tr>
<tr><td rowspan="2">공사 완료</td><td>공공시설의 복구완료 검사에 대한 확인</td><td></td><td></td><td></td><td></td></tr>
<tr><td>오염, 청소, 정리상태 등 검사에 대한 확인</td><td></td><td></td><td></td><td></td></tr>
<tr><td rowspan="4">기본 외 업무</td><td>문, 담장</td><td>줄쳐보기에 의한 위치 관계 확인</td><td></td><td></td><td></td><td></td></tr>
<tr><td rowspan="3">도서</td><td>경계말뚝 관계자의 입회에 의해 확인</td><td></td><td></td><td></td><td></td></tr>
<tr><td>건물주위 마감 확인</td><td></td><td></td><td></td><td></td></tr>
<tr><td>공공시설의 기록 확인</td><td></td><td></td><td></td><td></td></tr>
<tr><td colspan="2" rowspan="2">시공자점검일</td><td rowspan="2">년 월 일</td><td>총괄 시공 책임자 (또는 현장관리인)</td><td colspan="3">(인)</td></tr>
<tr><td>공종별 시공 관리자</td><td colspan="3">(인)</td></tr>
<tr><td colspan="2" rowspan="2">감리자점검일</td><td rowspan="2">년 월 일</td><td>총괄 감리 책임자</td><td colspan="3">(인)</td></tr>
<tr><td>건축사보 (공종별 감리 책임자)</td><td colspan="3">(인)</td></tr>
<tr><td colspan="2">첨부자료</td><td colspan="5"></td></tr>
</table>

●기계설비 공사감리 체크리스트

<table>
<tr><th colspan="3">공종별 감리 체크리스트</th><th>문서번호</th><th colspan="3"></th></tr>
<tr><td colspan="2">공 종</td><td>승강설비 및 기계식주차 설비공사</td><td>세부공종</td><td colspan="3">-</td></tr>
<tr><td colspan="2">부 위</td><td>층</td><td>위치</td><td colspan="3"></td></tr>
<tr><th colspan="2" rowspan="2">구분</th><th rowspan="2">검 사 항 목</th><th rowspan="2">기준, 참고사항</th><th colspan="2">검사결과</th><th rowspan="2">조치사항</th></tr>
<tr><th>적합</th><th>부적합</th></tr>
<tr><td rowspan="3">기본 업무</td><td>기기 및 자재</td><td>KS 등의 기기 및 자재성능 관련 서류 확인</td><td></td><td></td><td></td><td></td></tr>
<tr><td rowspan="2">공사 완료</td><td>최종 마감상태 육안확인</td><td></td><td></td><td></td><td></td></tr>
<tr><td>제작사 성능보증서 및 검사필증 확인</td><td></td><td></td><td></td><td></td></tr>
<tr><td rowspan="6">기본 외 업무</td><td rowspan="3">도서</td><td>선정된 기자재 관련 설치계획 및 시공도 확인</td><td></td><td></td><td></td><td></td></tr>
<tr><td>승강기 및 주차설비 내외부 설계도 확인</td><td></td><td></td><td></td><td></td></tr>
<tr><td>설계도, 특기시방서 확인</td><td></td><td></td><td></td><td></td></tr>
<tr><td rowspan="2">시공</td><td>타 분야 공종과의 연관부분(간섭 및 구조, 치수, 마감 등) 확인</td><td></td><td></td><td></td><td></td></tr>
<tr><td>방화구획 관련사항 확인</td><td></td><td></td><td></td><td></td></tr>
<tr><td>공사 완료</td><td>시운전 확인</td><td></td><td></td><td></td><td></td></tr>
<tr><td colspan="2" rowspan="2">시공자점검일</td><td rowspan="2">년 월 일</td><td>총괄 시공 책임자 (또는 현장관리인)</td><td colspan="3">(인)</td></tr>
<tr><td>공종별 시공 관리자</td><td colspan="3">(인)</td></tr>
<tr><td colspan="2" rowspan="2">감리자점검일</td><td rowspan="2">년 월 일</td><td>총괄 감리 책임자</td><td colspan="3">(인)</td></tr>
<tr><td>건축사보 (공종별 감리 책임자)</td><td colspan="3">(인)</td></tr>
<tr><td colspan="2">첨부자료</td><td colspan="5"></td></tr>
</table>

<table>
<tr><th colspan="3">공종별 감리 체크리스트</th><th>문서번호</th><th colspan="3"></th></tr>
<tr><th colspan="2">공 종</th><td>급배수위생 설비 공사</td><th>세부공종</th><td colspan="3">-</td></tr>
<tr><th colspan="2">부 위</th><td>층</td><th>위치</th><td colspan="3"></td></tr>
<tr><th colspan="2" rowspan="2">구분</th><th rowspan="2">검 사 항 목</th><th rowspan="2">기준, 참고사항</th><th colspan="2">검사결과</th><th rowspan="2">조치사항</th></tr>
<tr><th>적합</th><th>부적합</th></tr>
<tr><td rowspan="3">기본 업무</td><td rowspan="2">기기 및 자재</td><td>KS 등의 기기 및 자재성능 관련 서류 확인(보일러, 펌프, 급배수관, 물탱크, 위생기구, 정화조 등)</td><td></td><td></td><td></td><td></td></tr>
<tr><td>고효율 에너지 기자재 적용여부 확인</td><td></td><td></td><td></td><td></td></tr>
<tr><td>공사 완료</td><td>최종 마감상태 육안확인</td><td></td><td></td><td></td><td></td></tr>
<tr><td rowspan="7">기본 외 업무</td><td rowspan="3">도서</td><td>선정된 기자재 관련 설치계획 및 시공도 확인</td><td></td><td></td><td></td><td></td></tr>
<tr><td>정화조 용량 확인</td><td></td><td></td><td></td><td></td></tr>
<tr><td>설계도, 특기시방서 확인</td><td></td><td></td><td></td><td></td></tr>
<tr><td rowspan="3">시공</td><td>타 분야 공종과의 연관부분(간섭 및 구조, 치수, 마감 등) 확인</td><td></td><td></td><td></td><td></td></tr>
<tr><td>배수트랩의 설치여부, 청소구 및 통기관 위치 확인</td><td></td><td></td><td></td><td></td></tr>
<tr><td>정화조 배기관 및 맨홀 위치 확인</td><td></td><td></td><td></td><td></td></tr>
<tr><td>공사 완료</td><td>시운전(밸브류 개폐, 누수여부 등) 확인</td><td></td><td></td><td></td><td></td></tr>
<tr><td colspan="2" rowspan="2">시공자점검일</td><td rowspan="2">년 월 일</td><td>총괄 시공 책임자 (또는 현장관리인)</td><td colspan="3">(인)</td></tr>
<tr><td>공종별 시공 관리자</td><td colspan="3">(인)</td></tr>
<tr><td colspan="2" rowspan="2">감리자점검일</td><td rowspan="2">년 월 일</td><td>총괄 감리 책임자</td><td colspan="3">(인)</td></tr>
<tr><td>건축사보 (공종별 감리 책임자)</td><td colspan="3">(인)</td></tr>
<tr><td colspan="2">첨부자료</td><td colspan="5"></td></tr>
</table>

<table>
<tr><td colspan="3">공종별 감리 체크리스트</td><td>문서번호</td><td colspan="3"></td></tr>
<tr><td colspan="2">공 종</td><td>공기 조화설비공사</td><td>세부공종</td><td colspan="3">-</td></tr>
<tr><td colspan="2">부 위</td><td>층</td><td>위치</td><td colspan="3"></td></tr>
<tr><td colspan="2" rowspan="2">구분</td><td rowspan="2">검 사 항 목</td><td rowspan="2">기준, 참고사항</td><td colspan="2">검사결과</td><td rowspan="2">조치사항</td></tr>
<tr><td>적합</td><td>부적합</td></tr>
<tr><td rowspan="3">기본 업무</td><td rowspan="2">기기 및 자재</td><td>KS 등의 기기 및 자재성능 관련 서류 확인 (냉동기, 오일탱크, 연도, 연돌, 히터열교환기, 송풍기, 공기조화기, 팬코일 유니트, 냉각탑, 축열조, 냉매배관 등)</td><td></td><td></td><td></td><td></td></tr>
<tr><td>고효율 에너지 기자재 적용여부 확인</td><td></td><td></td><td></td><td></td></tr>
<tr><td>공사 완료</td><td>최종 마감상태 육안확인</td><td></td><td></td><td></td><td></td></tr>
<tr><td rowspan="4">기본 외 업무</td><td rowspan="2">도서</td><td>선정된 기자재 관련 설치계획 및 시공도 확인</td><td></td><td></td><td></td><td></td></tr>
<tr><td>설계도, 특기시방서 확인</td><td></td><td></td><td></td><td></td></tr>
<tr><td>시공</td><td>타 분야 공종과의 연관부분(간섭 및 구조, 치수, 마감 등) 확인</td><td></td><td></td><td></td><td></td></tr>
<tr><td>공사 완료</td><td>시운전 확인</td><td></td><td></td><td></td><td></td></tr>
<tr><td colspan="2" rowspan="2">시공자점검일</td><td rowspan="2">년 월 일</td><td>총괄 시공 책임자 (또는 현장관리인)</td><td colspan="3">(인)</td></tr>
<tr><td>공종별 시공 관리자</td><td colspan="3">(인)</td></tr>
<tr><td colspan="2" rowspan="2">감리자점검일</td><td rowspan="2">년 월 일</td><td>총괄 감리 책임자</td><td colspan="3">(인)</td></tr>
<tr><td>건축사보 (공종별 감리 책임자)</td><td colspan="3">(인)</td></tr>
<tr><td colspan="2">첨부자료</td><td colspan="5"></td></tr>
</table>

<table>
<tr><th colspan="2">공종별 감리 체크리스트</th><th>문서번호</th><th colspan="3"></th></tr>
<tr><td>공 종</td><td>배관설비공사</td><td>세부공종</td><td colspan="3">-</td></tr>
<tr><td>부 위</td><td>층</td><td>위치</td><td colspan="3"></td></tr>
</table>

<table>
<tr><th colspan="2" rowspan="2">구분</th><th rowspan="2">검 사 항 목</th><th rowspan="2">기준, 참고사항</th><th colspan="2">검사결과</th><th rowspan="2">조치사항</th></tr>
<tr><th>적합</th><th>부적합</th></tr>
<tr><td rowspan="2">기본 업무</td><td>기기 및 자재</td><td>KS 등의 기기 및 자재성능 관련 서류 확인(냉,온수 배관, 냉각수 배관, 냉매 배관, 증기배관, 기타 배관 및 보온재, 발열선)</td><td></td><td></td><td></td><td></td></tr>
<tr><td>공사 완료</td><td>최종 마감상태 육안확인</td><td></td><td></td><td></td><td></td></tr>
<tr><td rowspan="10">기본 외 업무</td><td rowspan="2">도서</td><td>선정된 기자재 관련 설치계획 및 시공도확인</td><td></td><td></td><td></td><td></td></tr>
<tr><td>설계도, 특기시방서 확인</td><td></td><td></td><td></td><td></td></tr>
<tr><td rowspan="7">시공</td><td>타 분야 공종과의 연관부분(간섭 및 구조, 치수, 마감 등) 확인</td><td></td><td></td><td></td><td></td></tr>
<tr><td>물배관의 전기설비로부터의 이격 확인</td><td></td><td></td><td></td><td></td></tr>
<tr><td>관경 확인</td><td></td><td></td><td></td><td></td></tr>
<tr><td>관 관통부위의 틈새채움(방화구획 등 규정 준수여부 포함) 확인</td><td></td><td></td><td></td><td></td></tr>
<tr><td>신축이음부 양쪽 배관의 서포트 설치 확인</td><td></td><td></td><td></td><td></td></tr>
<tr><td>내화성능을 확보한 보온재의 사용여부 확인(해당 부분에 한함)</td><td></td><td></td><td></td><td></td></tr>
<tr><td></td><td></td><td></td><td></td><td></td></tr>
<tr><td>공사 완료</td><td>시운전 확인</td><td></td><td></td><td></td><td></td></tr>
</table>

<table>
<tr><td rowspan="2">시공자점검일</td><td rowspan="2">년 월 일</td><td>총괄 시공 책임자
(또는 현장관리인)</td><td>(인)</td></tr>
<tr><td>공종별 시공 관리자</td><td>(인)</td></tr>
<tr><td rowspan="2">감리자점검일</td><td rowspan="2">년 월 일</td><td>총괄 감리 책임자</td><td>(인)</td></tr>
<tr><td>건축사보
(공종별 감리 책임자)</td><td>(인)</td></tr>
<tr><td>첨부자료</td><td colspan="3"></td></tr>
</table>

<table>
<tr><th colspan="3">공종별 감리 체크리스트</th><th>문서번호</th><th colspan="3"></th></tr>
<tr><th colspan="2">공 종</th><td>덕트설비공사</td><th>세부공종</th><td colspan="3">-</td></tr>
<tr><th colspan="2">부 위</th><td>층</td><th>위치</th><td colspan="3"></td></tr>
<tr><th colspan="2" rowspan="2">구분</th><th rowspan="2">검 사 항 목</th><th rowspan="2">기준, 참고사항</th><th colspan="2">검사결과</th><th rowspan="2">조치사항</th></tr>
<tr><th>적합</th><th>부적합</th></tr>
<tr><td rowspan="3">기본 업무</td><td>기기 및 자재</td><td>KS 등의 기기 및 자재성능 관련 서류 확인(흡입 및 배출구, 흡입루버, 배기그릴, 방화댐퍼, 보온재(난연 및 준불연, 불연 성능) 등)</td><td></td><td></td><td></td><td></td></tr>
<tr><td rowspan="2">공사 완료</td><td>최종 마감상태 육안확인</td><td></td><td></td><td></td><td></td></tr>
<tr><td>방재센터의 배연 관련 조작표시 확인</td><td></td><td></td><td></td><td></td></tr>
<tr><td rowspan="7">기본 외 업무</td><td rowspan="2">도서</td><td>선정된 기자재 관련 설치계획 및 시공도 확인</td><td></td><td></td><td></td><td></td></tr>
<tr><td>설계도, 특기시방서 확인</td><td></td><td></td><td></td><td></td></tr>
<tr><td rowspan="4">시공</td><td>타 분야 공종과의 연관부분(간섭 및 구조, 치수, 마감 등) 확인</td><td></td><td></td><td></td><td></td></tr>
<tr><td>덕트 관통부위의 처리(틈새채움 등) 확인</td><td></td><td></td><td></td><td></td></tr>
<tr><td>내화성능을 확보한 보온재의 사용여부 확인(해당 부분에 한함)</td><td></td><td></td><td></td><td></td></tr>
<tr><td>점검구 설치 확인</td><td></td><td></td><td></td><td></td></tr>
<tr><td>공사 완료</td><td>시운전(댐퍼류 개폐, 누기 등) 확인</td><td></td><td></td><td></td><td></td></tr>
</table>

<table>
<tr><td rowspan="2">시공자점검일</td><td rowspan="2">년 월 일</td><td>총괄 시공 책임자
(또는 현장관리인)</td><td>(인)</td></tr>
<tr><td>공종별 시공 관리자</td><td>(인)</td></tr>
<tr><td rowspan="2">감리자점검일</td><td rowspan="2">년 월 일</td><td>총괄 감리 책임자</td><td>(인)</td></tr>
<tr><td>건축사보
(공종별 감리 책임자)</td><td>(인)</td></tr>
<tr><td>첨부자료</td><td colspan="3"></td></tr>
</table>

<table>
<tr><td colspan="3">공종별 감리 체크리스트</td><td>문서번호</td><td colspan="3"></td></tr>
<tr><td colspan="2">공 종</td><td>자동제어 설비공사</td><td>세부공종</td><td colspan="3">-</td></tr>
<tr><td colspan="2">부 위</td><td>층</td><td>위치</td><td colspan="3"></td></tr>
<tr><td colspan="2" rowspan="2">구분</td><td rowspan="2">검 사 항 목</td><td rowspan="2">기준, 참고사항</td><td colspan="2">검사결과</td><td rowspan="2">조치사항</td></tr>
<tr><td>적합</td><td>부적합</td></tr>
<tr><td rowspan="3">기본 업무</td><td rowspan="2">기기 및 자재</td><td>KS 등의 기기 및 자재성능 관련 서류 확인</td><td></td><td></td><td></td><td></td></tr>
<tr><td>고효율 에너지 기자재 적용여부 확인</td><td></td><td></td><td></td><td></td></tr>
<tr><td>공사 완료</td><td>최종 마감상태 육안확인</td><td></td><td></td><td></td><td></td></tr>
<tr><td rowspan="5">기본 외 업무</td><td rowspan="2">도서</td><td>선정된 기자재 관련 설치계획 및 시공도 확인</td><td></td><td></td><td></td><td></td></tr>
<tr><td>설계도, 특기시방서 확인</td><td></td><td></td><td></td><td></td></tr>
<tr><td rowspan="2">시공</td><td>타 분야 공종과의 연관부분(간섭 및 구조, 치수, 마감 등) 확인</td><td></td><td></td><td></td><td></td></tr>
<tr><td>온,습도 제어장치 설치 확인</td><td></td><td></td><td></td><td></td></tr>
<tr><td>공사 완료</td><td>시운전(자동 및 수동 조작 등) 확인</td><td></td><td></td><td></td><td></td></tr>
<tr><td colspan="2" rowspan="2">시공자점검일</td><td rowspan="2">년 월 일</td><td>총괄 시공 책임자
(또는 현장관리인)</td><td colspan="3">(인)</td></tr>
<tr><td>공종별 시공 관리자</td><td colspan="3">(인)</td></tr>
<tr><td colspan="2" rowspan="2">감리자점검일</td><td rowspan="2">년 월 일</td><td>총괄 감리 책임자</td><td colspan="3">(인)</td></tr>
<tr><td>건축사보
(공종별 감리 책임자)</td><td colspan="3">(인)</td></tr>
<tr><td colspan="2">첨부자료</td><td colspan="5"></td></tr>
</table>

<table>
<tr><td colspan="3">공종별 감리 체크리스트</td><td>문서번호</td><td colspan="3"></td></tr>
<tr><td colspan="2">공 종</td><td>신재생에너지 설비공사</td><td>세부공종</td><td colspan="3">-</td></tr>
<tr><td colspan="2">부 위</td><td>층</td><td>위치</td><td colspan="3"></td></tr>
<tr><td colspan="2" rowspan="2">구분</td><td rowspan="2">검 사 항 목</td><td rowspan="2">기준, 참고사항</td><td colspan="2">검사결과</td><td rowspan="2">조치사항</td></tr>
<tr><td>적합</td><td>부적합</td></tr>
<tr><td rowspan="3">기본 업무</td><td rowspan="2">기기 및 자재</td><td>KS 등의 기기 및 자재성능 관련 서류 확인(태양열 집열판, 열펌프 등)</td><td></td><td></td><td></td><td></td></tr>
<tr><td>고효율 에너지 기자재 적용여부 확인</td><td></td><td></td><td></td><td></td></tr>
<tr><td>공사 완료</td><td>최종 마감상태 육안확인</td><td></td><td></td><td></td><td></td></tr>
<tr><td rowspan="7">기본 외 업무</td><td rowspan="2">도서</td><td>선정된 기자재 관련 설치계획 및 시공도 확인</td><td></td><td></td><td></td><td></td></tr>
<tr><td>설계도, 특기시방서 확인</td><td></td><td></td><td></td><td></td></tr>
<tr><td rowspan="3">시공</td><td>타 분야 공종과의 연관부분(간섭 및 구조, 치수, 마감 등) 확인</td><td></td><td></td><td></td><td></td></tr>
<tr><td>태양열 집열판 설치 방향 및 경사도 확인</td><td></td><td></td><td></td><td></td></tr>
<tr><td>지중열교환기의 지하매설깊이 확인</td><td></td><td></td><td></td><td></td></tr>
<tr><td rowspan="2">공사 완료</td><td>에너지절약계획서 이행확인서 확인(해당 건축물에 한함)</td><td></td><td></td><td></td><td></td></tr>
<tr><td>시운전 확인</td><td></td><td></td><td></td><td></td></tr>
</table>

<table>
<tr><td rowspan="2">시공자점검일</td><td rowspan="2">년 월 일</td><td>총괄 시공 책임자
(또는 현장관리인)</td><td>(인)</td></tr>
<tr><td>공종별 시공 관리자</td><td>(인)</td></tr>
<tr><td rowspan="2">감리자점검일</td><td rowspan="2">년 월 일</td><td>총괄 감리 책임자</td><td>(인)</td></tr>
<tr><td>건축사보
(공종별 감리 책임자)</td><td>(인)</td></tr>
<tr><td>첨부자료</td><td colspan="3"></td></tr>
</table>

<table>
<tr><td colspan="3">공종별 감리 체크리스트</td><td>문서번호</td><td colspan="3"></td></tr>
<tr><td colspan="2">공 종</td><td>냉동냉장 설비공사</td><td>세부공종</td><td colspan="3">-</td></tr>
<tr><td colspan="2">부 위</td><td>층</td><td>위치</td><td colspan="3"></td></tr>
<tr><td colspan="2" rowspan="2">구분</td><td rowspan="2">검 사 항 목</td><td rowspan="2">기준, 참고사항</td><td colspan="2">검사결과</td><td rowspan="2">조치사항</td></tr>
<tr><td>적합</td><td>부적합</td></tr>
<tr><td rowspan="6">기본
업무</td><td rowspan="2">기기
및 자재</td><td>KS 등의 기기 및 자재성능 관련 서류 확인</td><td></td><td></td><td></td><td></td></tr>
<tr><td>고효율 에너지 기자재 적용여부 확인</td><td></td><td></td><td></td><td></td></tr>
<tr><td rowspan="4">공사
완료</td><td>최종 마감상태 육안확인</td><td></td><td></td><td></td><td></td></tr>
<tr><td>실내 감금방지 회로의 작동여부 확인</td><td></td><td></td><td></td><td></td></tr>
<tr><td>냉매 충전여부 확인</td><td></td><td></td><td></td><td></td></tr>
<tr><td>성능시험보고서 확인</td><td></td><td></td><td></td><td></td></tr>
<tr><td rowspan="5">기본
외
업무</td><td rowspan="2">도서</td><td>선정된 기자재 관련 설치계획 및 시공도 확인</td><td></td><td></td><td></td><td></td></tr>
<tr><td>설계도, 특기시방서 확인</td><td></td><td></td><td></td><td></td></tr>
<tr><td rowspan="2">시공</td><td>타 분야 공종과의 연관부분(간섭 및 구조, 치수, 마감 등) 확인</td><td></td><td></td><td></td><td></td></tr>
<tr><td>경보등 설치여부 확인</td><td></td><td></td><td></td><td></td></tr>
<tr><td>공사
완료</td><td>시운전 확인</td><td></td><td></td><td></td><td></td></tr>
<tr><td colspan="2" rowspan="2">시공자점검일</td><td rowspan="2">년 월 일</td><td>총괄 시공 책임자
(또는 현장관리인)</td><td colspan="3">(인)</td></tr>
<tr><td>공종별 시공 관리자</td><td colspan="3">(인)</td></tr>
<tr><td colspan="2" rowspan="2">감리자점검일</td><td rowspan="2">년 월 일</td><td>총괄 감리 책임자</td><td colspan="3">(인)</td></tr>
<tr><td>건축사보
(공종별 감리 책임자)</td><td colspan="3">(인)</td></tr>
<tr><td colspan="2">첨부자료</td><td colspan="5"></td></tr>
</table>

<table>
<tr><td colspan="3">공종별 감리 체크리스트</td><td>문서번호</td><td colspan="3"></td></tr>
<tr><td colspan="2">공 종</td><td>클린룸 설비공사</td><td>세부공종</td><td colspan="3">-</td></tr>
<tr><td colspan="2">부 위</td><td>층</td><td>위치</td><td colspan="3"></td></tr>
<tr><td colspan="2" rowspan="2">구분</td><td rowspan="2">검 사 항 목</td><td rowspan="2">기준, 참고사항</td><td colspan="2">검사결과</td><td rowspan="2">조치사항</td></tr>
<tr><td>적합</td><td>부적합</td></tr>
<tr><td rowspan="4">기본 업무</td><td rowspan="2">기기 및 자재</td><td>KS 등의 기기 및 자재성능 관련 서류 확인</td><td></td><td></td><td></td><td></td></tr>
<tr><td>고효율 에너지 기자재 적용여부 확인</td><td></td><td></td><td></td><td></td></tr>
<tr><td rowspan="2">공사 완료</td><td>최종 마감상태 육안확인</td><td></td><td></td><td></td><td></td></tr>
<tr><td>외부로 통하는 출입문의 잠김기능 및 자동개폐장치 설치여부 확인</td><td></td><td></td><td></td><td></td></tr>
<tr><td rowspan="7">기본 외 업무</td><td rowspan="3">도서</td><td>선정된 기자재 관련 설치계획 및 시공도 확인</td><td></td><td></td><td></td><td></td></tr>
<tr><td>설계도서 상 클린룸 성능(청정도등급, 온노, 습도, 차압 등) 명시 여부 확인</td><td></td><td></td><td></td><td></td></tr>
<tr><td>설계도, 특기시방서 확인</td><td></td><td></td><td></td><td></td></tr>
<tr><td rowspan="3">시공</td><td>타 분야 공종과의 연관부분(간섭 및 구조, 치수, 마감 등) 확인</td><td></td><td></td><td></td><td></td></tr>
<tr><td>불연재료 사용여부 확인(해당 부분에 한함)</td><td></td><td></td><td></td><td></td></tr>
<tr><td>클린룸의 준청정상태에서 필터 설치여부 확인</td><td></td><td></td><td></td><td></td></tr>
<tr><td>공사 완료</td><td>시운전 확인</td><td></td><td></td><td></td><td></td></tr>
</table>

<table>
<tr><td rowspan="2">시공자점검일</td><td rowspan="2">년 월 일</td><td>총괄 시공 책임자
(또는 현장관리인)</td><td>(인)</td></tr>
<tr><td>공종별 시공 관리자</td><td>(인)</td></tr>
<tr><td rowspan="2">감리자점검일</td><td rowspan="2">년 월 일</td><td>총괄 감리 책임자</td><td>(인)</td></tr>
<tr><td>건축사보
(공종별 감리 책임자)</td><td>(인)</td></tr>
<tr><td>첨부자료</td><td colspan="3"></td></tr>
</table>

공종별 감리 체크리스트			문서번호			
공 종		가스설비공사	세부공종	-		
부 위		층	위치			
구분		검 사 항 목	기준, 참고사항	검사결과		조치사항
				적합	부적합	
기본 업무	기기 및 자재	KS 등의 기기 및 자재성능 관련 서류 확인				
	공사 완료	최종 마감상태 육안 확인				
		검사필증 확인				
기본 외 업무	도서	선정된 기자재 관련 설치계획 및 시공도 확인				
		액화석유가스(프로판, 부탄 등) 용기 보관장소 설치기준 부합여부 확인				
		설계도, 특기시방서 확인				
	시공	타 분야 공종과의 연관부분(간섭 및 구조, 치수, 마감 등) 확인				
		배관의 외부 노출여부(매설가능조건 부합여부 포함) 확인				
		액화석유가스 용기의 넘어짐 방지시설 설치여부 확인				
	공사 완료	시운전 확인				

시공자점검일	년 월 일	총괄 시공 책임자 (또는 현장관리인)	(인)
		공종별 시공 관리자	(인)
감리자점검일	년 월 일	총괄 감리 책임자	(인)
		건축사보 (공종별 감리 책임자)	(인)
첨부자료			

<table>
<tr><th colspan="3">공종별 감리 체크리스트</th><th>문서번호</th><th colspan="3"></th></tr>
<tr><td colspan="2">공 종</td><td>방음방진 및 내진 설비공사</td><td>세부공종</td><td colspan="3">-</td></tr>
<tr><td colspan="2">부 위</td><td>층</td><td>위치</td><td colspan="3"></td></tr>
<tr><th colspan="2" rowspan="2">구분</th><th rowspan="2">검 사 항 목</th><th rowspan="2">기준, 참고사항</th><th colspan="2">검사결과</th><th rowspan="2">조치사항</th></tr>
<tr><th>적합</th><th>부적합</th></tr>
<tr><td rowspan="2">기본 업무</td><td>기기 및 자재</td><td>KS 등의 기기 및 자재성능 관련 서류 확인(덕트소음기 효율계산서 또는 시험성적서, 방진제품 시험성적서 등)</td><td></td><td></td><td></td><td></td></tr>
<tr><td>공사 완료</td><td>최종 마감상태 육안 확인</td><td></td><td></td><td></td><td></td></tr>
<tr><td rowspan="7">기본 외 업무</td><td rowspan="2">도서</td><td>선정된 기자재 관련 설치계획 및 시공도 확인</td><td></td><td></td><td></td><td></td></tr>
<tr><td>설계도, 특기시방서 확인</td><td></td><td></td><td></td><td></td></tr>
<tr><td rowspan="4">시공</td><td>타 분야 공종과의 연관부분(간섭 및 구조, 치수, 마감 등) 확인</td><td></td><td></td><td></td><td></td></tr>
<tr><td>방진스프링의 앵커볼트 매설 깊이 확인</td><td></td><td></td><td></td><td></td></tr>
<tr><td>지진완충기의 설치여부 확인(해당 기기에 한함)</td><td></td><td></td><td></td><td></td></tr>
<tr><td>방음설비 흡음재 규격 확인</td><td></td><td></td><td></td><td></td></tr>
<tr><td>공사 완료</td><td>시운전 확인</td><td></td><td></td><td></td><td></td></tr>
<tr><td colspan="2" rowspan="2">시공자점검일</td><td rowspan="2">년 월 일</td><td>총괄 시공 책임자
(또는 현장관리인)</td><td colspan="3">(인)</td></tr>
<tr><td>공종별 시공 관리자</td><td colspan="3">(인)</td></tr>
<tr><td colspan="2" rowspan="2">감리자점검일</td><td rowspan="2">년 월 일</td><td>총괄 감리 책임자</td><td colspan="3">(인)</td></tr>
<tr><td>건축사보
(공종별 감리 책임자)</td><td colspan="3">(인)</td></tr>
<tr><td colspan="2">첨부자료</td><td colspan="5"></td></tr>
</table>

●전기설비 공사감리 체크리스트

<table>
<tr><td colspan="3">공종별 감리 체크리스트</td><td>문서번호</td><td colspan="3"></td></tr>
<tr><td colspan="2">공 종</td><td>옥외공사</td><td>세부공종</td><td colspan="3">-</td></tr>
<tr><td colspan="2">부 위</td><td>층</td><td>위치</td><td colspan="3"></td></tr>
<tr><td colspan="2" rowspan="2">구분</td><td rowspan="2">검 사 항 목</td><td rowspan="2">기준, 참고사항</td><td colspan="2">검사결과</td><td rowspan="2">조치사항</td></tr>
<tr><td>적합</td><td>부적합</td></tr>
<tr><td rowspan="3">기본
업무</td><td rowspan="2">기기
및 자재</td><td>KS 등의 기기 및 자재성능 관련 서류 확인</td><td></td><td></td><td></td><td></td></tr>
<tr><td>고효율 에너지 기자재 적용여부 확인</td><td></td><td></td><td></td><td></td></tr>
<tr><td>공사
완료</td><td>최종 설치마감상태 육안확인</td><td></td><td></td><td></td><td></td></tr>
<tr><td rowspan="9">기본
외
업무</td><td rowspan="2">도서</td><td>선정된 기자재 관련 설치계획 및 시공도 확인</td><td></td><td></td><td></td><td></td></tr>
<tr><td>설계도, 특기시방서 확인</td><td></td><td></td><td></td><td></td></tr>
<tr><td rowspan="6">시공</td><td>타 분야 공종과의 연관부분 확인</td><td></td><td></td><td></td><td></td></tr>
<tr><td>기기, 재료, 시험결과 관련 자료 확인</td><td></td><td></td><td></td><td></td></tr>
<tr><td>지중전선로의 매설깊이, 매설표지 설치 확인</td><td></td><td></td><td></td><td></td></tr>
<tr><td>고압 또는 특별고압용 지중배관 상부 위험표시용 비닐시트 설치 확인</td><td></td><td></td><td></td><td></td></tr>
<tr><td>맨홀과 하수관 연결부위 역수여부 확인</td><td></td><td></td><td></td><td></td></tr>
<tr><td>케이블배선용 배관의 배수를 위한 구배 및 방향확인</td><td></td><td></td><td></td><td></td></tr>
<tr><td>공사
완료</td><td>지중전선로 매설위치의 준공도면 표시 확인</td><td></td><td></td><td></td><td></td></tr>
<tr><td colspan="2" rowspan="2">시공자점검일</td><td rowspan="2">년 월 일</td><td>총괄 시공 책임자
(또는 현장관리인)</td><td colspan="3">(인)</td></tr>
<tr><td>공종별 시공 관리자</td><td colspan="3">(인)</td></tr>
<tr><td colspan="2" rowspan="2">감리자점검일</td><td rowspan="2">년 월 일</td><td>총괄 감리 책임자</td><td colspan="3">(인)</td></tr>
<tr><td>건축사보
(공종별 감리 책임자)</td><td colspan="3">(인)</td></tr>
<tr><td colspan="2">첨부자료</td><td colspan="5"></td></tr>
</table>

<table>
<tr><td colspan="3">공종별 감리 체크리스트</td><td>문서번호</td><td colspan="3"></td></tr>
<tr><td colspan="2">공 종</td><td>수변전(인입공사) 설비공사</td><td>세부공종</td><td colspan="3">-</td></tr>
<tr><td colspan="2">부 위</td><td>층</td><td>위치</td><td colspan="3"></td></tr>
<tr><td colspan="2" rowspan="2">구분</td><td rowspan="2">검 사 항 목</td><td rowspan="2">기준, 참고사항</td><td colspan="2">검사결과</td><td rowspan="2">조치사항</td></tr>
<tr><td>적합</td><td>부적합</td></tr>
<tr><td rowspan="5">기본 업무</td><td rowspan="2">기기 및 자재</td><td>KS 등의 기기 및 자재성능 관련 서류 확인</td><td></td><td></td><td></td><td></td></tr>
<tr><td>고효율 에너지 기자재 적용여부 확인</td><td></td><td></td><td></td><td></td></tr>
<tr><td rowspan="3">공사 완료</td><td>최종 설치마감상태 육안확인</td><td></td><td></td><td></td><td></td></tr>
<tr><td>기기의 설치 위치 확인</td><td></td><td></td><td></td><td></td></tr>
<tr><td>법적 규정의 이격거리, 각 기구의 접지 확인</td><td></td><td></td><td></td><td></td></tr>
<tr><td rowspan="17">기본 외 업무</td><td rowspan="2">도서</td><td>선정된 기자재 관련 설치계획 및 시공도 확인</td><td></td><td></td><td></td><td></td></tr>
<tr><td>설계도, 특기시방서 확인</td><td></td><td></td><td></td><td></td></tr>
<tr><td>기기 및 자재</td><td>가스절연개폐장치 또는 가스절연배전반의 신축이음 조치 확인</td><td></td><td></td><td></td><td></td></tr>
<tr><td rowspan="9">시공</td><td>타 분야 공종과의 연관부분 확인</td><td></td><td></td><td></td><td></td></tr>
<tr><td>기기, 재료, 시험결과 관련 자료 확인</td><td></td><td></td><td></td><td></td></tr>
<tr><td>전기실 내 설치가 제한된 수도관, 증기관, 덕트(전기실 환기용 제외)의 통과여부 확인</td><td></td><td></td><td></td><td></td></tr>
<tr><td>전기실 내 침수방지 조치여부 확인</td><td></td><td></td><td></td><td></td></tr>
<tr><td>기기의 반출입을 고려한 배선용 트렌치 덮개 설치여부 확인</td><td></td><td></td><td></td><td></td></tr>
<tr><td>콘크리트 타설 전 기초의 위치, 배근, 전기실 내 매입 배관 등 확인</td><td></td><td></td><td></td><td></td></tr>
<tr><td>기초볼트 위치 및 설치형태, 배전반 설치, 방화구획 관통부의 내화처리, 외벽관통부의 방수처리, 전선과 기기의 접속부, 접지극 매설 전 매설상태 등 확인</td><td></td><td></td><td></td><td></td></tr>
<tr><td>앵커볼트, 스토퍼, 지지대 등 내진시설의 종류, 설치위치, 설치간격 및 수량 등의 상세도면과의 일치여부 확인</td><td></td><td></td><td></td><td></td></tr>
<tr><td></td><td></td><td></td><td></td><td></td></tr>
<tr><td rowspan="5">공사 완료</td><td>옥외시설의 배수설비 설치 확인</td><td></td><td></td><td></td><td></td></tr>
<tr><td>옥외 변전시설 출입구에 안전표시판 설치 확인</td><td></td><td></td><td></td><td></td></tr>
<tr><td>비상시 전기실 조명의 정상가동 여부 확인</td><td></td><td></td><td></td><td></td></tr>
<tr><td>변압기 설치 완료 후 저압회로의 누설전류 측정여부 확인</td><td></td><td></td><td></td><td></td></tr>
<tr><td>특고압 주 회로와 대지 간, 고압충전부 상호간 및 대지 간 내전압 시험 실시여부 확인</td><td></td><td></td><td></td><td></td></tr>
<tr><td colspan="2" rowspan="2">시공자점검일</td><td rowspan="2">년 월 일</td><td>총괄 시공 책임자
(또는 현장관리인)</td><td colspan="3">(인)</td></tr>
<tr><td>공종별 시공 관리자</td><td colspan="3">(인)</td></tr>
<tr><td colspan="2" rowspan="2">감리자점검일</td><td rowspan="2">년 월 일</td><td>총괄 감리 책임자</td><td colspan="3">(인)</td></tr>
<tr><td>건축사보
(공종별 감리 책임자)</td><td colspan="3">(인)</td></tr>
<tr><td colspan="2">첨부사료</td><td colspan="5"></td></tr>
</table>

<table>
<tr><td colspan="3">공종별 감리 체크리스트</td><td>문서번호</td><td colspan="3"></td></tr>
<tr><td colspan="2">공 종</td><td>예비전원 설비공사</td><td>세부공종</td><td colspan="3">-</td></tr>
<tr><td colspan="2">부 위</td><td>층</td><td>위치</td><td colspan="3"></td></tr>
<tr><td colspan="2" rowspan="2">구분</td><td rowspan="2">검 사 항 목</td><td rowspan="2">기준, 참고사항</td><td colspan="2">검사결과</td><td rowspan="2">조치사항</td></tr>
<tr><td>적합</td><td>부적합</td></tr>
<tr><td rowspan="5">기본
업무</td><td rowspan="2">기기
및 자재</td><td>KS 등의 기기 및 자재성능 관련 서류 확인</td><td></td><td></td><td></td><td></td></tr>
<tr><td>고효율 에너지 기자재 적용여부 확인</td><td></td><td></td><td></td><td></td></tr>
<tr><td rowspan="3">공사
완료</td><td>최종 설치마감상태 육안확인</td><td></td><td></td><td></td><td></td></tr>
<tr><td>기기의 설치 위치 확인</td><td></td><td></td><td></td><td></td></tr>
<tr><td>법적 규정의 이격거리, 각 기구의 접지 확인</td><td></td><td></td><td></td><td></td></tr>
<tr><td rowspan="10">기본
외
업무</td><td rowspan="2">도서</td><td>선정된 기자재 관련 설치계획 및 시공도 확인</td><td></td><td></td><td></td><td></td></tr>
<tr><td>설계도, 특기시방서 확인</td><td></td><td></td><td></td><td></td></tr>
<tr><td>기기 및
자재</td><td>시공자의 발전기, 원동기, 배전반 등 성능시험 확인</td><td></td><td></td><td></td><td></td></tr>
<tr><td rowspan="5">시공</td><td>타 분야 공종과의 연관부분 확인</td><td></td><td></td><td></td><td></td></tr>
<tr><td>기기, 재료, 시험결과 관련 자료 확인</td><td></td><td></td><td></td><td></td></tr>
<tr><td>실내연료탱크 통기관의 높이, 건물 개구부와의 이격상태 확인</td><td></td><td></td><td></td><td></td></tr>
<tr><td>콘크리트 타설 전 기초의 위치, 배근상태, 매입배관 부설 등의 확인</td><td></td><td></td><td></td><td></td></tr>
<tr><td>기초볼트 위치 및 설치형태, 지중매설관 부설, 방화구획 관통부의 내화처리, 외벽관통부의 방수처리, 기기류 및 전선의 부설, 전선과 기기의 접속부, 접지극 매설, 전선 단말처리, 도장 등 확인</td><td></td><td></td><td></td><td></td></tr>
<tr><td rowspan="2">공사
완료</td><td>기동정지시험, 충기 및 충전시험, 부하시험 및 연료소비율 시험, 진동시험, 안전장치시험 및 계전기시험, 접비저항시험, 배기배압측정시험, 압력시험, 매연시험, 소음측정 등 시험성적서 확인</td><td></td><td></td><td></td><td></td></tr>
<tr><td>태양광발전설비의 구조시험, 성능시험(절연저항, 계전기 특성, 내전압시험, 태양전지 어레이 출력, 시스템의 출력·기능, 시스템 운전특성, 접지시험 등), 기능시험 관련 시험성적서 확인</td><td></td><td></td><td></td><td></td></tr>
</table>

<table>
<tr><td rowspan="2">시공자점검일</td><td rowspan="2">년 월 일</td><td>총괄 시공 책임자
(또는 현장관리인)</td><td>(인)</td></tr>
<tr><td>공종별 시공 관리자</td><td>(인)</td></tr>
<tr><td rowspan="2">감리자점검일</td><td rowspan="2">년 월 일</td><td>총괄 감리 책임자</td><td>(인)</td></tr>
<tr><td>건축사보
(공종별 감리 책임자)</td><td>(인)</td></tr>
<tr><td>첨부자료</td><td colspan="3"></td></tr>
</table>

공종별 감리 체크리스트

공종별 감리 체크리스트			문서번호			
공 종		옥내배선공사	세부공종	-		
부 위		층	위치			
구분		검 사 항 목	기준, 참고사항	검사결과		조치사항
				적합	부적합	
기본 업무	기기 및 자재	KS 등의 기기 및 자재성능 관련 서류 확인				
		고효율 에너지 기자재 적용여부 확인				
	공사 완료	최종 설치마감상태 육안확인				
		기기의 설치 위치 확인				
		전기안전검사필증 확인				
기본 외 업무	도서	선정된 기자재 관련 설치계획 및 시공도확인				
		설계도, 특기시방서 확인				
		기기 및 분전반 제작도 확인				
	시공	타 분야 공종과의 연관부분 확인(각종 박스와의 간섭으로 철근 배근의 위치변경, 굴절발생 시 철근보강검토 등)				
		배선설비 기기, 재료 시험성적서 항목 중 기기, 재료와 동일 여부 확인				
		배관공사, 풀박스류의 설치, 분전반설치 관련사항 확인				
		노출배관, 은폐배관 확인				
		전선의 상별 동일 색상 사용 확인				
		슬래브 및 콘크리트 벽체 내 설치된 전선관 등의 두께 및 설치간격, 위치, 고정상태 등 확인				
		아웃렛박스, 점멸기, 콘센트 등의 매설깊이 확인(건축 마감면과의 관계검토)				
		방화구획을 관통하는 덕트 내부의 방화구획 확인				
		동일 덕트 내 서로 다른 전압배선 설치 시 격벽설치 확인				
		배선기구의 설치 높이 확인				
	공사 완료	전기 충전 전 및 준공검사 시 회로의 절연저항 시험 확인				

구분	점검일	확인자	서명
시공자점검일	년 월 일	총괄 시공 책임자 (또는 현장관리인)	(인)
		공종별 시공 관리자	(인)
감리자점검일	년 월 일	총괄 감리 책임자	(인)
		건축사보 (공종별 감리 책임자)	(인)
첨부자료			

<table>
<tr><td colspan="3">공종별 감리 체크리스트</td><td>문서번호</td><td colspan="3"></td></tr>
<tr><td colspan="2">공 종</td><td>조명설비공사</td><td>세부공종</td><td colspan="3">-</td></tr>
<tr><td colspan="2">부 위</td><td>층</td><td>위치</td><td colspan="3"></td></tr>
<tr><td colspan="2" rowspan="2">구분</td><td rowspan="2">검 사 항 목</td><td rowspan="2">기준, 참고사항</td><td colspan="2">검사결과</td><td rowspan="2">조치사항</td></tr>
<tr><td>적합</td><td>부적합</td></tr>
<tr><td rowspan="4">기본
업무</td><td rowspan="2">기기
및 자재</td><td>KS 등의 기기 및 자재성능 관련 서류 확인</td><td></td><td></td><td></td><td></td></tr>
<tr><td>고효율 에너지 기자재 적용여부 확인</td><td></td><td></td><td></td><td></td></tr>
<tr><td rowspan="2">공사
완료</td><td>최종 설치마감상태 육안확인</td><td></td><td></td><td></td><td></td></tr>
<tr><td>기기의 설치 위치 확인</td><td></td><td></td><td></td><td></td></tr>
<tr><td rowspan="4">기본
외
업무</td><td rowspan="2">도서</td><td>선정된 기자재 관련 설치계획 및 시공도확인</td><td></td><td></td><td></td><td></td></tr>
<tr><td>설계도, 특기시방서 확인</td><td></td><td></td><td></td><td></td></tr>
<tr><td rowspan="2">시공</td><td>타 분야 공종과의 연관부분 확인·검토</td><td></td><td></td><td></td><td></td></tr>
<tr><td>조명기구의 구조재 부착 확인</td><td></td><td></td><td></td><td></td></tr>
</table>

<table>
<tr><td rowspan="2">시공자점검일</td><td rowspan="2">년 월 일</td><td>총괄 시공 책임자
(또는 현장관리인)</td><td>(인)</td></tr>
<tr><td>공종별 시공 관리자</td><td>(인)</td></tr>
<tr><td rowspan="2">감리자점검일</td><td rowspan="2">년 월 일</td><td>총괄 감리 책임자</td><td>(인)</td></tr>
<tr><td>건축사보
(공종별 감리 책임자)</td><td>(인)</td></tr>
<tr><td>첨부자료</td><td colspan="3"></td></tr>
</table>

<table>
<tr><td colspan="3">공종별 감리 체크리스트</td><td>문서번호</td><td colspan="3"></td></tr>
<tr><td colspan="2">공 종</td><td>동력설비공사</td><td>세부공종</td><td colspan="3">-</td></tr>
<tr><td colspan="2">부 위</td><td>층</td><td>위치</td><td colspan="3"></td></tr>
<tr><td colspan="2" rowspan="2">구분</td><td rowspan="2">검 사 항 목</td><td rowspan="2">기준, 참고사항</td><td colspan="2">검사결과</td><td rowspan="2">조치사항</td></tr>
<tr><td>적합</td><td>부적합</td></tr>
<tr><td rowspan="4">기본 업무</td><td rowspan="2">기기 및 자재</td><td>KS 등의 기기 및 자재성능 관련 서류 확인</td><td></td><td></td><td></td><td></td></tr>
<tr><td>고효율 에너지 기자재 적용여부 확인</td><td></td><td></td><td></td><td></td></tr>
<tr><td rowspan="2">공사 완료</td><td>최종 설치마감상태 육안확인</td><td></td><td></td><td></td><td></td></tr>
<tr><td>기기의 설치 위치 확인</td><td></td><td></td><td></td><td></td></tr>
<tr><td rowspan="6">기본 외 업무</td><td rowspan="2">도서</td><td>선정된 기자재 관련 설치계획 및 시공도확인</td><td></td><td></td><td></td><td></td></tr>
<tr><td>설계도, 특기시방서 확인</td><td></td><td></td><td></td><td></td></tr>
<tr><td rowspan="3">시공</td><td>타 분야 공종과의 연관부분 확인</td><td></td><td></td><td></td><td></td></tr>
<tr><td>기능시험 및 시험결과 확인</td><td></td><td></td><td></td><td></td></tr>
<tr><td>배관배선, 동력제어반의 설치 확인</td><td></td><td></td><td></td><td></td></tr>
<tr><td>공사 완료</td><td>제작자의 성능시험(동작시험) 성적서에 의한 시운전 확인</td><td></td><td></td><td></td><td></td></tr>
</table>

<table>
<tr><td rowspan="2">시공자점검일</td><td rowspan="2">년 월 일</td><td>총괄 시공 책임자
(또는 현장관리인)</td><td>(인)</td></tr>
<tr><td>공종별 시공 관리자</td><td>(인)</td></tr>
<tr><td rowspan="2">감리자점검일</td><td rowspan="2">년 월 일</td><td>총괄 감리 책임자</td><td>(인)</td></tr>
<tr><td>건축사보
(공종별 감리 책임자)</td><td>(인)</td></tr>
<tr><td>첨부자료</td><td colspan="3"></td></tr>
</table>

<table>
<tr><th colspan="3">공종별 감리 체크리스트</th><th>문서번호</th><th colspan="3"></th></tr>
<tr><th colspan="2">공 종</th><td>감시제어설비공사</td><th>세부공종</th><td colspan="3">-</td></tr>
<tr><th colspan="2">부 위</th><td>층</td><th>위치</th><td colspan="3"></td></tr>
<tr><th colspan="2" rowspan="2">구분</th><th rowspan="2">검 사 항 목</th><th rowspan="2">기준, 참고사항</th><th colspan="2">검사결과</th><th rowspan="2">조치사항</th></tr>
<tr><th>적합</th><th>부적합</th></tr>
<tr><td rowspan="4">기본 업무</td><td rowspan="2">기기 및 자재</td><td>KS 등의 기기 및 자재성능 관련 서류 확인</td><td></td><td></td><td></td><td></td></tr>
<tr><td>고효율 에너지 기자재 적용여부 확인</td><td></td><td></td><td></td><td></td></tr>
<tr><td rowspan="2">공사 완료</td><td>최종 설치마감상태 육안확인</td><td></td><td></td><td></td><td></td></tr>
<tr><td>기기의 설치 위치 확인</td><td></td><td></td><td></td><td></td></tr>
<tr><td rowspan="6">기본 외 업무</td><td rowspan="2">도서</td><td>선정된 기자재 관련 설치계획 및 시공도확인</td><td></td><td></td><td></td><td></td></tr>
<tr><td>설계도, 특기시방서 확인</td><td></td><td></td><td></td><td></td></tr>
<tr><td rowspan="4">시공</td><td>타 분야 공종과의 연관부분 확인</td><td></td><td></td><td></td><td></td></tr>
<tr><td>P&ID(운전제어 조작흐름도) 및 입출력 관제 점목록 확인</td><td></td><td></td><td></td><td></td></tr>
<tr><td>벽걸이형 그래픽 패널의 중량과 설치 대상 벽의 구조 확인</td><td></td><td></td><td></td><td></td></tr>
<tr><td>배선의 절연저항 측정 기록 등 시험검사 성적서 확인</td><td></td><td></td><td></td><td></td></tr>
<tr><td colspan="2" rowspan="2">시공자점검일</td><td rowspan="2">년 월 일</td><td>총괄 시공 책임자
(또는 현장관리인)</td><td colspan="3">(인)</td></tr>
<tr><td>공종별 시공 관리자</td><td colspan="3">(인)</td></tr>
<tr><td colspan="2" rowspan="2">감리자점검일</td><td rowspan="2">년 월 일</td><td>총괄 감리 책임자</td><td colspan="3">(인)</td></tr>
<tr><td>건축사보
(공종별 감리 책임자)</td><td colspan="3">(인)</td></tr>
<tr><td colspan="2">첨부자료</td><td colspan="5"></td></tr>
</table>

<table>
<tr><td colspan="3">공종별 감리 체크리스트</td><td>문서번호</td><td colspan="3"></td></tr>
<tr><td colspan="2">공 종</td><td>피뢰 및 접지 설비공사</td><td>세부공종</td><td colspan="3">-</td></tr>
<tr><td colspan="2">부 위</td><td>층</td><td>위치</td><td colspan="3"></td></tr>
<tr><td colspan="2" rowspan="2">구분</td><td rowspan="2">검 사 항 목</td><td rowspan="2">기준, 참고사항</td><td colspan="2">검사결과</td><td rowspan="2">조치사항</td></tr>
<tr><td>적합</td><td>부적합</td></tr>
<tr><td rowspan="3">기본
업무</td><td>기기
및 자재</td><td>KS 등의 기기 및 자재성능 관련 서류 확인</td><td></td><td></td><td></td><td></td></tr>
<tr><td rowspan="2">공사
완료</td><td>최종 설치마감상태 육안확인</td><td></td><td></td><td></td><td></td></tr>
<tr><td>기기의 설치 위치 확인</td><td></td><td></td><td></td><td></td></tr>
<tr><td rowspan="9">기본
외
업무</td><td rowspan="2">도서</td><td>선정된 기자재 관련 설치계획 및 시공도 확인</td><td></td><td></td><td></td><td></td></tr>
<tr><td>설계도, 특기시방서 확인</td><td></td><td></td><td></td><td></td></tr>
<tr><td rowspan="5">시공</td><td>타 분야 공종과의 연관부분 확인</td><td></td><td></td><td></td><td></td></tr>
<tr><td>돌침의 건축물 상부 기준 돌출거리 확인</td><td></td><td></td><td></td><td></td></tr>
<tr><td>접지극의 지상매설위치 및 깊이 확인</td><td></td><td></td><td></td><td></td></tr>
<tr><td>접지선의 표식 확인</td><td></td><td></td><td></td><td></td></tr>
<tr><td>접지 저항 값이 확보될 수 있는 접지봉 설치 위치 및 시공방법 확인</td><td></td><td></td><td></td><td></td></tr>
<tr><td rowspan="2">공사
완료</td><td>피뢰침의 총 접지저항, 지상 각 접속부, 단선 및 용융 등 손상부위 확인</td><td></td><td></td><td></td><td></td></tr>
<tr><td>접지 저항 값 측정 확인 및 접지극, 접지모선, 접지봉 매설위치 준공도면 표기 확인</td><td></td><td></td><td></td><td></td></tr>
<tr><td colspan="2" rowspan="2">시공자점검일</td><td rowspan="2">년 월 일</td><td>총괄 시공 책임자
(또는 현장관리인)</td><td colspan="3">(인)</td></tr>
<tr><td>공종별 시공 관리자</td><td colspan="3">(인)</td></tr>
<tr><td colspan="2" rowspan="2">감리자점검일</td><td rowspan="2">년 월 일</td><td>총괄 감리 책임자</td><td colspan="3">(인)</td></tr>
<tr><td>건축사보
(공종별 감리 책임자)</td><td colspan="3">(인)</td></tr>
<tr><td colspan="2">첨부자료</td><td colspan="5"></td></tr>
</table>

●통신 및 약전설비 공사감리 체크리스트

공종별 감리 체크리스트			문서번호			
공 종		통신설비공사	세부공종	-		
부 위		층	위치			
구분		검 사 항 목	기준, 참고사항	검사결과		조치사항
				적합	부적합	
기본 업무	기기 및 자재	KS 등의 기기 및 자재성능 관련 서류 확인				
		고효율 에너지 기자재 적용여부 확인				
	공사 완료	통신관련 검사필증 확인				
		최종 설치마감상태 육안 확인				
		기기 및 기구설치 확인				
기본 외 업무	도서	선정된 기자재 관련 설치계획 및 시공도확인				
		설계도, 특기시방서 확인				
	시공	타 분야 공종과의 연관부분 확인				
		전화단자함의 설치높이 확인				
		데이터선과 전원선의 별도 배관 및 박스 내 입선 확인				
	공사 완료	건물 내 방송 수신상태 확인				
		스피커의 동작상태 확인				
		TV수상기의 화질 확인				
		CCTV 카메라의 각도 범위 확인				
		디지털영상녹화감시기 녹화장면의 확인				
		주동출입시스템의 소방시스템과의 연동 확인				
		홈네트워크 서버에서 각 세대기의 동작상태, 원격제어 상태 및 외부의 원격지에서의 제어 상태 확인				

시공자점검일	년 월 일	총괄 시공 책임자 (또는 현장관리인)	(인)
		공종별 시공 관리자	(인)
감리자점검일	년 월 일	총괄 감리 책임자	(인)
		건축사보 (공종별 감리 책임자)	(인)
첨부자료			

공종별 감리 체크리스트		문서번호	
공 종	약전설비공사	세부공종	-
부 위	층	위치	

구분		검 사 항 목	기준, 참고사항	검사결과		조치사항
				적합	부적합	
기본 업무	기기 및 자재	KS 등의 기기 및 자재성능 관련 서류 확인				
		고효율 에너지 기자재 적용여부 확인				
	공사 완료	최종 설치마감상태 육안 확인				
		기기 및 기구설치 확인				
기본 외 업무	도서	선정된 기자재 관련 설치계획 및 시공도확인				
		설계도, 특기시방서 확인				
	시공	타 분야 공종과의 연관부분 확인				
		절연 저항 검사 후 전선의 결선 여부 확인				
		회선 상호 간의 절연저항 측정 기록 및 접지 저항 측정 기록 등 시험검사 성적서 확인				
		모든 장치 전원의 분전반 내 차단기 경유 분기 여부 확인				
		가스감지기의 설치위치 확인				

시공자점검일	년 월 일	총괄 시공 책임자 (또는 현장관리인)	(인)
		공종별 시공 관리자	(인)
감리자점검일	년 월 일	총괄 감리 책임자	(인)
		건축사보 (공종별 감리 책임자)	(인)
첨부자료			

●소화 소방 설비 공사감리 체크리스트

공종별 감리 체크리스트			문서번호			
공 종		기계소방설비공사	세부공종	-		
부 위		층	위치			
구분		검 사 항 목	기준, 참고사항	검사결과		조치사항
				적합	부적합	
기본 업무	기기 및 자재	KS 등의 기기 및 자재성능 관련 서류 확인				
		고효율 에너지 기자재 적용여부 확인				
	공사 완료	최종 설치마감상태 육안 확인				
		기기 및 기구설치 확인				
		소방관련 검사필증 확인				
기본 외 업무	도서	선정된 기자재 관련 설치계획 및 시공도확인				
		설계도, 특기시방서 확인				
		옥내소화전설비, 스프링클러설비, 물분무 등 소화설비 등의 내진설계 여부 확인				
	시공	타 분야 공종과의 연관부분 확인				
		지하매설부에서 지상에 노출되는 부분과 기초가 다른 기기류와의 접속부 배관의 신축이음 확인				
		소화기구의 설치위치 및 높이 확인				
		송수구, 상수도소화전 등의 위치 및 높이, 구경 확인				
		스프링클러 가지배관에 설치되는 헤드 수 확인				
		배관 행거 설치 간격 확인				
		제연구역 출입문 설치 시 크기 및 개폐방향 확인				
	공사 완료	가압송수장치 전동기의 상용전원 차단 시 가동여부 확인				
		배관의 동결방지 조치와 소방용 표시 확인				
		소화전 설비의 위치 표시등 설치 확인				
		할로겐화합물 소화설비, 청정소화약제 소화설비, 분말소화설비 등이 설치된 구역 출입구의 약제방출 여부 표시등 설치 확인				
		설치된 분말소화약제의 종류 확인				
		피난기구의 위치표시 여부 확인				
		제연 풍도의 단열 확인				
		제연 설비의 취입구와 배기구의 이격거리 확인				
		제연구역 출입문 폐쇄상태에서의 출입문의 개방력과 개방 후 자동폐쇄 여부 및 유지 확인				
		위험물 옥외저장탱크저장소의 표시 및 게시판 설치 확인				
		각종 시운전 확인				

시공자점검일	년 월 일	총괄 시공 책임자 (또는 현장관리인)	(인)
		공종별 시공 관리자	(인)
감리자점검일	년 월 일	총괄 감리 책임자	(인)
		건축사보 (공종별 감리 책임자)	(인)
첨부자료			

<table>
<tr><td colspan="3">공종별 감리 체크리스트</td><td>문서번호</td><td colspan="3"></td></tr>
<tr><td colspan="2">공 종</td><td>전기소방설비공사</td><td>세부공종</td><td colspan="3">-</td></tr>
<tr><td colspan="2">부 위</td><td>층</td><td>위치</td><td colspan="3"></td></tr>
<tr><td colspan="2" rowspan="2">구분</td><td rowspan="2">검 사 항 목</td><td rowspan="2">기준, 참고사항</td><td colspan="2">검사결과</td><td rowspan="2">조치사항</td></tr>
<tr><td>적합</td><td>부적합</td></tr>
<tr><td rowspan="4">기본
업무</td><td rowspan="2">기기
및 자재</td><td>KS 등의 기기 및 자재성능 관련 서류 확인</td><td></td><td></td><td></td><td></td></tr>
<tr><td>고효율 에너지 기자재 적용여부 확인</td><td></td><td></td><td></td><td></td></tr>
<tr><td rowspan="2">공사
완료</td><td>최종 설치마감상태 육안 확인</td><td></td><td></td><td></td><td></td></tr>
<tr><td>기기 및 기구설치 확인</td><td></td><td></td><td></td><td></td></tr>
<tr><td rowspan="7">기본
외
업무</td><td rowspan="2">도서</td><td>선정된 기자재 관련 설치계획 및 시공도확인</td><td></td><td></td><td></td><td></td></tr>
<tr><td>설계도, 특기시방서 확인</td><td></td><td></td><td></td><td></td></tr>
<tr><td rowspan="3">시공</td><td>타 분야 공종과의 연관부분 확인</td><td></td><td></td><td></td><td></td></tr>
<tr><td>감시제어반 설치장소(방재센터)의 위치 확인</td><td></td><td></td><td></td><td></td></tr>
<tr><td>자동화재탐지설비 중 수신기, 중계기, 감지기, 발신기 등의 설치위치 및 높이 확인</td><td></td><td></td><td></td><td></td></tr>
<tr><td rowspan="2">공사
완료</td><td>단독형 화재경보기의 최상층 계단실 천장 설치 확인</td><td></td><td></td><td></td><td></td></tr>
<tr><td>기기 및 기구의 현장시험 및 검사결과 확인(절연저항, 절연내력, 공통선, 동작, 회로의 도통시험 등)</td><td></td><td></td><td></td><td></td></tr>
</table>

<table>
<tr><td rowspan="2">시공자점검일</td><td rowspan="2">년 월 일</td><td>총괄 시공 책임자
(또는 현장관리인)</td><td>(인)</td></tr>
<tr><td>공종별 시공 관리자</td><td>(인)</td></tr>
<tr><td rowspan="2">감리자점검일</td><td rowspan="2">년 월 일</td><td>총괄 감리 책임자</td><td>(인)</td></tr>
<tr><td>건축사보
(공종별 감리 책임자)</td><td>(인)</td></tr>
<tr><td>첨부자료</td><td colspan="3"></td></tr>
</table>

※ 상주 공사감리 체크리스트

공종별 감리 체크리스트		문서번호	
공 종	가설공사	세부공종	-
부 위	층	위치	

구분		검 사 항 목	기준, 참고사항	검사결과 적합	검사결과 부적합	조치사항
기본 업무	부지 상황 확인	대지경계 확인				
		건축물, 공작물, 지하매설물(가스관, 전선, 케이블, 급수관 등) 확인				
		배수로 및 배수관 확인				
		부지주변상황과 설계도서 비교 확인·검토				
		대지의 고저차 설계도서 확인·검토				
	줄쳐 보기	발주자(건축주), 감리자, 도급자의 3자 입회하에 평면적, 입체적(건물상호 간격, 경계선, 도로부터의 거리)으로 확인·검토하고 결과기록 확인				
		대지경계 확인				
		법규상제약(사선제한, 연소의 우려가 있는 부분, 인동간격, 피난거리 등) 확인·검토				
	벤치 마크 (BM)	기준점의 확인·검토				
		BM위치에 대한 확인				
	규준틀	설치위치 및 깊이 확인·검토: 관입깊이 30㎝이상 여부				
		먹매김 확인				
	지내력	설계지내력의 육안 또는 서류 확인·검토				
		과거의 자료(인근 우물의 샘플 등)에 의거한 지지층의 두께 확인·검토				
	가설 울타리	가설울타리의 기둥간격 확인·검토				
		출입문의 위치 확인·검토				
		재료하치장, 가설작업장, 기타 가설건축물에 대한 확인·검토				
		비계 계획도의 확인·검토				
	가설 점검	공사현장에서의 확인필 표시의 확인				
		비계 적합성 여부의 확인·검토				
		가설물에 대한 매월점검·매주점검·매일점검 실시 확인				
		비계의 허용적재하중의 표시 확인				
		쓰레기장·재료하치장의 정리, 정돈, 청소여부의 확인				
		가설구조물의 구조적 안전성 확인·검토 (해당건축물에 한함)				

시공자점검일	년 월 일	총괄 시공 책임자	(인)
		공종별 시공 관리자	(인)
감리자점검일	년 월 일	총괄 감리 책임자	(인)
		건축사보 (공종별 감리 책임자)	(인)
첨부자료			

공종별 감리 체크리스트			문서번호			
공 종		토공사	세부공종	-		
부 위		층	위치			
구분		검 사 항 목	기준, 참고사항	검사결과		조치사항
				적합	부적합	
기본 업무	터파기	기초깊이가 동결선 이하인지 확인				
		터파기 깊이 확인・검토				
		바닥면의 토질상태 확인・검토				
	터파기 계획	터파기 관련 도서 확인・검토				
		경사면의 상황, 구배, 치수의 적합성 확인・검토				
		흙막이와 굴착방법의 관련 확인・검토				
		흙막이 계획도(흙막이계산서) 확인・검토				
		출수 예상 경우 터파기전 배수계획 확인・검토				
		바닥면이 연약지반인 경우에는 히빙대책 확인・검토				
		수위지반에 적합한 터파기 계획 확인・검토				
		잔토처리장소 확인・검토				
		굴착방법(근린에 대한 진동, 소음등) 확인・검토				
		도로 파손의 대책 확인・검토				
	흙막이	비상시의 연락계통 확인•검토				
		흙막이 붕괴가 발생시 대책 확인・검토				
		터파기에 앞서 흙막이공법, 시공계획서등(구조계산서, 흙막이 설계도서)의 확인・검토				
	터파기 바닥	벤치마크로서 바닥높이 확인				
		터파기 저면층 및 바닥면의 토질 확인				
		-직접기초의 경우 보링데이터 또는 시험굴착에 의한 샘플 확인・검토				
	잔토 처리	장외처리의 경우 반출토량 및 반출시기, 잔토처리장소 등 확인				
	되메우기・성토	되메우기하는 부분의 구조체에 대한 방수상태 확인				
		되메우기, 성토용 흙은 기와조각, 나무부스러기, 바위덩어리 등 이물질을 제거하였는지 확인				
	대지정리 바닥고름	건물주위 대지정리의 확인				

시공자점검일	년 월 일	총괄 시공 책임자	(인)
		공종별 시공 관리자	(인)
감리자점검일	년 월 일	총괄 감리 책임자	(인)
		건축사보 (공종별 감리 책임자)	(인)
첨부자료			

공종별 감리 체크리스트		문서번호	
공 종	지정 및 기초공사	세부공종	말뚝공사
부 위	층	위치	

구분		검 사 항 목	기준, 참고사항	검사결과		조치사항
				적합	부적합	
기본 업무	말뚝 박기 계획	말뚝박기 관련 도서 확인 · 검토				
		말뚝 사용시의 확인 · 검토사항				
		-말뚝선단저항력 확인 · 검토				
		-말뚝의 주위마찰저항력 확인 · 검토				
		배치도 확인 · 검토				
		-말뚝중심 확인 · 검토				
		-박기순서 확인 · 검토				
		-하루의 박기개수, 시공공정표 첨부 등 확인 · 검토				
		박기 요령(타격말뚝의 경우) 확인 · 검토				
		-지반 또는 터파기 바닥박기 여부 확인 · 검토				
		-침하량의 크기 확인 · 검토				
		공사개요(현장타설 콘크리트 말뚝의 경우) 확인 · 검토				
		-현장타설 공법의 종류 확인 · 검토				
		-말뚝지름, 말뚝길이 등 확인 · 검토				
		-콘크리트(콘크리트의 종류, 품질, 설계기준강도, 슬럼프 값) 확인 · 검토				
		-철근가공조립 확인 · 검토(배근, 철근굵기, 이음방법 피복두께, 형상 등)				
		-시공기록의 확인•검토				
	시험 말뚝	타격말뚝-소정의 침하량 확인				
	말뚝 박기	말뚝 시공완료상태 육안 확인				
		타격말뚝 공사의 확인				
		-제품검사 및 재령 확인				
		-이음처리 확인				
		-말뚝머리처리 확인				
		-최종침하량 확인				
		현장타설 콘크리트 말뚝공사의 확인				
		-세우기 확인				
		-슬라임(Slime)처리 확인				
		-최종타설 말뚝의 머리 확인				
		-수압 및 토압에 의해 콘크리트 굵기가 가늘어질 불안은 없는지의 확인				
		-인접말뚝으로 콘크리트 경화중에 피해를 받을 우려는 없는지 확인				

시공자점검일	년 월 일	총괄 시공 책임자	(인)
		공종별 시공 관리자	(인)
감리자점검일	년 월 일	총괄 감리 책임자	(인)
		건축사보 (공종별 감리 책임자)	(인)
첨부자료			

<table>
<tr><td colspan="3">공종별 감리 체크리스트</td><td>문서번호</td><td colspan="3"></td></tr>
<tr><td colspan="2">공 종</td><td>지정 및 기초공사</td><td>세부공종</td><td colspan="3">지정공사</td></tr>
<tr><td colspan="2">부 위</td><td>층</td><td>위치</td><td colspan="3"></td></tr>
<tr><td colspan="2" rowspan="2">구분</td><td rowspan="2">검 사 항 목</td><td rowspan="2">기준, 참고사항</td><td colspan="2">검사결과</td><td rowspan="2">조치사항</td></tr>
<tr><td>적합</td><td>부적합</td></tr>
<tr><td rowspan="3">기본
업무</td><td rowspan="2">자갈
쇄석
지정</td><td>바닥면의 레벨 확인</td><td></td><td></td><td></td><td></td></tr>
<tr><td>지정공사의 확인</td><td></td><td></td><td></td><td></td></tr>
<tr><td>밑창
콘크리트</td><td>밑창콘크리트의 배합, 두께 확인</td><td></td><td></td><td></td><td></td></tr>
</table>

<table>
<tr><td rowspan="2">시공자점검일</td><td rowspan="2">년 월 일</td><td>총괄 시공 책임자</td><td>(인)</td></tr>
<tr><td>공종별 시공 관리자</td><td>(인)</td></tr>
<tr><td rowspan="2">감리자점검일</td><td rowspan="2">년 월 일</td><td>총괄 감리 책임자</td><td>(인)</td></tr>
<tr><td>건축사보
(공종별 감리 책임자)</td><td>(인)</td></tr>
<tr><td>첨부자료</td><td colspan="3"></td></tr>
</table>

공종별 감리 체크리스트			문서번호			
공 종		거푸집 공사	세부공종	-		
부 위		층	위치			
구분		검 사 항 목	기준, 참고사항	검사결과		조치사항
				적합	부적합	
기본 업무	먹매김	각층 바닥 먹매김 확인				
		밑창콘크리트 각 포인트의 기본바탕 먹매김 확인				
		세우기시 철근기둥 네모서리의 평면 먹매김 여부 확인				
		아래층에서부터 내림추로 올라가는 먹매김 확인				
		각층 기준 먹매김에서부터 각 부재까지의 허용오차 확인				
	거푸집조립	거푸집의 수직조립에 대한 확인・검토 (층 높이, 개구부 등)				
		-거푸집 안치수 확인・검토				
		스페이서의 크기와 거푸집 및 철근과의 간격확인・검토				
		제물치장 마감의 경우, 치장용 세퍼레이트의 배치 위치 확인・검토				
		거푸집, 동바리, 시공도면 및 단면치수 허용오차 확인・검토				
		-각층의 기준 먹매김에서부터 각부재까지 거리의 허용오차 확인・검토				
		-바닥판, 보 밑의 레벨 확인・검토 (층높이, 판두께, 단차, 단면, 수평도, 중앙부풀음)				
	타설시 거푸집 동바리	동바리, 거푸집검사에 대한 확인				
		-거푸집의 흡수나 휨 상태 / 이음면 / 상단면				
		-이어치기 마감주위의 페이스트가 새는지의 확인				
	거푸집존치기간	지주의 거푸집 제거 시 콘크리트 강도확인				
		존치일수확인(이 경우도 강도시험은 반드시 확인)				
기본 외 업무	거푸집 자재	합판, 박리제 검사 등의 확인				
		합판두께의 확인 (재사용 경우 상태 확인)				
		박리제의 종류 확인				
		제물치장용 합판검사-도료의 종류 및 바르기 확인				
		각 마감에 적합한 거푸집확인				
		합판두께 / 마감바탕 / 콘크리트 표면 확인				
	거푸집 해체	거푸집 해체시기의 확인 / 해체후 콘크리트면 확인				

시공자점검일	년 월 일	총괄 시공 책임자	(인)
		공종별 시공 관리자	(인)
감리자점검일	년 월 일	총괄 감리 책임자	(인)
		건축사보 (공종별 감리 책임자)	(인)
첨부자료			

공종별 감리 체크리스트			문서번호			
공 종		철근 콘크리트 공사	세부공종			
부 위		층	위치			
구분		검 사 항 목	기준, 참고사항	검사결과		조치사항
				적합	부적합	
기본 업무	철근 조립 · 배근	철근배근의 확인사항				
		-개수, 철근지름, 피치 확인				
		-정착길이와 굽힘정착 깊이 확인				
		-이음위치와 이음길이 확인				
		결속선의 위치 및 간격유지 확인				
		-철근의 좁히기(offset bend)가공에 대한 양부 확인				
		-철근상호 간격 확인				
		-띠철근, 스터럽의 위치, 간격, 결속상태 확인				
		-기둥과 보 교차점의 띠철근 위치 확인				
		-큰보와 작은보 교차점의 늑근 확인				
		피복두께 둥 간격 유지근 등 확인				
		배근검사 후 처리 확인				
		-보강부분 확인				
		-보강근의 개수, 지름, 길이, 방법 확인				
		-재검사 여부 확인				
	철근 규격 증명서	규격품, 제조업체, 재료시험의 필요여부 확인				
		KS마크 또는 시험성적증명서에 의해 KS규격제품인지를 확인				
	콘크리트 배합	KS 규격공장의 레디믹스트 콘크리트인지 확인				
		레미콘 배합보고서 및 송장 확인				
	타설 준비	구조체(기둥, 보, 내력벽, 슬래브 두께 등) 확인				
		단열재의 시공장소(지붕슬래브, 보, 벽) 확인				
		설비용매설물(건축, 전기, 설비공사) 확인				
		통풍, 환기슬리브 확인				
		설비배관 및 덕트 관통슬리브 부분의 아무림 확인				
		천장보밑 배관구배의 공간 확인				
	콘크리트 강도 시험	28일 압축강도 확인 · 검토				
		콘크리트 압축강도 시험의 확인 · 검토				
		-시험채취의 시기 확인 · 검토				
		-시험채취량 확인 · 검토				
	콘크리트 상태 확인	이어치기면의 확인				
		-기둥, 보, 바닥판, 벽 / 방수처리면 확인				
		-이어치기면의 보수방법 확인				
기본 외 업무	철근 조립 · 배근	철근조립 배근 관련 도서 확인				
		스페이서, 달철물 등의 견본품의 확인				
		(제물치장 콘크리트 마감시 특히 유의)				
	철근 가공도 확인 · 확인 · 검토	이음, 형식의 확인 · 검토				
		-겹침이음 확인 · 검토				
		-ø19이상 가스압접, 겹침이음 확인 · 검토				
		철근 가공도를 가공 전에 확인 · 검토하고, 특수부분은 현치도 확인 · 검토				
		철근가공도의 확인 · 검토				
		-가공형상과 필요길이				
		-철골기둥, 보와 철근의 맞춤				
		-이음의 위치와 방법				
		-콘크리트 구조도면과 대조				
		-정착길이				
		-보강근, 보조근의 요령				
		철근 시공도의 확인 · 검토				

공종별 감리 체크리스트		문서번호	
공 종	철근 콘크리트 공사	세부공종	
부 위	층	위치	

구분	검 사 항 목	기준, 참고사항	검사결과 적합	검사결과 부적합	조치사항
	-이음의 위치, 겹침길이, 철근갈고리방향				
	-매달기 철근의 위치 표시				
	기둥, 보근의 가공도 및 시공도의 확인・검토				
	-기준가공도와 확인・검토				
	-X・Y방향의 확인・검토				
	-기둥・보의 부호 혼돈 여부 확인・검토				
	-철근 스터럽의 피치와 철골 구멍 뚫기				
	-주근의 개수와 굵기				
	-겹침이음과 압접이음				
	-기둥, 보 접합부 및 정착주근이 기둥중심선을 지나는지 여부				
	-겹침이음의 주근의 갈고리 확인・검토				
	-최상층 기둥주근의 아무림				
가스 압점	시공요령서를 작성후 확인				
	압접의 형상은 샘플을 보며 사전협의				
	작업 시작 전 시험자료 및 절단부분 확인				
	편심량에 의해 절단, 재 압접의 필요여부 확인				
	-접합부의 부풀음이 지름의 1.3배 이하				
	-접합부에 현저한 줄흠이 남아 있는 것				
	-압접부에 갈라짐 등 결함이 생긴 것				
	콘크리트 타설 전 강도 확인				
	인장시험의 확인				
	-압접기				
	-압접면의 마감상황				
	-가열, 가압상태 등				
콘크리트 타설 계획서	공정상에 기후조건으로 인한 작업의 지연정도의 예상				
	타설구획, 타설량 확인・검토				
	이음타설부분 및 개구부 주위의 메탈라스(Metal lath)에 의한 보강 확인・검토				
	압송가동소요시간(콘크리트펌프차 시간당의 압송능력, 믹서차적재능력 6m3/대 등) 확인・검토				
	배차대수, 도로상황 확인・검토				
	펌프차의 붐(boom) 및 회전 반지름 등 확인・검토				
	타설 순서, 수송배관계획, 위치, 고정방법, 받침대, 깔판계획 여부 확인・검토				
	인원배치(각 직종의 인원수), 타설기구 배치 여부 확인・검토				
타설 준비	관련공사의 검사 확인(특히 설비공사)				
	날씨, 기온측정과 기록(타설 전후) 확인				
	철근, 배관재, 기타 매설물의 고정여부 확인				
	이음타설면의 막음판 등 틈새 확인				
	태핑(tapping) 마감부분(지붕아스팔트 방수마감 등) 확인				
	루프드레인(Roof drain) 타설부분과 수량 확인				
	바닥슬래브 콘크리트 타설시기 확인				
	-선타설의 경우 주각부의 배합보정 확인				
	-후타설의 경우 지주의 지지지반 보강 확인				
	바닥판의 고저단차, 바닥내림부분 확인				
	방화구획 및 바닥판 구멍메우기 확인				
	슬래브에 의한 구배(지붕, 발코니의 물구배 등) 확인				

공종별 감리 체크리스트		문서번호			
공 종	철근 콘크리트 공사	세부공종			
부 위	층	위치			

구분	검 사 항 목	기준, 참고사항	검사결과 적합	검사결과 부적합	조치사항
	내림벽(Flontage wall)의 유무와 타설 이어치기의 치수 확인				
	제물치장 마감부분 확인				
	제물치장 마감 시 이어치기면의 방수 또한 단차로 인한 의장처리 확인				
	방수처리(앵커, 관통관, 물막이판의 종류와 고정 등)의 확인				
	익스팬션죠인트의 위치 및 아무림의 확인				
	피아노선, 수평실 등 거푸집의 부풀림 체크용 재료의 준비 확인				
	보양시트 및 가설재, 치올립판 보양재이 준비 확인(강우, 저온, 여름철의 일사량시 특히 유의)				
	수송관 받침대, 사다리, 달철물 및 작업원의 통로용 복공판의 준비 확인				
	타설 30분~1시간 전에 거푸집 내부 청소상태 확인				
콘크리트 타설	콘크리트 타설 작업원 인원 확인				
	타설중지 마감(막음판, 줄눈막대 등)의 확인				
	가로설치배관이나 토출호스 받이틀의 상태 확인				
	압송도중(압송관)에 폐쇄사고에 대한 대응책 확인				
	슬럼프와 공기량의 확인				
	콘크리트 면고르기 확인				
	-나무흙손 누름 / 쇠흙손 누름				
콘크리트 양생	콘크리트 양생 확인・검토				
	-타설 후 적재금지 및 보양 여부				
	-처음 중량물을 설치시 안전성				
	콘크리트 보온장치 및 적정온도 확인・검토(동절기 공사)				
콘크리트 강도시험	콘크리트 압축강도 시험기록의 확인・검토				
	-공시체 채취요령, 장소 확인・검토				
	-콘크리트 품질등급에 따른 압축강도 확인・검토				
콘크리트 상태확인	거푸집 해체시 보수부분 확인				
	-공동(空洞), 자갈노출, 균열 여부 확인				
	-철근 노출부 / 콘크리트 마감면 확인				
프리캐스트 콘크리트	공장제작인지 현장제작인지 확인				
	공장도, 현척도의확인 및 견본품 확인				
	거푸집의 종류・형상・크기 확인				
	배근, 보강근, 인서트 등 확인				
	시멘트, 골재, 물 등의 품질 확인				
	배합에 대한 강도 및 슬럼프 시험반죽에 의해 확인				
	현장설치시 확인				
	-정착부의 볼트조임고정, 앵커용접에 의한 강도확인				

시공자점검일	년 월 일	총괄 시공 책임자	(인)
		공종별 시공 관리자	(인)
감리자점검일	년 월 일	총괄 감리 책임자	(인)
		건축사보 (공종별 감리 책임자)	(인)
첨부자료			

공종별 감리 체크리스트			문서번호			
공 종		철골 공사	세부공종			
부 위		층	위치			
구분		검 사 항 목	기준, 참고사항	검사결과		조치사항
				적합	부적합	
기본 업무	시공	강재 규격・치수의확인・검토				
		설계도서와의 대조・확인・검토				
		-치수기준의 통일(안치수, 바깥치수 중 통일) 확인・검토				
		-설계도와 치수선 대조 확인・검토				
		-기둥, 보의 부호 및 부재단면 확인・검토				
		-앵커볼트의 배치, 베이스플레이트와 주근 개수 확인・검토				
		-철골과 철근의 접촉부 확인・검토				
		・벽중심과 보중심이 일치된 경우 확인・검토				
		・벽중심과 기둥중심이 일치하고 주근의 수가 홀수인 경우 확인・검토				
		・가셋플레이트(Gusset plate)와 철근의 접촉여부 확인・검토				
		-철골접합 부분에 필러 설치여부 확인・검토				
		-철근, 덕트, 배관 등 각종 관통구멍의 위치 및 상세 확인・검토				
		-내화피복의 유무와 두께, 치수 확인・검토				
		-조립순서, 허용공차, 오차수정 확인・검토				
		제작도면(Shop drawing) 확인・검토				
		공장의 현치용인 것과 현장공사용의 테이프맞춤용인지 확인				
		현치도의 확인・검토(시공도와 치수)				
		공정, 수송, 양생, 세우기 순서에 대한 협의・확인・검토				
	앵커 볼트	앵커볼트 주위에 배근이 있는 경우 베이스플레이트에 접촉되지 않도록 베이스플레이트의 크기와 철근의 위치 확인				
		앵커 볼트 상태 확인				
		-콘크리트 타설 전 / 후 확인				
		-세우기 전 확인				
	기둥밑고르기	무수축 모르타르에 의한 그라우트 시공 여부 확인				
		-높이 조정 후 확인				
		-수평세우기 수정 후 확인				
	제작 공장 (업자)	제조업자의 관련 자료 확인				
	강재 재질	강재의 재질 규격 확인				
		공공기관의 강재시험성적표 확인				
	현장 세우기	세우기 조립 정도에 대한 확인・검토				
		허용되는 조립기울기의 범위내 인지 확인・검토(KASS의 수치)				
	고장력 볼트 본조임	고장력 볼트의 조임 순서 지도				
		-볼트, 너트 규격품 확인				
		-나사정밀도 확인				
		-죄이기 순서 지도				
	현장 용접	용접봉 검시에 대한 확인・검토				
		스터드(Stud) 용접의 확인・검토				
	제품 공장 검사	확인 사항 확인・검토				
		-공장내의 사내 검사보고서의 수리・확인				
		-제품가조립 상태 확인				

<table>
<tr><td colspan="2">공종별 감리 체크리스트</td><td>문서번호</td><td colspan="3"></td></tr>
<tr><td colspan="2">공 종</td><td>철골 공사</td><td>세부공종</td><td colspan="3"></td></tr>
<tr><td colspan="2">부 위</td><td>층</td><td>위치</td><td colspan="3"></td></tr>
<tr><td colspan="2" rowspan="2">구분</td><td rowspan="2">검 사 항 목</td><td rowspan="2">기준, 참고사항</td><td colspan="2">검사결과</td><td rowspan="2">조치사항</td></tr>
<tr><td>적합</td><td>부적합</td></tr>
<tr><td rowspan="2"></td><td></td><td>-철근관통 구멍뚫기 위치 확인</td><td></td><td></td><td></td><td></td></tr>
<tr><td>용접
공사
보고서</td><td>용접부 시험성적표의 확인・검토</td><td></td><td></td><td></td><td></td></tr>
<tr><td rowspan="10">기본
외
업무</td><td rowspan="4">제작
요령서</td><td>절단시 확인사항 확인・검토</td><td></td><td></td><td></td><td></td></tr>
<tr><td>-강재 가공방법 확인</td><td></td><td></td><td></td><td></td></tr>
<tr><td>-강재의 재질 확인</td><td></td><td></td><td></td><td></td></tr>
<tr><td>용접봉에 대한 확인</td><td></td><td></td><td></td><td></td></tr>
<tr><td rowspan="2">공장
가공</td><td>공장가공 제품의 확인</td><td></td><td></td><td></td><td></td></tr>
<tr><td>-공상 방성도장의 종류와 도장회수 확인</td><td></td><td></td><td></td><td></td></tr>
<tr><td>제품
공장
검사</td><td>가공한 철골의 조립용 표시(동서남북, X・Y 등 세우기 방향 명시, 통일성) 여부 확인</td><td></td><td></td><td></td><td></td></tr>
<tr><td rowspan="3">용접
공사
보고서</td><td>용접 전의 확인사항</td><td></td><td></td><td></td><td></td></tr>
<tr><td>-용접순서, 용접절차 시방서 확인</td><td></td><td></td><td></td><td></td></tr>
<tr><td>용접 후의 확인 사항</td><td></td><td></td><td></td><td></td></tr>
<tr><td colspan="2" rowspan="2">시공자점검일</td><td rowspan="2">년 월 일</td><td>총괄 시공 책임자</td><td colspan="3">(인)</td></tr>
<tr><td>공종별 시공 관리자</td><td colspan="3">(인)</td></tr>
<tr><td colspan="2" rowspan="2">감리자점검일</td><td rowspan="2">년 월 일</td><td>총괄 감리 책임자</td><td colspan="3">(인)</td></tr>
<tr><td>건축사보
(공종별 감리
책임자)</td><td colspan="3">(인)</td></tr>
<tr><td colspan="2">첨부자료</td><td colspan="5"></td></tr>
</table>

<table>
<tr><th colspan="3">공종별 감리 체크리스트</th><th>문서번호</th><th colspan="3"></th></tr>
<tr><th colspan="2">공 종</th><td>벽돌 • 블록 및 ALC 패널 공사</td><th>세부공종</th><td colspan="3">벽돌공사</td></tr>
<tr><th colspan="2">부 위</th><td>층</td><th>위치</th><td colspan="3"></td></tr>
<tr><th colspan="2" rowspan="2">구분</th><th rowspan="2">검 사 항 목</th><th rowspan="2">기준, 참고사항</th><th colspan="2">검사결과</th><th rowspan="2">조치사항</th></tr>
<tr><th>적합</th><th>부적합</th></tr>
<tr><td rowspan="8">기본 업무</td><td rowspan="3">자재</td><td>KS 등의 자재성능 관련 서류 확인 · 검토</td><td></td><td></td><td></td><td></td></tr>
<tr><td>벽체쌓기 및 두께 확인 · 검토</td><td></td><td></td><td></td><td></td></tr>
<tr><td>KS 규격품 여부 확인 · 검토</td><td></td><td></td><td></td><td></td></tr>
<tr><td rowspan="4">시공</td><td>공간쌓기시 연결철물 설치 및 종류 확인</td><td></td><td></td><td></td><td></td></tr>
<tr><td>쌓기높이 및 단수 확인</td><td></td><td></td><td></td><td></td></tr>
<tr><td>테두리보의 위치 및 크기 확인</td><td></td><td></td><td></td><td></td></tr>
<tr><td>바닥재의 경우 미끄럼방지 확인(논슬립)</td><td></td><td></td><td></td><td></td></tr>
<tr><td>공사 완료</td><td>최종 마감상태 육안 확인</td><td></td><td></td><td></td><td></td></tr>
<tr><td rowspan="7">기본 외 업무</td><td rowspan="4">도서</td><td>벽돌 나누기 확인</td><td></td><td></td><td></td><td></td></tr>
<tr><td>보강철물의 위치, 크기 및 간격 확인</td><td></td><td></td><td></td><td></td></tr>
<tr><td>조적과 접촉되는 부분(콘크리트 구조의 벽, 기둥, 보 등)의 상세도 확인</td><td></td><td></td><td></td><td></td></tr>
<tr><td>개구부 보강방법 확인</td><td></td><td></td><td></td><td></td></tr>
<tr><td rowspan="2">자재</td><td>품질 및 치수 확인</td><td></td><td></td><td></td><td></td></tr>
<tr><td>모르타르 종류 및 배합비 확인</td><td></td><td></td><td></td><td></td></tr>
<tr><td>공사 완료</td><td>모르타르 채우기 확인</td><td></td><td></td><td></td><td></td></tr>
<tr><td colspan="2" rowspan="2">시공자점검일</td><td rowspan="2">년 월 일</td><td>총괄 시공 책임자</td><td colspan="3">(인)</td></tr>
<tr><td>공종별 시공 관리자</td><td colspan="3">(인)</td></tr>
<tr><td colspan="2" rowspan="2">감리자점검일</td><td rowspan="2">년 월 일</td><td>총괄 감리 책임자</td><td colspan="3">(인)</td></tr>
<tr><td>건축사보
(공종별 감리 책임자)</td><td colspan="3">(인)</td></tr>
<tr><td colspan="2">첨부자료</td><td colspan="5"></td></tr>
</table>

<table>
<tr><td colspan="3">공종별 감리 체크리스트</td><td>문서번호</td><td colspan="3"></td></tr>
<tr><td colspan="2">공 종</td><td>벽돌 · 블록 및 ALC 패널 공사</td><td>세부공종</td><td colspan="3">블록공사</td></tr>
<tr><td colspan="2">부 위</td><td>층</td><td>위치</td><td colspan="3"></td></tr>
<tr><td colspan="2" rowspan="2">구분</td><td rowspan="2">검 사 항 목</td><td rowspan="2">기준, 참고사항</td><td colspan="2">검사결과</td><td rowspan="2">조치사항</td></tr>
<tr><td>적합</td><td>부적합</td></tr>
<tr><td rowspan="10">기본 업무</td><td>자재</td><td>KS 등의 자재성능 관련 서류 확인</td><td></td><td></td><td></td><td></td></tr>
<tr><td rowspan="8">시공</td><td>현장에 반입된 블록의 규격품 확인(KS마크와 종별표시)</td><td></td><td></td><td></td><td></td></tr>
<tr><td>모르타르배합 확인</td><td></td><td></td><td></td><td></td></tr>
<tr><td>콘크리트, 유리 블록쌓기의 확인</td><td></td><td></td><td></td><td></td></tr>
<tr><td>-쌓기 높이 확인</td><td></td><td></td><td></td><td></td></tr>
<tr><td>-보강근의 위치 확인</td><td></td><td></td><td></td><td></td></tr>
<tr><td>-모르타르 채움부분 확인</td><td></td><td></td><td></td><td></td></tr>
<tr><td>연결철물 설치 및 종류, 쌓기 높이 및 단 수, 테두리보의 위치 및 크기, 부강블록 시공시 가로근과 세로근의 치수 · 간격 확인</td><td></td><td></td><td></td><td></td></tr>
<tr><td></td><td></td><td></td><td></td><td></td></tr>
<tr><td>공사 완료</td><td>최종 마감상태 육안 확인</td><td></td><td></td><td></td><td></td></tr>
<tr><td rowspan="7">기본 외 업무</td><td rowspan="5">도서</td><td>배치도의 확인 · 검토</td><td></td><td></td><td></td><td></td></tr>
<tr><td>-블록단수의 처리 확인 · 검토</td><td></td><td></td><td></td><td></td></tr>
<tr><td>보강근의 배근도 확인 · 검토</td><td></td><td></td><td></td><td></td></tr>
<tr><td>구멍을 뚫는 곳과 크기 확인 · 검토</td><td></td><td></td><td></td><td></td></tr>
<tr><td>나무벽돌의 배치, 배관의 위치 확인 · 검토</td><td></td><td></td><td></td><td></td></tr>
<tr><td rowspan="2">공사 완료</td><td>전체의 수평 · 수직성은 안전한지에 대한 확인</td><td></td><td></td><td></td><td></td></tr>
<tr><td>보강근의 앵커류는 안전한지에 대한 확인</td><td></td><td></td><td></td><td></td></tr>
<tr><td colspan="2" rowspan="2">시공자점검일</td><td rowspan="2">년 월 일</td><td>총괄 시공 책임자</td><td colspan="3">(인)</td></tr>
<tr><td>공종별 시공 관리자</td><td colspan="3">(인)</td></tr>
<tr><td colspan="2" rowspan="2">감리사점검일</td><td rowspan="2">년 월 일</td><td>총괄 감리 책임자</td><td colspan="3">(인)</td></tr>
<tr><td>건축사보
(공종별 감리 책임자)</td><td colspan="3">(인)</td></tr>
<tr><td colspan="2">첨부자료</td><td colspan="5"></td></tr>
</table>

공종별 감리 체크리스트		문서번호	
공 종	벽돌 · 블록 및 ALC 패널 공사	세부공종	ALC공사
부 위	층	위치	

구분		검 사 항 목	기준, 참고사항	검사결과		조치사항
				적합	부적합	
기본 업무	도서	공사범위(패널받이 철물공사, 개구부 보강철물공사, 설비용 구멍뚫기공사 등 별도 공사범위)확인 · 검토				
		배치치수의 확인 · 검토				
		따내기, 구멍뚫기, 개구부(설비용 구멍뚫기) 확인 · 검토				
	자재	KS 등의 자재성능 관련 서류 확인·검토				
	시공	ALC 블록 공사시 쌓기 높이, 수직 수평여부, 공간벽의 연결 철물, 개구부 보강, 콘크리트 구조체와의 연결부 부위, 세면기 및 벽장 고정부, 창호와 접합부, 방수 · 방습처리 확인				
		시공부분별 쌓기 및 붙이기 공법(건식공법, 습식공법)등 확인				
		설치바탕, 철근(수직, 수평), 설치철물(고정용 철물, 꽂임촉, 꺾쇠)의 종류 및 방청처리				
	공사 완료	최종 마감상태 육안 확인				
기본 외 업무	자재	검사항목(물성, 치수, 형상, 철근) 확인				
	공사 완료	지붕, 바닥패널의 불균형과 돌출부분 확인				
		미장공사, 마감뿜칠공사 바탕 확인				

시공자점검일	년 월 일	총괄 시공 책임자	(인)
		공종별 시공 관리자	(인)
감리자점검일	년 월 일	총괄 감리 책임자	(인)
		건축사보 (공종별 감리 책임자)	(인)
첨부자료			

<table>
<tr><td colspan="3">공종별 감리 체크리스트</td><td>문서번호</td><td colspan="4"></td></tr>
<tr><td colspan="2">공 종</td><td>석공사</td><td>세부공종</td><td colspan="4">-</td></tr>
<tr><td colspan="2">부 위</td><td>층</td><td>위치</td><td colspan="4"></td></tr>
<tr><td colspan="2" rowspan="2">구분</td><td rowspan="2">검 사 항 목</td><td rowspan="2">기준, 참고사항</td><td colspan="2">검사결과</td><td rowspan="2">조치사항</td></tr>
<tr><td>적합</td><td>부적합</td></tr>
<tr><td rowspan="3">기본
업무</td><td>자재</td><td>KS 등의 자재성능 관련 서류 확인•검토</td><td></td><td></td><td></td><td></td></tr>
<tr><td>시공</td><td>바닥재의 경우 미끄럼방지 확인(논슬립)</td><td></td><td></td><td></td><td></td></tr>
<tr><td>공사
완료</td><td>최종 마감상태 육안 확인</td><td></td><td></td><td></td><td></td></tr>
<tr><td rowspan="12">기본
외
업무</td><td rowspan="4">도서</td><td>재료의 종류와 사용할 곳에 대한 확인•검토</td><td></td><td></td><td></td><td></td></tr>
<tr><td>긴결방법, 부착철물(고정용 철물, 꽂임촉)에 대한 확인•검토</td><td></td><td></td><td></td><td></td></tr>
<tr><td>창호류, 치장철물, 설비와의 접합 확인•검토</td><td></td><td></td><td></td><td></td></tr>
<tr><td>다른 마감재료와의 접합(겹침, 벌어짐, 근입) 확인•검토</td><td></td><td></td><td></td><td></td></tr>
<tr><td rowspan="2">자재</td><td>다듬기의 정도, 연마, 마감의 종류 및 가공정도 확인•검토</td><td></td><td></td><td></td><td></td></tr>
<tr><td>시공부분별 시험제작 견본품 확인•검토</td><td></td><td></td><td></td><td></td></tr>
<tr><td rowspan="5">시공</td><td>시공부분별 쌓기 및 붙이기 공법(건식공법, 습식공법)등 확인•검토</td><td></td><td></td><td></td><td></td></tr>
<tr><td>설치바탕, 철근(수직, 수평), 설치철물(고정용 철물, 꽂임촉, 꺾쇠)의 종류 확인•검토</td><td></td><td></td><td></td><td></td></tr>
<tr><td>시공도에 따른 쌓기, 붙이기 확인</td><td></td><td></td><td></td><td></td></tr>
<tr><td>접합, 철물류의 준비, 점검 확인</td><td></td><td></td><td></td><td></td></tr>
<tr><td>습식 공법의 경우 뒤채움 시공 확인</td><td></td><td></td><td></td><td></td></tr>
<tr><td>공사
완료</td><td>줄눈 채우기, 줄눈마감상태 검사에 대한 확인</td><td></td><td></td><td></td><td></td></tr>
<tr><td colspan="2" rowspan="2">시공자점검일</td><td rowspan="2">년 월 일</td><td>총괄 시공 책임자</td><td colspan="3">(인)</td></tr>
<tr><td>공종별 시공 관리자</td><td colspan="3">(인)</td></tr>
<tr><td colspan="2" rowspan="2">감리자점검일</td><td rowspan="2">년 월 일</td><td>총괄 감리 책임자</td><td colspan="3">(인)</td></tr>
<tr><td>건축사보
(공종별 감리 책임자)</td><td colspan="3">(인)</td></tr>
<tr><td colspan="2">첨부자료</td><td colspan="5"></td></tr>
</table>

공종별 감리 체크리스트		문서번호	
공 종	타일 및 테라코타 공사	세부공종	-
부 위	층	위치	

구분		검 사 항 목	기준, 참고사항	검사결과		조치사항
				적합	부적합	
기본 업무	자재	외장·내장·바닥타일의 견본품의 형상, 치수, 색조, 바탕상태 등 확인·검토				
		모자이크 타일 견본 확인·검토				
		테라코타의 품명, 형상, 치수, 표면상태, 유약의 색깔등 견본품 확인·검토				
		KS 등의 자재성능 관련 서류 확인·검토				
	시공	바닥재의 경우 미끄럼 방지 확인(논슬립)				
	공사 완료	최종 마감상태 육안 확인				
기본 외 업무	도서	외장타일의 확인·검토				
		-익스팬션 줄눈의 위치 및 상세도 확인·검토				
		-설비관계 기구의 명시, 나누기 및 아무림 여부 확인·검토				
		내장타일의 확인·검토				
		-이형타일 확인·검토				
		·치수, 유약, 붙임공법의 종류 확인·검토				
		-징두리 타일 확인·검토				
		·치수, 유약, 붙임공법의 종류 확인·검토				
		바닥타일의 확인·검토				
		-무유약타일 또는 논슬립타일 여부 확인·검토				
		-형상 및 치수 확인·검토				
	시공	압착공법의 확인				
		-시공단위별 붙이기 공법 확인				
		세미 압착공법의 확인				
		-바탕 모르타르 확인				
		모르타르붙이기 공법의 확인				
		-타일과 바탕면의 접착부위 확인				
		-쌓기 높이 확인				
		그라우트 붙임공법의 확인				
		접착제 붙임의 시공법 확인				
		-접착제 종류 확인				
		바닥타일 붙이기의 시공법 확인				
		줄눈보양 및 타일의 상태 확인				
		테라코타의 고정철물, 촉, 연결철물 등의 재질, 형상, 치수 확인				
		테라코타의 녹막이 도장 확인, 줄눈 나누기 확인				
	공사 완료	타일들뜸 검사에 대한 확인				

시공자점검일	년 월 일	총괄 시공 책임자	(인)
		공종별 시공 관리자	(인)
감리자점검일	년 월 일	총괄 감리 책임자	(인)
		건축사보 (공종별 감리 책임자)	(인)
첨부자료			

<table>
<tr><td colspan="3">공종별 감리 체크리스트</td><td>문서번호</td><td colspan="3"></td></tr>
<tr><td colspan="2">공 종</td><td>목공사</td><td>세부공종</td><td colspan="3">-</td></tr>
<tr><td colspan="2">부 위</td><td>층</td><td>위치</td><td colspan="3"></td></tr>
<tr><td colspan="2" rowspan="2">구분</td><td rowspan="2">검 사 항 목</td><td rowspan="2">기준, 참고사항</td><td colspan="2">검사결과</td><td rowspan="2">조치사항</td></tr>
<tr><td>적합</td><td>부적합</td></tr>
<tr><td rowspan="3">기본 업무</td><td>자재</td><td>KS 등의 자재성능 관련 서류 확인・검토</td><td></td><td></td><td></td><td></td></tr>
<tr><td>시공</td><td>바닥재의 경우 미끄럼방지 확인(논슬립)</td><td></td><td></td><td></td><td></td></tr>
<tr><td>공사 완료</td><td>최종 마감상태 육안 확인</td><td></td><td></td><td></td><td></td></tr>
<tr><td rowspan="10">기본 외 업무</td><td rowspan="2">도서</td><td>부위별 가공도에 의한 형상 확인</td><td></td><td></td><td></td><td></td></tr>
<tr><td>불연재 사용 확인</td><td></td><td></td><td></td><td></td></tr>
<tr><td rowspan="2">자재</td><td>목재, 바탕재, 구조재, 수종, 무늬목의 품질, 치수 확인</td><td></td><td></td><td></td><td></td></tr>
<tr><td>방부, 방충처리제 확인</td><td></td><td></td><td></td><td></td></tr>
<tr><td rowspan="4">시공</td><td>시공도에 따르는 기준먹매김, 바닥높이, 마감먹매김 확인</td><td></td><td></td><td></td><td></td></tr>
<tr><td>목재의 건조정도 확인</td><td></td><td></td><td></td><td></td></tr>
<tr><td>목재검사에 대한 확인</td><td></td><td></td><td></td><td></td></tr>
<tr><td>방부, 방충처리제(방부, 방충처리필 증명) 검사</td><td></td><td></td><td></td><td></td></tr>
<tr><td rowspan="2">공사 완료</td><td>바닥판 턱솔, 바닥판 흔들림 여부에 대한 확인</td><td></td><td></td><td></td><td></td></tr>
<tr><td>수장재, 올거미의 고정, 턱솔 등 검사에 대한 확인</td><td></td><td></td><td></td><td></td></tr>
</table>

<table>
<tr><td rowspan="2">시공자점검일</td><td rowspan="2">년 월 일</td><td>총괄 시공 책임자</td><td>(인)</td></tr>
<tr><td>공종별 시공 관리자</td><td>(인)</td></tr>
<tr><td rowspan="2">감리자점검일</td><td rowspan="2">년 월 일</td><td>총괄 감리 책임자</td><td>(인)</td></tr>
<tr><td>건축사보
(공종별 감리 책임자)</td><td>(인)</td></tr>
<tr><td>첨부자료</td><td colspan="3"></td></tr>
</table>

<table>
<tr><td colspan="3">공종별 감리 체크리스트</td><td>문서번호</td><td colspan="4"></td></tr>
<tr><td colspan="2">공 종</td><td>단열공사</td><td>세부공종</td><td colspan="4"></td></tr>
<tr><td colspan="2">부 위</td><td>층</td><td>위치</td><td colspan="4"></td></tr>
<tr><td colspan="2" rowspan="2">구분</td><td rowspan="2">검 사 항 목</td><td rowspan="2">기준, 참고사항</td><td colspan="2">검사결과</td><td rowspan="2">조치사항</td></tr>
<tr><td>적합</td><td>부적합</td></tr>
<tr><td rowspan="3">기본
업무</td><td>도서</td><td>단열재 부위별 공법 및 시공방법의 확인・검토</td><td></td><td></td><td></td><td></td></tr>
<tr><td>자재</td><td>KS 등의 자재성능 관련 서류 확인</td><td></td><td></td><td></td><td></td></tr>
<tr><td>공사
완료</td><td>최종 마감상태 육안 확인</td><td></td><td></td><td></td><td></td></tr>
<tr><td rowspan="4">기본
외
업무</td><td>자재</td><td>단열재의 반입 및 적정 사용량 확인</td><td></td><td></td><td></td><td></td></tr>
<tr><td rowspan="3">시공</td><td>부위별 자재 규격 및 설치 확인</td><td></td><td></td><td></td><td></td></tr>
<tr><td>단열 부위 및 개소 확인</td><td></td><td></td><td></td><td></td></tr>
<tr><td>단열재의 가공 및 설치(단열부위 사이의 접합부 등) 확인</td><td></td><td></td><td></td><td></td></tr>
</table>

<table>
<tr><td rowspan="2">시공자점검일</td><td rowspan="2">년 월 일</td><td>총괄 시공 책임자</td><td>(인)</td></tr>
<tr><td>공종별 시공 관리자</td><td>(인)</td></tr>
<tr><td rowspan="2">감리자점검일</td><td rowspan="2">년 월 일</td><td>총괄 감리 책임자</td><td>(인)</td></tr>
<tr><td>건축사보
(공종별 감리 책임자)</td><td>(인)</td></tr>
<tr><td>첨부자료</td><td colspan="3"></td></tr>
</table>

<table>
<tr><th colspan="3">공종별 감리 체크리스트</th><th>문서번호</th><th colspan="3"></th></tr>
<tr><td colspan="2">공 종</td><td>방수공사</td><td>세부공종</td><td colspan="3"></td></tr>
<tr><td colspan="2">부 위</td><td>층</td><td>위치</td><td colspan="3"></td></tr>
<tr><td colspan="2" rowspan="2">구분</td><td rowspan="2">검 사 항 목</td><td rowspan="2">기준, 참고사항</td><td colspan="2">검사결과</td><td rowspan="2">조치사항</td></tr>
<tr><td>적합</td><td>부적합</td></tr>
<tr><td rowspan="4">기본 업무</td><td>도서</td><td>방수재 부위별 공법 및 시공방법의 확인・검토</td><td></td><td></td><td></td><td></td></tr>
<tr><td>자재</td><td>KS 등의 자재성능 관련 서류 확인</td><td></td><td></td><td></td><td></td></tr>
<tr><td rowspan="2">공사 완료</td><td>최종 마감상태 육안 확인</td><td></td><td></td><td></td><td></td></tr>
<tr><td>방수층의 누수검사에 대한 확인</td><td></td><td></td><td></td><td></td></tr>
<tr><td rowspan="7">기본 외 업무</td><td>자재</td><td>방수재 반입 및 적정사용량 확인・검토</td><td></td><td></td><td></td><td></td></tr>
<tr><td rowspan="5">시공</td><td>시공 준비 확인・검토</td><td></td><td></td><td></td><td></td></tr>
<tr><td>공사 범위 확인・검토</td><td></td><td></td><td></td><td></td></tr>
<tr><td>시공 계획 확인・검토</td><td></td><td></td><td></td><td></td></tr>
<tr><td>배합 계획 확인・검토</td><td></td><td></td><td></td><td></td></tr>
<tr><td>보양 계획 확인・검토</td><td></td><td></td><td></td><td></td></tr>
<tr><td>공사 완료</td><td>방수층의 누수검사에 대한 확인</td><td></td><td></td><td></td><td></td></tr>
</table>

<table>
<tr><td rowspan="2">시공자점검일</td><td rowspan="2">년 월 일</td><td>총괄 시공 책임자</td><td>(인)</td></tr>
<tr><td>공종별 시공 관리자</td><td>(인)</td></tr>
<tr><td rowspan="2">감리자점검일</td><td rowspan="2">년 월 일</td><td>총괄 감리 책임자</td><td>(인)</td></tr>
<tr><td>건축사보 (공종별 감리 책임자)</td><td>(인)</td></tr>
<tr><td>첨부자료</td><td colspan="3"></td></tr>
</table>

공종별 감리 체크리스트			문서번호			
공 종		지붕 및 홈통공사	세부공종			
부 위		층	위치			
구분		검 사 항 목	기준, 참고사항	검사결과		조치사항
				적합	부적합	
기본 업무	도서	금속의 두께, 유효 폭 확인·검토				
		표면처리 확인·검토				
		이음상세 확인·검토				
		지붕 바탕재(자기소화성 발포스티롤)의 사용 여부 확인·검토				
		-물매(2.5/10-수직물매) 확인·검토				
		-한식기와의 재래식공법인 경우 확인·검토				
	자재	KS 등의 자재성능 관련 서류 확인·검토				
		금속패널(복합자재) 시험성적서 및 패널시스템 구조적 안전성 등 품질을 확인·검토할 수 있는 서류(품질관리서 등)				
		재료견본 확인·검토				
		-금속두께, 유효폭 확인·검토				
		-특수가공 및 표면처리(앵커등) 여부 확인·검토				
	시공	설계도서에 명시된 설치방향, 크기 및 위치 확인				
	공사 완료	최종 마감상태 육안 확인				
기본 외 업무	시공	이어 올라감의 불균형 검사에 대한 확인				
		기와잇기 상태의 확인				
		접합부분 아무림의 확인				
		코킹부분의 확인				
		선홈통 고정상태, 길이의 적정여부 확인				
		배관의 구배 상태 확인				

시공자점검일	년 월 일	총괄 시공 책임자	(인)
		공종별 시공 관리자	(인)
감리자점검일	년 월 일	총괄 감리 책임자	(인)
		건축사보 (공종별 감리 책임자)	(인)
첨부자료			

공종별 감리 체크리스트		문서번호	
공 종	금속공사	세부공종	
부 위	층	위치	

구분		검 사 항 목	기준, 참고사항	검사결과		조치사항
				적합	부적합	
기본 업무	도서	기성품 이외의 시공도, 공작도, 설치도 확인・검토				
	자재	KS 등의 자재성능 관련 서류 확인・검토				
		기성품은 견본품(시판품 견본)이나 설명서(카탈로그)로 확인・검토				
		제작도(시공도)와의 대조・확인・검토				
	시공	이음, 맞춤, 겹치기 확인				
		나사고정, 용접의 종류 확인				
		방청방법 확인				
		구조체와 접속부분 주위 코킹작업 여부 확인				
		옥상난간의 아무림 확인				
		방청, 방식처리 검사의 확인				
	공사 완료	최종 마감상태 육안 확인				
		난간 등의 높이 확인				
		아무림 접합부 코킹 검사에 대한 확인				
		구조체관통부 등 비아무림, 방수처리 검사에 대한 확인				
기본 외 업무	도서	난간 등 바닥으로부터의 높이 및 설치장소, 길이 확인				

시공자점검일	년 월 일	총괄 시공 책임자	(인)
		공종별 시공 관리자	(인)
감리자점검일	년 월 일	총괄 감리 책임자	(인)
		건축사보 (공종별 감리 책임자)	(인)
첨부자료			

<table>
<tr><th colspan="3">공종별 감리 체크리스트</th><th>문서번호</th><th colspan="3"></th></tr>
<tr><th colspan="2">공 종</th><td>미장공사</td><th>세부공종</th><td colspan="3"></td></tr>
<tr><th colspan="2">부 위</th><td>층</td><th>위치</th><td colspan="3"></td></tr>
<tr><th colspan="2" rowspan="2">구분</th><th rowspan="2">검 사 항 목</th><th rowspan="2">기준, 참고사항</th><th colspan="2">검사결과</th><th rowspan="2">조치사항</th></tr>
<tr><th>적합</th><th>부적합</th></tr>
<tr><td rowspan="22">기본 업무</td><td rowspan="6">도서</td><td>배합계획 확인・검토</td><td></td><td></td><td></td><td></td></tr>
<tr><td>흙손누름, 바르기 두께 확인・검토</td><td></td><td></td><td></td><td></td></tr>
<tr><td>바름두께 확인・검토</td><td></td><td></td><td></td><td></td></tr>
<tr><td>혹한기, 혹서기의 시공 유의사항 확인・검토</td><td></td><td></td><td></td><td></td></tr>
<tr><td>바름층의 보양, 건조기간 확인・검토</td><td></td><td></td><td></td><td></td></tr>
<tr><td>보양, 안전대책 확인・검토</td><td></td><td></td><td></td><td></td></tr>
<tr><td rowspan="4">지재</td><td>KS 등의 자재성능 관련 서류 확인・검토</td><td></td><td></td><td></td><td></td></tr>
<tr><td>재료 확인・검토</td><td></td><td></td><td></td><td></td></tr>
<tr><td>-시멘트류는 모두 KS 규격품인지 여부 확인・검토</td><td></td><td></td><td></td><td></td></tr>
<tr><td>-플라스터류는 KS 규격품인지 여부 확인・검토</td><td></td><td></td><td></td><td></td></tr>
<tr><td rowspan="8">시공</td><td>바름두께의 고른 바탕처리 확인</td><td></td><td></td><td></td><td></td></tr>
<tr><td>바닥콘크리트의 고름마감 확인</td><td></td><td></td><td></td><td></td></tr>
<tr><td>바닥모르타르 바름 확인</td><td></td><td></td><td></td><td></td></tr>
<tr><td>벽모르타르 바르기 확인</td><td></td><td></td><td></td><td></td></tr>
<tr><td>방수모르타르 시공부분 확인</td><td></td><td></td><td></td><td></td></tr>
<tr><td>-외부 시공부분 확인</td><td></td><td></td><td></td><td></td></tr>
<tr><td>-내부 시공부분 확인</td><td></td><td></td><td></td><td></td></tr>
<tr><td>방청, 방식처리 검사의 확인</td><td></td><td></td><td></td><td></td></tr>
<tr><td rowspan="3">공사 완료</td><td>최종 마감상태 육안 확인</td><td></td><td></td><td></td><td></td></tr>
<tr><td>바닥 모르타르바름 검사에 대한 확인</td><td></td><td></td><td></td><td></td></tr>
<tr><td>벽, 천장의 모르타르바름면 검사에 대한 확인</td><td></td><td></td><td></td><td></td></tr>
</table>

<table>
<tr><td rowspan="2">시공자점검일</td><td rowspan="2">년 월 일</td><td>총괄 시공 책임자</td><td>(인)</td></tr>
<tr><td>공종별 시공 관리자</td><td>(인)</td></tr>
<tr><td rowspan="2">감리자점검일</td><td rowspan="2">년 월 일</td><td>총괄 감리 책임자</td><td>(인)</td></tr>
<tr><td>건축사보
(공종별 감리 책임자)</td><td>(인)</td></tr>
<tr><td>첨부자료</td><td colspan="3"></td></tr>
</table>

<table>
<tr><td colspan="3">공종별 감리 체크리스트</td><td>문서번호</td><td colspan="3"></td></tr>
<tr><td colspan="2">공 종</td><td>창호공사</td><td>세부공종</td><td colspan="3"></td></tr>
<tr><td colspan="2">부 위</td><td>층</td><td>위치</td><td colspan="3"></td></tr>
<tr><td colspan="2" rowspan="2">구분</td><td rowspan="2">검 사 항 목</td><td rowspan="2">기준, 참고사항</td><td colspan="2">검사결과</td><td rowspan="2">조치사항</td></tr>
<tr><td>적합</td><td>부적합</td></tr>
<tr><td rowspan="26">기본 업무</td><td rowspan="6">도서</td><td>방화셔터에 대한 확인・검토</td><td></td><td></td><td></td><td></td></tr>
<tr><td>설계도와 대조・확인・검토</td><td></td><td></td><td></td><td></td></tr>
<tr><td>방화문에 대한 확인・검토</td><td></td><td></td><td></td><td></td></tr>
<tr><td>셔터의 확인・검토</td><td></td><td></td><td></td><td></td></tr>
<tr><td>시방서 등의 확인・검토</td><td></td><td></td><td></td><td></td></tr>
<tr><td>창호목록에 의한 부호, 종별분류, 수량, 개구부 치수, 철물의 종류와 수량 확인・검토</td><td></td><td></td><td></td><td></td></tr>
<tr><td rowspan="9">자재</td><td>KS 등의 자재성능 관련 서류 확인・검토</td><td></td><td></td><td></td><td></td></tr>
<tr><td>제조업체에 대한 확인・검토, 철물류의 견본품 확인・검토</td><td></td><td></td><td></td><td></td></tr>
<tr><td>증명서의 수리 및 확인・검토</td><td></td><td></td><td></td><td></td></tr>
<tr><td>납품기일 확인・검토</td><td></td><td></td><td></td><td></td></tr>
<tr><td>입회・제품검사 기록의 작성과 확인・검토</td><td></td><td></td><td></td><td></td></tr>
<tr><td>제조업체별 철물 확인・검토</td><td></td><td></td><td></td><td></td></tr>
<tr><td>부속철물의 확인・검토</td><td></td><td></td><td></td><td></td></tr>
<tr><td>알루미늄 창호 및 PVC 창호의 공장제품인 경우 제조회사의 제품검사 성적보고서 확인・검토</td><td></td><td></td><td></td><td></td></tr>
<tr><td>견본을 통해 색깔의 확인・검토</td><td></td><td></td><td></td><td></td></tr>
<tr><td rowspan="7">시공</td><td>방화문 및 방화셔터의 경우 현장반입제품의 점검은 부착전 확인</td><td></td><td></td><td></td><td></td></tr>
<tr><td>부착위치의 먹매김 확인</td><td></td><td></td><td></td><td></td></tr>
<tr><td>문의 마구리의 방청마감은 세우기 전 확인</td><td></td><td></td><td></td><td></td></tr>
<tr><td>부착공사 후 모르타르 채움 상태, 개폐상태, 방화문의 개폐장치 작동상태 확인</td><td></td><td></td><td></td><td></td></tr>
<tr><td>유리를 끼운 후 작동상태 확인</td><td></td><td></td><td></td><td></td></tr>
<tr><td>비막이 창틀 주위의 기밀성 여부 확인</td><td></td><td></td><td></td><td></td></tr>
<tr><td>현장제작 제품의 경우 종별(플러시문, 미서기문, 유리문, 장지문)에 따르는 조립 및 협의사항 확인・검토</td><td></td><td></td><td></td><td></td></tr>
<tr><td rowspan="3">공사 완료</td><td>개폐상태와 검사 확인</td><td></td><td></td><td></td><td></td></tr>
<tr><td>방화문의 개폐장치 작동검사 확인</td><td></td><td></td><td></td><td></td></tr>
<tr><td>최종 마감상태 육안 확인</td><td></td><td></td><td></td><td></td></tr>
<tr><td rowspan="5">기본 외 업무</td><td rowspan="5">공사 완료</td><td>새시접합부 등의 실링재 종류에 대한 확인</td><td></td><td></td><td></td><td></td></tr>
<tr><td>방수처리부분 확인</td><td></td><td></td><td></td><td></td></tr>
<tr><td>스토퍼, 맞물림, 문주위 틈새 확인</td><td></td><td></td><td></td><td></td></tr>
<tr><td>부속철물의 부착위치, 파넣기 상태 확인</td><td></td><td></td><td></td><td></td></tr>
<tr><td>나사, 고정못의 조이기 상태 확인</td><td></td><td></td><td></td><td></td></tr>
</table>

<table>
<tr><td rowspan="2">시공자점검일</td><td rowspan="2">년 월 일</td><td>총괄 시공 책임자</td><td>(인)</td></tr>
<tr><td>공종별 시공 관리자</td><td>(인)</td></tr>
<tr><td rowspan="2">감리자점검일</td><td rowspan="2">년 월 일</td><td>총괄 감리 책임자</td><td>(인)</td></tr>
<tr><td>건축사보
(공종별 감리 책임자)</td><td>(인)</td></tr>
<tr><td>천부자료</td><td colspan="3"></td></tr>
</table>

<table>
<tr><th colspan="3">공종별 감리 체크리스트</th><th>문서번호</th><th colspan="3"></th></tr>
<tr><th colspan="2">공 종</th><td>유리공사</td><th>세부공종</th><td colspan="3"></td></tr>
<tr><th colspan="2">부 위</th><td>층</td><th>위치</th><td colspan="3"></td></tr>
<tr><th colspan="2" rowspan="2">구분</th><th rowspan="2">검 사 항 목</th><th rowspan="2">기준, 참고사항</th><th colspan="2">검사결과</th><th rowspan="2">조치사항</th></tr>
<tr><th>적합</th><th>부적합</th></tr>
<tr><td rowspan="8">기본 업무</td><td>도서</td><td>설계풍압 및 설치 형태 등의 제반조건 확인 · 검토</td><td></td><td></td><td></td><td></td></tr>
<tr><td rowspan="2">자재</td><td>KS등의 자재성능 관련 서류 확인 · 검토</td><td></td><td></td><td></td><td></td></tr>
<tr><td>유리제조회사의 상호 및 라벨 확인 · 검토</td><td></td><td></td><td></td><td></td></tr>
<tr><td rowspan="2">시공</td><td>복층 유리 시공 시 최소 유리 물림 깊이 확인</td><td></td><td></td><td></td><td></td></tr>
<tr><td>유리 및 공기층 두께, 1차 및 2차 실링제, 스페이서, 흡습제, 코너 처리, 유리 색상 및 열처리, 코팅 사양 등 확인</td><td></td><td></td><td></td><td></td></tr>
<tr><td rowspan="2">공사 완료</td><td>최종 마감상태 육안 확인</td><td></td><td></td><td></td><td></td></tr>
<tr><td>유리의 평활도, 파손 등 확인</td><td></td><td></td><td></td><td></td></tr>
</table>

<table>
<tr><td rowspan="2">시공자점검일</td><td rowspan="2">년 월 일</td><td>총괄 시공 책임자</td><td>(인)</td></tr>
<tr><td>공종별 시공 관리자</td><td>(인)</td></tr>
<tr><td rowspan="2">감리자점검일</td><td rowspan="2">년 월 일</td><td>총괄 감리 책임자</td><td>(인)</td></tr>
<tr><td>건축사보
(공종별 감리 책임자)</td><td>(인)</td></tr>
<tr><td>첨부자료</td><td colspan="3"></td></tr>
</table>

<table>
<tr><td colspan="3">공종별 감리 체크리스트</td><td>문서번호</td><td colspan="3"></td></tr>
<tr><td colspan="2">공 종</td><td>커튼월공사</td><td>세부공종</td><td colspan="3">-</td></tr>
<tr><td colspan="2">부 위</td><td>층</td><td>위치</td><td colspan="3"></td></tr>
<tr><td colspan="2" rowspan="2">구분</td><td rowspan="2">검 사 항 목</td><td rowspan="2">기준, 참고사항</td><td colspan="2">검사결과</td><td rowspan="2">조치사항</td></tr>
<tr><td>적합</td><td>부적합</td></tr>
<tr><td rowspan="11">기본
업무</td><td rowspan="2">도서</td><td>배연창 및 피난창의 위치, 크기, 개폐방법 확인 · 검토</td><td></td><td></td><td></td><td></td></tr>
<tr><td>부재의 설치 순서, 설치방법 확인 · 검토</td><td></td><td></td><td></td><td></td></tr>
<tr><td rowspan="2">자재</td><td>KS등의 자재성능 관련 서류 확인 · 검토</td><td></td><td></td><td></td><td></td></tr>
<tr><td>앵커 및 브래킷류 재질 확인•검토</td><td></td><td></td><td></td><td></td></tr>
<tr><td rowspan="4">시공</td><td>세부 시공 상세도에 의한 긴결재 및 브래킷 등 주요 지점 먹매김 확인</td><td></td><td></td><td></td><td></td></tr>
<tr><td>층간 방화구획 부위 확인</td><td></td><td></td><td></td><td></td></tr>
<tr><td>- 층간 방화 충전재의 간격, 길이 등 확인</td><td></td><td></td><td></td><td></td></tr>
<tr><td>줄눈재의 손상 및 오염여부 확인</td><td></td><td></td><td></td><td></td></tr>
<tr><td rowspan="2">공사
완료</td><td>최종 마감상태 육안 확인</td><td></td><td></td><td></td><td></td></tr>
<tr><td>배연창의 자동 및 수동 개폐 확인</td><td></td><td></td><td></td><td></td></tr>
</table>

<table>
<tr><td rowspan="2">시공자점검일</td><td rowspan="2">년 월 일</td><td>총괄 시공 책임자</td><td>(인)</td></tr>
<tr><td>공종별 시공 관리자</td><td>(인)</td></tr>
<tr><td rowspan="2">감리자점검일</td><td rowspan="2">년 월 일</td><td>총괄 감리 책임자</td><td>(인)</td></tr>
<tr><td>건축사보
(공종별 감리 책임자)</td><td>(인)</td></tr>
<tr><td>첨부자료</td><td colspan="3"></td></tr>
</table>

<table>
<tr><td colspan="3">공종별 감리 체크리스트</td><td>문서번호</td><td colspan="3"></td></tr>
<tr><td colspan="2">공 종</td><td>도장공사</td><td>세부공종</td><td colspan="3">-</td></tr>
<tr><td colspan="2">부 위</td><td>층</td><td>위치</td><td colspan="3"></td></tr>
<tr><td colspan="2" rowspan="2">구분</td><td rowspan="2">검 사 항 목</td><td rowspan="2">기준, 참고사항</td><td colspan="2">검사결과</td><td rowspan="2">조치사항</td></tr>
<tr><td>적합</td><td>부적합</td></tr>
<tr><td rowspan="9">기본
업무</td><td rowspan="2">자재</td><td>KS 등의 자재성능 관련 서류 확인・검토</td><td></td><td></td><td></td><td></td></tr>
<tr><td>제조업체지정 및 재료견본 확인・검토</td><td></td><td></td><td></td><td></td></tr>
<tr><td rowspan="4">시공</td><td>모르타르 바탕면인 경우의 바탕만들기 여부 확인</td><td></td><td></td><td></td><td></td></tr>
<tr><td>철부(鐵) 바탕면의 확인</td><td></td><td></td><td></td><td></td></tr>
<tr><td>목조(木造) 바탕면의 확인</td><td></td><td></td><td></td><td></td></tr>
<tr><td>도막할 곳 주변, 도장이 끝난 면에 오염, 손상을 주지 않도록 보호를 위한 보양 확인</td><td></td><td></td><td></td><td></td></tr>
<tr><td rowspan="3">공사
완료</td><td>최종 마감상태 육안 확인</td><td></td><td></td><td></td><td></td></tr>
<tr><td>도장시 발생한 도막의 결함에 대한 확인</td><td></td><td></td><td></td><td></td></tr>
<tr><td>도장후에 생긴 도막의 결함검사 및 확인</td><td></td><td></td><td></td><td></td></tr>
</table>

<table>
<tr><td rowspan="2">시공자점검일</td><td rowspan="2">년 월 일</td><td>총괄 시공 책임자</td><td>(인)</td></tr>
<tr><td>공종별 시공 관리자</td><td>(인)</td></tr>
<tr><td rowspan="2">감리자점검일</td><td rowspan="2">년 월 일</td><td>총괄 감리 책임자</td><td>(인)</td></tr>
<tr><td>건축사보
(공종별 감리 책임자)</td><td>(인)</td></tr>
<tr><td>첨부자료</td><td colspan="3"></td></tr>
</table>

공종별 감리 체크리스트		문서번호	
공 종	수장공사	세부공종	
부 위	층	위치	

구분		검 사 항 목	기준, 참고사항	검사결과 적합	검사결과 부적합	조치사항
기본 업무	도서	균열방지 대책 확인 · 검토				
		경질타일, 돌붙이기 등의 경우에는 줄눈나누기, 붙임모르타르 두께등 확인 · 검토				
		설비장치용 개구부 주위의 처리 확인 · 검토				
	자재	KS 등의 자재성능 관련 서류 확인 · 검토				
		차음 및 내화 성능을 확인할 수 있는 서류 확인 · 검토				
		규격, 제조업체, 상품명 확인 · 검토				
		제품검사에 대한 확인 · 검토				
	시공	바탕면 확인				
	공사 완료	최종 마감상태 육안 확인				
		바닥공사의 확인				
		-도장마감 확인				
		-보양 여부 확인				
		-바닥 표면 처리 여부 확인				
		벽 · 천장 공사의 확인				

시공자점검일	년 월 일	총괄 시공 책임자	(인)
		공종별 시공 관리자	(인)
감리자점검일	년 월 일	총괄 감리 책임자	(인)
		건축사보 (공종별 감리 책임자)	(인)

첨부자료

<table>
<tr><td colspan="3">공종별 감리 체크리스트</td><td>문서번호</td><td colspan="3"></td></tr>
<tr><td colspan="2">공 종</td><td>조경공사</td><td>세부공종</td><td colspan="3"></td></tr>
<tr><td colspan="2">부 위</td><td>층</td><td>위치</td><td colspan="3"></td></tr>
<tr><td colspan="2" rowspan="2">구분</td><td rowspan="2">검 사 항 목</td><td rowspan="2">기준, 참고사항</td><td colspan="2">검사결과</td><td rowspan="2">조치사항</td></tr>
<tr><td>적합</td><td>부적합</td></tr>
<tr><td rowspan="2">기본 업무</td><td>자재</td><td>조경수 및 시설물의 납품확인서 확인 · 검토</td><td></td><td></td><td></td><td></td></tr>
<tr><td>공사 완료</td><td>식재 및 조경시설물 등 설치 확인</td><td></td><td></td><td></td><td></td></tr>
<tr><td rowspan="22">기본 외 업무</td><td rowspan="3">도서</td><td>설계도서와의 대조, 확인 · 검토</td><td></td><td></td><td></td><td></td></tr>
<tr><td>기존식목의 확인 · 검토</td><td></td><td></td><td></td><td></td></tr>
<tr><td>나무심기의 배치 확인 · 검토</td><td></td><td></td><td></td><td></td></tr>
<tr><td rowspan="4">자재</td><td>수목 및 그루터기 등의 확인 · 검토</td><td></td><td></td><td></td><td></td></tr>
<tr><td>반입토(객토질)의 확인 · 검토</td><td></td><td></td><td></td><td></td></tr>
<tr><td>잔디 (종류와 시방 등) 확인 · 검토</td><td></td><td></td><td></td><td></td></tr>
<tr><td>보양재료(통나무, 대나무, 새끼줄, 철사 등의 품질)의 확인 · 검토 등</td><td></td><td></td><td></td><td></td></tr>
<tr><td rowspan="13">시공</td><td>식재재의 확인</td><td></td><td></td><td></td><td></td></tr>
<tr><td>-흙덩이, 기와조각, 잡초 등의 확인</td><td></td><td></td><td></td><td></td></tr>
<tr><td>-성토, 굴착으로 인한 고저 확인</td><td></td><td></td><td></td><td></td></tr>
<tr><td>-객토 사용 확인 등</td><td></td><td></td><td></td><td></td></tr>
<tr><td>식재의 확인</td><td></td><td></td><td></td><td></td></tr>
<tr><td>-이식, 파내기 상태의 확인</td><td></td><td></td><td></td><td></td></tr>
<tr><td>-운반시의 보양을 확인</td><td></td><td></td><td></td><td></td></tr>
<tr><td>-심기위치의 적정배치, 모습 상태 확인</td><td></td><td></td><td></td><td></td></tr>
<tr><td>-심은 후의 버팀기둥 확인 등</td><td></td><td></td><td></td><td></td></tr>
<tr><td>잔디심기의 확인</td><td></td><td></td><td></td><td></td></tr>
<tr><td>-지정줄눈폭, 심기의 확인</td><td></td><td></td><td></td><td></td></tr>
<tr><td>-줄눈 메우기흙, 물대기의 확인 등</td><td></td><td></td><td></td><td></td></tr>
<tr><td></td><td></td><td></td><td></td><td></td></tr>
<tr><td rowspan="2">공사 완료</td><td>지정된 보호, 보양방법의 검사에 대한 확인</td><td></td><td></td><td></td><td></td></tr>
<tr><td>건축허가 조건과의 부합 여부</td><td></td><td></td><td></td><td></td></tr>
</table>

<table>
<tr><td rowspan="2">시공자점검일</td><td rowspan="2">년 월 일</td><td>총괄 시공 책임자</td><td>(인)</td></tr>
<tr><td>공종별 시공 관리자</td><td>(인)</td></tr>
<tr><td rowspan="2">감리자점검일</td><td rowspan="2">년 월 일</td><td>총괄 감리 책임자</td><td>(인)</td></tr>
<tr><td>건축사보
(공종별 감리 책임자)</td><td>(인)</td></tr>
<tr><td>첨부자료</td><td colspan="3"></td></tr>
</table>

<table>
<tr><td colspan="3">공종별 감리 체크리스트</td><td>문서번호</td><td colspan="3"></td></tr>
<tr><td colspan="2">공 종</td><td>잡공사</td><td>세부공종</td><td colspan="3"></td></tr>
<tr><td colspan="2">부 위</td><td>층</td><td>위치</td><td colspan="3"></td></tr>
<tr><td colspan="2" rowspan="2">구분</td><td rowspan="2">검 사 항 목</td><td rowspan="2">기준, 참고사항</td><td colspan="2">검사결과</td><td rowspan="2">조치사항</td></tr>
<tr><td>적합</td><td>부적합</td></tr>
<tr><td rowspan="3">기본 업무</td><td rowspan="2">자재</td><td>KS 등의 자재성능 관련 서류 확인・검토</td><td></td><td></td><td></td><td></td></tr>
<tr><td>실내건축 확인・검토, 불연・준불연・난연재료 등 확인・검토</td><td></td><td></td><td></td><td></td></tr>
<tr><td>공사 완료</td><td>최종 마감상태 육안 확인</td><td></td><td></td><td></td><td></td></tr>
<tr><td rowspan="8">기본 외 업무</td><td rowspan="3">도서</td><td>커튼박스의 유무와 종류 확인・검토</td><td></td><td></td><td></td><td></td></tr>
<tr><td>배기, 환기후드의 설치장소, 크기 내・외 마감 재질 확인・검토</td><td></td><td></td><td></td><td></td></tr>
<tr><td>안내판, 간판 등 확인・검토</td><td></td><td></td><td></td><td></td></tr>
<tr><td rowspan="3">자재</td><td>제조업체의 확인・검토</td><td></td><td></td><td></td><td></td></tr>
<tr><td>재료견본에 의한 재질, 형상, 색깔, 기능 등 확인・검토</td><td></td><td></td><td></td><td></td></tr>
<tr><td>카탈로그에 의한 제조업체, 규격, 시방 확인・검토</td><td></td><td></td><td></td><td></td></tr>
<tr><td rowspan="2">공사 완료</td><td>인도까지의 보양, 보호에 대한 확인(청소, 연마도 포함)</td><td></td><td></td><td></td><td></td></tr>
<tr><td>오염, 청소, 정리상태 등 검사에 대한 확인</td><td></td><td></td><td></td><td></td></tr>
<tr><td colspan="2" rowspan="2">시공자점검일</td><td rowspan="2">년 월 일</td><td>총괄 시공 책임자</td><td colspan="3">(인)</td></tr>
<tr><td>공종별 시공 관리자</td><td colspan="3">(인)</td></tr>
<tr><td colspan="2" rowspan="2">감리자점검일</td><td rowspan="2">년 월 일</td><td>총괄 감리 책임자</td><td colspan="3">(인)</td></tr>
<tr><td>건축사보
(공종별 감리 책임자)</td><td colspan="3">(인)</td></tr>
<tr><td colspan="2">첨부자료</td><td colspan="5"></td></tr>
</table>

<table>
<tr><td colspan="3">공종별 감리 체크리스트</td><td>문서번호</td><td colspan="3"></td></tr>
<tr><td colspan="2">공 종</td><td>건물주위 공사</td><td>세부공종</td><td colspan="3">-</td></tr>
<tr><td colspan="2">부 위</td><td>층</td><td>위치</td><td colspan="3"></td></tr>
<tr><td colspan="2" rowspan="2">구분</td><td rowspan="2">검 사 항 목</td><td rowspan="2">기준, 참고사항</td><td colspan="2">검사결과</td><td rowspan="2">조치사항</td></tr>
<tr><td>적합</td><td>부적합</td></tr>
<tr><td rowspan="7">기본 업무</td><td rowspan="5">바닥 포장</td><td>포장의 경계위치는 줄쳐보기에 의한 확인</td><td></td><td></td><td></td><td></td></tr>
<tr><td>아스팔트 포장 확인</td><td></td><td></td><td></td><td></td></tr>
<tr><td>주차장의 위치, 주차대수 확인</td><td></td><td></td><td></td><td></td></tr>
<tr><td>배수구, 집수구류의 구배와 배수면 높이 확인</td><td></td><td></td><td></td><td></td></tr>
<tr><td>KS등의 자재성능 관련 서류 확인</td><td></td><td></td><td></td><td></td></tr>
<tr><td rowspan="2">공사 완료</td><td>공공시설의 복구완료 검사에 대한 확인</td><td></td><td></td><td></td><td></td></tr>
<tr><td>오염, 청소, 정리상태 등 검사에 대한 확인</td><td></td><td></td><td></td><td></td></tr>
<tr><td rowspan="4">기본 외 업무</td><td>문, 담장</td><td>줄쳐보기에 의한 위치 관계 확인</td><td></td><td></td><td></td><td></td></tr>
<tr><td rowspan="3">도서</td><td>경계말뚝 관계자의 입회에 의해 확인</td><td></td><td></td><td></td><td></td></tr>
<tr><td>건물주위 마감 확인</td><td></td><td></td><td></td><td></td></tr>
<tr><td>공공시설의 기록 확인</td><td></td><td></td><td></td><td></td></tr>
</table>

<table>
<tr><td rowspan="2">시공자점검일</td><td rowspan="2">년 월 일</td><td>총괄 시공 책임자</td><td>(인)</td></tr>
<tr><td>공종별 시공 관리자</td><td>(인)</td></tr>
<tr><td rowspan="2">감리자점검일</td><td rowspan="2">년 월 일</td><td>총괄 감리 책임자</td><td>(인)</td></tr>
<tr><td>건축사보
(공종별 감리 책임자)</td><td>(인)</td></tr>
<tr><td>첨부자료</td><td colspan="3"></td></tr>
</table>

●기계설비 공사감리 체크리스트

<table>
<tr><td colspan="3">공종별 감리 체크리스트</td><td>문서번호</td><td colspan="3"></td></tr>
<tr><td colspan="2">공 종</td><td>승강설비 및 기계식주차 설비공사</td><td>세부공종</td><td colspan="3">-</td></tr>
<tr><td colspan="2">부 위</td><td>층</td><td>위치</td><td colspan="3"></td></tr>
<tr><td colspan="2" rowspan="2">구분</td><td rowspan="2">검 사 항 목</td><td rowspan="2">기준, 참고사항</td><td colspan="2">검사결과</td><td rowspan="2">조치사항</td></tr>
<tr><td>적합</td><td>부적합</td></tr>
<tr><td rowspan="9">기본 업무</td><td rowspan="3">도서</td><td>선정된 기자재 관련 설치계획 및 시공도 확인</td><td></td><td></td><td></td><td></td></tr>
<tr><td>승강기 및 주차설비 내외부 설계도 확인</td><td></td><td></td><td></td><td></td></tr>
<tr><td>설계도, 특기시방서 확인</td><td></td><td></td><td></td><td></td></tr>
<tr><td>기기 및 지재</td><td>KS 등의 기기 및 자재성능 관련 서류 확인·검토</td><td></td><td></td><td></td><td></td></tr>
<tr><td rowspan="2">시공</td><td>타 분야 공종과의 연관부분(간섭 및 구조, 치수, 마감 등) 확인·검토</td><td></td><td></td><td></td><td></td></tr>
<tr><td>방화구획 관련사항 확인</td><td></td><td></td><td></td><td></td></tr>
<tr><td rowspan="3">공사 완료</td><td>최종 마감상태 육안확인</td><td></td><td></td><td></td><td></td></tr>
<tr><td>제작사 성능보증서 및 검사필증 확인</td><td></td><td></td><td></td><td></td></tr>
<tr><td>시운전 확인</td><td></td><td></td><td></td><td></td></tr>
</table>

<table>
<tr><td rowspan="2">시공자점검일</td><td rowspan="2">년 월 일</td><td>총괄 시공 책임자</td><td>(인)</td></tr>
<tr><td>공종별 시공 관리자</td><td>(인)</td></tr>
<tr><td rowspan="2">감리자점검일</td><td rowspan="2">년 월 일</td><td>총괄 감리 책임자</td><td>(인)</td></tr>
<tr><td>건축사보
(공종별 감리 책임자)</td><td>(인)</td></tr>
<tr><td>첨부자료</td><td colspan="3"></td></tr>
</table>

<table>
<tr><td colspan="2">공종별 감리 체크리스트</td><td></td><td>문서번호</td><td colspan="3"></td></tr>
<tr><td colspan="2">공 종</td><td>급배수위생 설비 공사</td><td>세부공종</td><td colspan="3">-</td></tr>
<tr><td colspan="2">부 위</td><td>층</td><td>위치</td><td colspan="3"></td></tr>
<tr><td colspan="2" rowspan="2">구분</td><td rowspan="2">검 사 항 목</td><td rowspan="2">기준, 참고사항</td><td colspan="2">검사결과</td><td rowspan="2">조치사항</td></tr>
<tr><td>적합</td><td>부적합</td></tr>
<tr><td rowspan="11">기본
업무</td><td rowspan="3">도서</td><td>선정된 기자재 관련 설치계획 및 시공도 확인</td><td></td><td></td><td></td><td></td></tr>
<tr><td>정화조 용량 확인</td><td></td><td></td><td></td><td></td></tr>
<tr><td>설계도, 특기시방서 확인</td><td></td><td></td><td></td><td></td></tr>
<tr><td rowspan="2">기기
및
자재</td><td>KS 등의 기기 및 자재성능 관련 서류 확인 · 검토(보일러, 펌프, 급배수관, 물탱크, 위생기구, 정화조 등)</td><td></td><td></td><td></td><td></td></tr>
<tr><td>고효율 에너지 기자재 적용여부 확인•검토</td><td></td><td></td><td></td><td></td></tr>
<tr><td rowspan="3">시공</td><td>타 분야 공종과의 연관부분(간섭 및 구조, 치수, 마감 등) 확인 · 검토</td><td></td><td></td><td></td><td></td></tr>
<tr><td>배수트랩의 설치여부, 청소구 및 통기관 위치 확인</td><td></td><td></td><td></td><td></td></tr>
<tr><td>정화조 배기관 및 맨홀 위치 확인</td><td></td><td></td><td></td><td></td></tr>
<tr><td rowspan="2">공사
완료</td><td>최종 마감상태 육안확인</td><td></td><td></td><td></td><td></td></tr>
<tr><td>시운전(밸브류 개폐, 누수여부 등) 확인</td><td></td><td></td><td></td><td></td></tr>
</table>

<table>
<tr><td rowspan="2">시공자점검일</td><td rowspan="2">년 월 일</td><td>총괄 시공 책임자</td><td>(인)</td></tr>
<tr><td>공종별 시공 관리자</td><td>(인)</td></tr>
<tr><td rowspan="2">감리자점검일</td><td rowspan="2">년 월 일</td><td>총괄 감리 책임자</td><td>(인)</td></tr>
<tr><td>건축사보
(공종별 감리 책임자)</td><td>(인)</td></tr>
<tr><td>첨부자료</td><td colspan="3"></td></tr>
</table>

<table>
<tr><td colspan="3">공종별 감리 체크리스트</td><td>문서번호</td><td colspan="3"></td></tr>
<tr><td colspan="2">공 종</td><td>공기 조화설비공사</td><td>세부공종</td><td colspan="3">-</td></tr>
<tr><td colspan="2">부 위</td><td>층</td><td>위치</td><td colspan="3"></td></tr>
<tr><td colspan="2" rowspan="2">구분</td><td rowspan="2">검 사 항 목</td><td rowspan="2">기준, 참고사항</td><td colspan="2">검사결과</td><td rowspan="2">조치사항</td></tr>
<tr><td>적합</td><td>부적합</td></tr>
<tr><td rowspan="8">기본 업무</td><td rowspan="2">도서</td><td>선정된 기자재 관련 설치계획 및 시공도 확인 · 검토</td><td></td><td></td><td></td><td></td></tr>
<tr><td>설계도, 특기시방서 확인 · 검토</td><td></td><td></td><td></td><td></td></tr>
<tr><td rowspan="2">기기 및 자재</td><td>KS 등의 기기 및 자재성능 관련 서류 확인 · 검토(냉동기, 오일탱크, 연도, 연돌, 히터열교환기, 송풍기, 공기조화기, 팬코일 유니트, 냉각탑, 축열조, 냉매배관 등)</td><td></td><td></td><td></td><td></td></tr>
<tr><td>고효율 에너지 기자재 적용여부 확인 · 검토</td><td></td><td></td><td></td><td></td></tr>
<tr><td>시공</td><td>타 분야 공종과의 연관부분(간섭 및 구조, 치수, 마감 등) 확인 · 검토</td><td></td><td></td><td></td><td></td></tr>
<tr><td rowspan="2">공사 완료</td><td>최종 마감상태 육안확인</td><td></td><td></td><td></td><td></td></tr>
<tr><td>시운전 확인</td><td></td><td></td><td></td><td></td></tr>
</table>

<table>
<tr><td rowspan="2">시공자점검일</td><td rowspan="2">년 월 일</td><td>총괄 시공 책임자</td><td>(인)</td></tr>
<tr><td>공종별 시공 관리자</td><td>(인)</td></tr>
<tr><td rowspan="2">감리자점검일</td><td rowspan="2">년 월 일</td><td>총괄 감리 책임자</td><td>(인)</td></tr>
<tr><td>건축사보
(공종별 감리 책임자)</td><td>(인)</td></tr>
<tr><td>첨부자료</td><td colspan="3"></td></tr>
</table>

공종별 감리 체크리스트			문서번호			
공 종		배관설비공사	세부공종	-		
부 위		층	위치			
구분		검 사 항 목	기준, 참고사항	검사결과		조치사항
				적합	부적합	
기본 업무	도서	선정된 기자재 관련 설치계획 및 시공도확인				
		설계도, 특기시방서 확인				
	기기 및 자재	KS 등의 기기 및 자재성능 관련 서류 확인・검토(냉,온수 배관, 냉각수 배관, 냉매 배관, 증기 배관, 기타 배관 및 보온재, 발열선)				
	시공	타 분야 공종과의 연관부분(간섭 및 구조, 치수, 마감 등) 확인・검토				
		물배관의 전기설비로부터의 이격 확인				
		관경 확인				
		관 관통부위의 틈새채움(방화구획 등 규정 준수 여부 포함) 확인				
		신축이음부 양쪽 배관의 서포트 설치 확인				
		내화성능을 확보한 보온재의 사용여부 확인(해당 부분에 한함)				
	공사 완료	최종 마감상태 육안확인				
		시운전 확인				

시공자점검일	년 월 일	총괄 시공 책임자	(인)
		공종별 시공 관리자	(인)
감리자점검일	년 월 일	총괄 감리 책임자	(인)
		건축사보 (공종별 감리 책임자)	(인)
첨부자료			

공종별 감리 체크리스트		문서번호	
공 종	덕트설비공사	세부공종	-
부 위	층	위치	

구분		검 사 항 목	기준, 참고사항	검사결과 적합	검사결과 부적합	조치사항
기본 업무	도서	선정된 기자재 관련 설치계획 및 시공도 확인・검토				
		설계도, 특기시방서 확인・검토				
	기기 및 자재	KS 등의 기기 및 자재성능 관련 서류 확인・검토(흡입 및 배출구, 흡입루버, 배기그릴, 방화댐퍼, 보온재(난연 및 준불연, 불연 성능) 등)				
	시공	타 분야 공종과의 연관부분(간섭 및 구조, 치수, 마감 등) 확인・검토				
		덕트 관통부위의 처리(틈새채움 등) 확인				
		내화성능을 확보한 보온재의 사용여부 확인(해당부분에 한함)				
		점검구 설치 확인				
	공사 완료	최종 마감상태 육안확인				
		방재센터의 배연 관련 조작표시 확인				
		시운전(댐퍼류 개폐, 누기 등) 확인				

시공자점검일	년 월 일	총괄 시공 책임자	(인)
		공종별 시공 관리자	(인)
감리자점검일	년 월 일	총괄 감리 책임자	(인)
		건축사보 (공종별 감리 책임자)	(인)
첨부자료			

<table>
<tr><td colspan="3">공종별 감리 체크리스트</td><td>문서번호</td><td colspan="3"></td></tr>
<tr><td colspan="2">공 종</td><td>자동제어 설비공사</td><td>세부공종</td><td colspan="3">-</td></tr>
<tr><td colspan="2">부 위</td><td>층</td><td>위치</td><td colspan="3"></td></tr>
<tr><td colspan="2" rowspan="2">구분</td><td rowspan="2">검 사 항 목</td><td rowspan="2">기준, 참고사항</td><td colspan="2">검사결과</td><td rowspan="2">조치사항</td></tr>
<tr><td>적합</td><td>부적합</td></tr>
<tr><td rowspan="8">기본 업무</td><td rowspan="2">도서</td><td>선정된 기자재 관련 설치계획 및 시공도 확인・검토</td><td></td><td></td><td></td><td></td></tr>
<tr><td>설계도, 특기시방서 확인・검토</td><td></td><td></td><td></td><td></td></tr>
<tr><td rowspan="2">기기 및 자재</td><td>KS 등의 기기 및 자재성능 관련 서류 확인・검토</td><td></td><td></td><td></td><td></td></tr>
<tr><td>고효율 에너지 기자재 적용여부 확인・검토</td><td></td><td></td><td></td><td></td></tr>
<tr><td rowspan="2">시공</td><td>타 분야 공종과의 연관부분(간섭 및 구조, 치수, 마감 등) 확인・검토</td><td></td><td></td><td></td><td></td></tr>
<tr><td>온,습도 제어장치 설치 확인</td><td></td><td></td><td></td><td></td></tr>
<tr><td rowspan="2">공사 완료</td><td>최종 마감상태 육안확인</td><td></td><td></td><td></td><td></td></tr>
<tr><td>시운전(자동 및 수동 조작 등) 확인</td><td></td><td></td><td></td><td></td></tr>
</table>

<table>
<tr><td rowspan="2">시공자점검일</td><td rowspan="2">년 월 일</td><td>총괄 시공 책임자</td><td>(인)</td></tr>
<tr><td>공종별 시공 관리자</td><td>(인)</td></tr>
<tr><td rowspan="2">감리자점검일</td><td rowspan="2">년 월 일</td><td>총괄 감리 책임자</td><td>(인)</td></tr>
<tr><td>건축사보
(공종별 감리 책임자)</td><td>(인)</td></tr>
<tr><td>첨부자료</td><td colspan="3"></td></tr>
</table>

<table>
<tr><td colspan="3">공종별 감리 체크리스트</td><td>문서번호</td><td colspan="3"></td></tr>
<tr><td colspan="2">공 종</td><td>신재생에너지 설비공사</td><td>세부공종</td><td colspan="3">-</td></tr>
<tr><td colspan="2">부 위</td><td>층</td><td>위치</td><td colspan="3"></td></tr>
<tr><td colspan="2" rowspan="2">구분</td><td rowspan="2">검 사 항 목</td><td rowspan="2">기준, 참고사항</td><td colspan="2">검사결과</td><td rowspan="2">조치사항</td></tr>
<tr><td>적합</td><td>부적합</td></tr>
<tr><td rowspan="10">기본 업무</td><td rowspan="2">도서</td><td>선정된 기자재 관련 설치계획 및 시공도 확인・검토</td><td></td><td></td><td></td><td></td></tr>
<tr><td>설계도, 특기시방서 확인・검토</td><td></td><td></td><td></td><td></td></tr>
<tr><td rowspan="2">기기 및 자재</td><td>KS 등의 기기 및 자재성능 관련 서류 확인・검토(태양열 집열판, 열펌프 등)</td><td></td><td></td><td></td><td></td></tr>
<tr><td>고효율 에너지 기자재 적용여부 확인・검토</td><td></td><td></td><td></td><td></td></tr>
<tr><td rowspan="3">시공</td><td>타 분야 공종과의 연관부분(간섭 및 구조, 치수, 마감 등) 확인・검토</td><td></td><td></td><td></td><td></td></tr>
<tr><td>태양열 집열판 설치 방향 및 경사도 확인</td><td></td><td></td><td></td><td></td></tr>
<tr><td>지중열교환기의 지하매설깊이 확인</td><td></td><td></td><td></td><td></td></tr>
<tr><td rowspan="3">공사 완료</td><td>최종 마감상태 육안확인</td><td></td><td></td><td></td><td></td></tr>
<tr><td>에너지절약계획서 이행확인서 확인(해당 건축물에 한함)</td><td></td><td></td><td></td><td></td></tr>
<tr><td>시운전 확인</td><td></td><td></td><td></td><td></td></tr>
</table>

<table>
<tr><td rowspan="2">시공자점검일</td><td rowspan="2">년 월 일</td><td>총괄 시공 책임자</td><td>(인)</td></tr>
<tr><td>공종별 시공 관리자</td><td>(인)</td></tr>
<tr><td rowspan="2">감리자점검일</td><td rowspan="2">년 월 일</td><td>총괄 감리 책임자</td><td>(인)</td></tr>
<tr><td>건축사보
(공종별 감리 책임자)</td><td>(인)</td></tr>
<tr><td>첨부자료</td><td colspan="3"></td></tr>
</table>

<table>
<tr><td colspan="3">공종별 감리 체크리스트</td><td>문서번호</td><td colspan="4"></td></tr>
<tr><td colspan="2">공 종</td><td>냉동냉장 설비공사</td><td>세부공종</td><td colspan="4">-</td></tr>
<tr><td colspan="2">부 위</td><td>층</td><td>위치</td><td colspan="4"></td></tr>
<tr><td colspan="2" rowspan="2">구분</td><td rowspan="2">검 사 항 목</td><td rowspan="2">기준, 참고사항</td><td colspan="2">검사결과</td><td rowspan="2">조치사항</td></tr>
<tr><td>적합</td><td>부적합</td></tr>
<tr><td rowspan="11">기본
업무</td><td rowspan="2">도서</td><td>선정된 기자재 관련 설치계획 및 시공도 확인・검토</td><td></td><td></td><td></td><td></td></tr>
<tr><td>설계도, 특기시방서 확인・검토</td><td></td><td></td><td></td><td></td></tr>
<tr><td rowspan="2">기기
및
자재</td><td>KS 등의 기기 및 자재성능 관련 서류 확인・검토</td><td></td><td></td><td></td><td></td></tr>
<tr><td>고효율 에너지 기자재 적용여부 확인・검토</td><td></td><td></td><td></td><td></td></tr>
<tr><td rowspan="3">시공</td><td>타 분야 공종과의 연관부분(간섭 및 구조, 치수, 마감 등) 확인・검토</td><td></td><td></td><td></td><td></td></tr>
<tr><td>경보등 설치여부 확인</td><td></td><td></td><td></td><td></td></tr>
<tr><td>최종 마감상태 육안확인</td><td></td><td></td><td></td><td></td></tr>
<tr><td rowspan="4">공사
완료</td><td>실내 감금방지 회로의 작동여부 확인</td><td></td><td></td><td></td><td></td></tr>
<tr><td>냉매 충전여부 확인</td><td></td><td></td><td></td><td></td></tr>
<tr><td>성능시험보고서 확인</td><td></td><td></td><td></td><td></td></tr>
<tr><td>시운전 확인</td><td></td><td></td><td></td><td></td></tr>
<tr><td colspan="2" rowspan="2">시공자점검일</td><td rowspan="2">년 월 일</td><td>총괄 시공 책임자</td><td colspan="3">(인)</td></tr>
<tr><td>공종별 시공 관리자</td><td colspan="3">(인)</td></tr>
<tr><td colspan="2" rowspan="2">감리자점검일</td><td rowspan="2">년 월 일</td><td>총괄 감리 책임자</td><td colspan="3">(인)</td></tr>
<tr><td>건축사보
(공종별 감리 책임자)</td><td colspan="3">(인)</td></tr>
<tr><td colspan="2">첨부자료</td><td colspan="5"></td></tr>
</table>

<table>
<tr><td colspan="3">공종별 감리 체크리스트</td><td>문서번호</td><td colspan="4"></td></tr>
<tr><td colspan="2">공 종</td><td>클린룸 설비공사</td><td>세부공종</td><td colspan="4">-</td></tr>
<tr><td colspan="2">부 위</td><td>층</td><td>위치</td><td colspan="4"></td></tr>
<tr><td colspan="2" rowspan="2">구분</td><td rowspan="2">검 사 항 목</td><td rowspan="2">기준, 참고사항</td><td colspan="2">검사결과</td><td rowspan="2" colspan="2">조치사항</td></tr>
<tr><td>적합</td><td>부적합</td></tr>
<tr><td rowspan="12">기본 업무</td><td rowspan="3">도서</td><td>선정된 기자재 관련 설치계획 및 시공도 확인 · 검토</td><td></td><td></td><td></td><td colspan="2"></td></tr>
<tr><td>설계도서 상 클린룸 성능(청정도등급, 온도, 습도, 차압 등) 명시 여부 확인 · 검토</td><td></td><td></td><td></td><td colspan="2"></td></tr>
<tr><td>설계도, 특기시방서 확인 · 검토</td><td></td><td></td><td></td><td colspan="2"></td></tr>
<tr><td rowspan="2">기기 및 자재</td><td>KS 등의 기기 및 자재성능 관련 서류 확인 · 검토</td><td></td><td></td><td></td><td colspan="2"></td></tr>
<tr><td>고효율 에너지 기자재 적용여부 확인 · 검토</td><td></td><td></td><td></td><td colspan="2"></td></tr>
<tr><td rowspan="3">시공</td><td>타 분야 공종과의 연관부분(간섭 및 구조, 치수, 마감 등) 확인 · 검토</td><td></td><td></td><td></td><td colspan="2"></td></tr>
<tr><td>불연재료 사용여부 확인(해당 부분에 한함)</td><td></td><td></td><td></td><td colspan="2"></td></tr>
<tr><td>클린룸의 준청정상태에서 필터 설치여부 확인</td><td></td><td></td><td></td><td colspan="2"></td></tr>
<tr><td rowspan="3">공사 완료</td><td>최종 마감상태 육안확인</td><td></td><td></td><td></td><td colspan="2"></td></tr>
<tr><td>외부로 통하는 출입문의 잠김기능 및 자동개폐장치 설치여부 확인</td><td></td><td></td><td></td><td colspan="2"></td></tr>
<tr><td>시운전 확인</td><td></td><td></td><td></td><td colspan="2"></td></tr>
</table>

<table>
<tr><td rowspan="2">시공자점검일</td><td rowspan="2">년 월 일</td><td>총괄 시공 책임자</td><td>(인)</td></tr>
<tr><td>공종별 시공 관리자</td><td>(인)</td></tr>
<tr><td rowspan="2">감리자점검일</td><td rowspan="2">년 월 일</td><td>총괄 감리 책임자</td><td>(인)</td></tr>
<tr><td>건축사보
(공종별 감리 책임자)</td><td>(인)</td></tr>
<tr><td>첨부자료</td><td colspan="3"></td></tr>
</table>

<table>
<tr><td colspan="3">공종별 감리 체크리스트</td><td>문서번호</td><td colspan="3"></td></tr>
<tr><td colspan="2">공 종</td><td>가스설비공사</td><td>세부공종</td><td colspan="3">-</td></tr>
<tr><td colspan="2">부 위</td><td>층</td><td>위치</td><td colspan="3"></td></tr>
<tr><td colspan="2" rowspan="2">구분</td><td rowspan="2">검 사 항 목</td><td rowspan="2">기준, 참고사항</td><td colspan="2">검사결과</td><td rowspan="2">조치사항</td></tr>
<tr><td>적합</td><td>부적합</td></tr>
<tr><td rowspan="10">기본
업무</td><td rowspan="3">도서</td><td>선정된 기자재 관련 설치계획 및 시공도 확인 · 검토</td><td></td><td></td><td></td><td></td></tr>
<tr><td>액화석유가스(프로판, 부탄 등) 용기 보관장소 설치기준 부합여부 확인 · 검토</td><td></td><td></td><td></td><td></td></tr>
<tr><td>설계도, 특기시방서 확인 · 검토</td><td></td><td></td><td></td><td></td></tr>
<tr><td>기기
및
자재</td><td>KS 등의 기기 및 자재성능 관련 서류 확인 · 검토</td><td></td><td></td><td></td><td></td></tr>
<tr><td rowspan="3">시공</td><td>타 분야 공종과의 연관부분(간섭 및 구조, 치수, 마감 등) 확인 · 검토</td><td></td><td></td><td></td><td></td></tr>
<tr><td>배관의 외부 노출여부(매설가능조건 부합여부 포함) 확인</td><td></td><td></td><td></td><td></td></tr>
<tr><td>액화석유가스 용기의 넘어짐 방지시설 설치여부 확인</td><td></td><td></td><td></td><td></td></tr>
<tr><td rowspan="3">공사
완료</td><td>최종 마감상태 육안 확인</td><td></td><td></td><td></td><td></td></tr>
<tr><td>검사필증 확인</td><td></td><td></td><td></td><td></td></tr>
<tr><td>시운전 확인</td><td></td><td></td><td></td><td></td></tr>
</table>

<table>
<tr><td rowspan="2">시공자점검일</td><td rowspan="2">년 월 일</td><td>총괄 시공 책임자</td><td>(인)</td></tr>
<tr><td>공종별 시공 관리자</td><td>(인)</td></tr>
<tr><td rowspan="2">감리자점검일</td><td rowspan="2">년 월 일</td><td>총괄 감리 책임자</td><td>(인)</td></tr>
<tr><td>건축사보
(공종별 감리 책임자)</td><td>(인)</td></tr>
<tr><td>첨부자료</td><td colspan="3"></td></tr>
</table>

<table>
<tr><th colspan="3">공종별 감리 체크리스트</th><th>문서번호</th><th colspan="3"></th></tr>
<tr><td colspan="2">공 종</td><td>방음방진 및 내진 설비공사</td><td>세부공종</td><td colspan="3">-</td></tr>
<tr><td colspan="2">부 위</td><td>층</td><td>위치</td><td colspan="3"></td></tr>
<tr><td colspan="2" rowspan="2">구분</td><td rowspan="2">검 사 항 목</td><td rowspan="2">기준, 참고사항</td><td colspan="2">검사결과</td><td rowspan="2">조치사항</td></tr>
<tr><td>적합</td><td>부적합</td></tr>
<tr><td rowspan="9">기본 업무</td><td rowspan="2">도서</td><td>선정된 기자재 관련 설치계획 및 시공도 확인 · 검토</td><td></td><td></td><td></td><td></td></tr>
<tr><td>설계도, 특기시방서 확인 · 검토</td><td></td><td></td><td></td><td></td></tr>
<tr><td>기기 및 자재</td><td>KS 등의 기기 및 자재성능 관련 서류 확인 · 검토(덕트소음기 효율계산서 또는 시험성적서, 방진제품 시험성적서 등)</td><td></td><td></td><td></td><td></td></tr>
<tr><td rowspan="4">시공</td><td>타 분야 공종과의 연관부분(간섭 및 구조, 치수, 마감 등) 확인 · 검토</td><td></td><td></td><td></td><td></td></tr>
<tr><td>방진스프링의 앵커볼트 매설 깊이 확인</td><td></td><td></td><td></td><td></td></tr>
<tr><td>지진완충기의 설치여부 확인(해당 기기에 한함)</td><td></td><td></td><td></td><td></td></tr>
<tr><td>방음설비 흡음재 규격 확인</td><td></td><td></td><td></td><td></td></tr>
<tr><td rowspan="2">공사 완료</td><td>최종 마감상태 육안확인</td><td></td><td></td><td></td><td></td></tr>
<tr><td>시운전 확인</td><td></td><td></td><td></td><td></td></tr>
<tr><td colspan="2" rowspan="2">시공자점검일</td><td rowspan="2">년 월 일</td><td>총괄 시공 책임자</td><td colspan="3">(인)</td></tr>
<tr><td>공종별 시공 관리자</td><td colspan="3">(인)</td></tr>
<tr><td colspan="2" rowspan="2">감리자점검일</td><td rowspan="2">년 월 일</td><td>총괄 감리 책임자</td><td colspan="3">(인)</td></tr>
<tr><td>건축사보
(공종별 감리 책임자)</td><td colspan="3">(인)</td></tr>
<tr><td colspan="2">첨부자료</td><td colspan="5"></td></tr>
</table>

●전기설비 공사감리 체크리스트

공종별 감리 체크리스트			문서번호			
공 종		옥외공사	세부공종	-		
부 위		층	위치			
구분		검 사 항 목	기준, 참고사항	검사결과		조치사항
				적합	부적합	
기본 업무	도서	선정된 기자재 관련 설치계획 및 시공도 확인·검토				
		설계도, 특기시방서 확인·검토				
	기기 및 자재	KS 등의 기기 및 자재성능 관련 서류 확인·검토				
		고효율 에너지 기자재 적용여부 확인·검토				
	시공	타 분야 공종과의 연관부분 확인·검토				
		기기, 재료, 시험결과 관련 자료 확인·검토				
		지중전선로의 매설깊이, 매설표지 설치 확인				
		고압 또는 특별고압용 지중배관 상부 위험표시용 비닐시트 설치 확인				
		맨홀과 하수관 연결부위 역수여부 확인				
	공사 완료	케이블배선용 배관의 배수를 위한 구배 및 방향확인				
		최종 설치마감상태 육안확인				
시공자점검일		지중전선로 매설위치의 준공도면 표시 확인	총괄 시공 책임자	(인)		
			공종별 시공 관리자	(인)		
감리자점검일		년 월 일	총괄 감리 책임자	(인)		
			건축사보 (공종별 감리 책임자)	(인)		
첨부자료						

<table>
<tr><td colspan="3">공종별 감리 체크리스트</td><td>문서번호</td><td colspan="3"></td></tr>
<tr><td colspan="2">공 종</td><td>수변전(인입공사) 설비공사</td><td>세부공종</td><td colspan="3">-</td></tr>
<tr><td colspan="2">부 위</td><td>층</td><td>위치</td><td colspan="3"></td></tr>
<tr><td colspan="2" rowspan="2">구분</td><td rowspan="2">검 사 항 목</td><td rowspan="2">기준, 참고사항</td><td colspan="2">검사결과</td><td rowspan="2">조치사항</td></tr>
<tr><td>적합</td><td>부적합</td></tr>
<tr><td rowspan="21">기본 업무</td><td rowspan="2">도서</td><td>선정된 기자재 관련 설치계획 및 시공도 확인 · 검토</td><td></td><td></td><td></td><td></td></tr>
<tr><td>설계도, 특기시방서 확인 · 검토</td><td></td><td></td><td></td><td></td></tr>
<tr><td rowspan="3">기기 및 자재</td><td>KS 등의 기기 및 자재성능 관련 서류 확인 · 검토</td><td></td><td></td><td></td><td></td></tr>
<tr><td>고효율 에너지 기자재 적용여부 확인•검토</td><td></td><td></td><td></td><td></td></tr>
<tr><td>가스절연개폐장치 또는 가스절연배전반의 신축이음 조치 확인</td><td></td><td></td><td></td><td></td></tr>
<tr><td rowspan="8">시공</td><td>타 분야 공종과의 연관부분 확인 · 검토</td><td></td><td></td><td></td><td></td></tr>
<tr><td>기기, 재료, 시험결과 관련 자료 확인</td><td></td><td></td><td></td><td></td></tr>
<tr><td>전기실 내 설치가 제한된 수도관, 증기관, 덕트(전기실 환기용 제외)의 통과여부 확인</td><td></td><td></td><td></td><td></td></tr>
<tr><td>전기실 내 침수방지 조치여부 확인</td><td></td><td></td><td></td><td></td></tr>
<tr><td>기기의 반출입을 고려한 배선용 트렌치 덮개 설치여부 확인</td><td></td><td></td><td></td><td></td></tr>
<tr><td>콘크리트 타설 전 기초의 위치, 배근, 전기실 내 매입 배관 등 확인</td><td></td><td></td><td></td><td></td></tr>
<tr><td>기초볼트 위치 및 설치형태, 배전반 설치, 방화구획 관통부의 내화처리, 외벽관통부의 방수처리, 전선과 기기의 접속부, 접지극 매설 전 매설상태 등 확인</td><td></td><td></td><td></td><td></td></tr>
<tr><td>앵커볼트, 스토퍼, 지지대 등 내진시설의 종류, 설치위치, 설치간격 및 수량 등의 상세도면과의 일치여부 확인</td><td></td><td></td><td></td><td></td></tr>
<tr><td rowspan="8">공사 완료</td><td>최종 설치마감상태 육안확인</td><td></td><td></td><td></td><td></td></tr>
<tr><td>기기의 설치 위치 확인</td><td></td><td></td><td></td><td></td></tr>
<tr><td>법적 규정의 이격거리, 각 기구의 접지 확인</td><td></td><td></td><td></td><td></td></tr>
<tr><td>옥외시설의 배수설비 설치 확인</td><td></td><td></td><td></td><td></td></tr>
<tr><td>옥외 변전시설 출입구에 안전표시판 설치 확인</td><td></td><td></td><td></td><td></td></tr>
<tr><td>비상시 전기실 조명의 정상가동 여부 확인 · 검토</td><td></td><td></td><td></td><td></td></tr>
<tr><td>변압기 설치 완료 후 저압회로의 누설전류 측정여부 확인</td><td></td><td></td><td></td><td></td></tr>
<tr><td>특고압 주 회로와 대지 간, 고압충전부 상호간 및 대지 간 내전압 시험 실시여부 확인</td><td></td><td></td><td></td><td></td></tr>
<tr><td colspan="2" rowspan="2">시공자점검일</td><td rowspan="2">년 월 일</td><td>총괄 시공 책임자</td><td colspan="3">(인)</td></tr>
<tr><td>공종별 시공 관리자</td><td colspan="3">(인)</td></tr>
<tr><td colspan="2" rowspan="2">감리자점검일</td><td rowspan="2">년 월 일</td><td>총괄 감리 책임자</td><td colspan="3">(인)</td></tr>
<tr><td>건축사보
(공종별 감리 책임자)</td><td colspan="3">(인)</td></tr>
<tr><td colspan="2">첨부자료</td><td colspan="5"></td></tr>
</table>

<table>
<tr><td colspan="3">공종별 감리 체크리스트</td><td>문서번호</td><td colspan="3"></td></tr>
<tr><td colspan="2">공 종</td><td>예비전원 설비공사</td><td>세부공종</td><td colspan="3">-</td></tr>
<tr><td colspan="2">부 위</td><td>층</td><td>위치</td><td colspan="3"></td></tr>
<tr><td colspan="2" rowspan="2">구분</td><td rowspan="2">검 사 항 목</td><td rowspan="2">기준, 참고사항</td><td colspan="2">검사결과</td><td rowspan="2">조치사항</td></tr>
<tr><td>적합</td><td>부적합</td></tr>
<tr><td rowspan="16">기본
업무</td><td rowspan="2">도서</td><td>선정된 기자재 관련 설치계획 및 시공도 확인・검토</td><td></td><td></td><td></td><td></td></tr>
<tr><td>설계도, 특기시방서 확인・검토</td><td></td><td></td><td></td><td></td></tr>
<tr><td rowspan="3">기기
및
자재</td><td>KS 등의 기기 및 자재성능 관련 서류 확인・검토</td><td></td><td></td><td></td><td></td></tr>
<tr><td>고효율 에너지 기자재 적용여부 확인・검토</td><td></td><td></td><td></td><td></td></tr>
<tr><td>시공자의 발전기, 원동기, 배전반 등 성능시험 확인</td><td></td><td></td><td></td><td></td></tr>
<tr><td rowspan="5">시공</td><td>타 분야 공종과의 연관부분 확인・검토</td><td></td><td></td><td></td><td></td></tr>
<tr><td>기기, 재료, 시험결과 관련 자료 확인</td><td></td><td></td><td></td><td></td></tr>
<tr><td>실내연료탱크 통기관의 높이, 건물 개구부와의 이격상태 확인</td><td></td><td></td><td></td><td></td></tr>
<tr><td>콘크리트 타설 전 기초의 위치, 배근상태, 매입배관 부설 등의 확인</td><td></td><td></td><td></td><td></td></tr>
<tr><td>기초볼트 위치 및 설치형태, 지중매설관 부설, 방화구획 관통부의 내화처리, 외벽관통부의 방수처리, 기기류 및 전선의 부설, 전선과 기기의 접속부, 접지극 매설, 전선 단말처리, 도장 등 확인</td><td></td><td></td><td></td><td></td></tr>
<tr><td rowspan="5">공사
완료</td><td>최종 설치마감상태 육안확인</td><td></td><td></td><td></td><td></td></tr>
<tr><td>기기의 설치 위치 확인</td><td></td><td></td><td></td><td></td></tr>
<tr><td>법적 규정의 이격거리, 각 기구의 접지 확인</td><td></td><td></td><td></td><td></td></tr>
<tr><td>기동정지시험, 충기 및 충전시험, 부하시험 및 연료소비율 시험, 진동시험, 안전장치시험 및 계전기시험, 접비저항시험, 배기배압측정시험, 압력시험, 매연시험, 소음측정 등 시험성적서 확인</td><td></td><td></td><td></td><td></td></tr>
<tr><td>태양광발전설비의 구조시험, 성능시험(절연저항, 계전기 특성, 내전압시험, 태양전지 어레이 출력, 시스템의 출력・기능, 시스템 운전특성, 접지시험 등), 기능시험 관련 시험성적서 확인</td><td></td><td></td><td></td><td></td></tr>
</table>

<table>
<tr><td rowspan="2">시공자점검일</td><td rowspan="2">년 월 일</td><td>총괄 시공 책임자</td><td>(인)</td></tr>
<tr><td>공종별 시공 관리자</td><td>(인)</td></tr>
<tr><td rowspan="2">감리자점검일</td><td rowspan="2">년 월 일</td><td>총괄 감리 책임자</td><td>(인)</td></tr>
<tr><td>건축사보
(공종별 감리 책임자)</td><td>(인)</td></tr>
<tr><td>첨부자료</td><td colspan="3"></td></tr>
</table>

공종별 감리 체크리스트		문서번호	
공 종	옥내배선공사	세부공종	-
부 위	층	위치	

구분		검 사 항 목	기준, 참고사항	검사결과		조치사항
				적합	부적합	
기본 업무	도서	선정된 기자재 관련 설치계획 및 시공도 확인 · 검토				
		설계도, 특기시방서 확인 · 검토				
	기기 및 자재	KS 등의 기기 및 자재성능 관련 서류 확인 · 검토				
		고효율 에너지 기자재 적용여부 확인 · 검토				
	시공	타 분야 공종과의 연관부분 확인 · 검토(각종 박스와의 간섭으로 철근 배근의 위치변경, 굴절발생 시 철근보강검토 등)				
		배선설비 기기, 재료 시험성적서 항목 중 기기, 재료와 동일 여부 확인				
		배관공사, 풀박스류의 설치, 분전반설치 관련사항 확인				
		노출배관, 은폐배관 확인				
		전선의 상별 동일 색상 사용 확인				
		슬래브 및 콘크리트 벽체 내 설치된 전선관 등의 두께 및 설치간격, 위치, 고정상태 등 확인				
		아웃렛박스, 점멸기, 콘센트 등의 매설깊이 확인(건축 마감면과의 관계검토)				
		방화구획을 관통하는 덕트 내부의 방화구획 확인				
		동일 덕트 내 서로 다른 전압배선 설치 시 격벽설치 확인				
		배선기구의 설치 높이 확인				
	공사 완료	최종 설치마감상태 육안확인				
		기기의 설치 위치 확인				
		전기 충전 전 및 준공검사 시 회로의 절연저항 시험 확인				
		전기안전검사필증 확인 · 검토				

시공자점검일	년 월 일	총괄 시공 책임자	(인)
		공종별 시공 관리자	(인)
감리자점검일	년 월 일	총괄 감리 책임자	(인)
		건축사보 (공종별 감리 책임자)	(인)
첨부자료			

<table>
<tr><td colspan="3">공종별 감리 체크리스트</td><td>문서번호</td><td colspan="3"></td></tr>
<tr><td colspan="2">공 종</td><td>조명설비공사</td><td>세부공종</td><td colspan="3">-</td></tr>
<tr><td colspan="2">부 위</td><td>층</td><td>위치</td><td colspan="3"></td></tr>
<tr><td colspan="2" rowspan="2">구분</td><td rowspan="2">검 사 항 목</td><td rowspan="2">기준, 참고사항</td><td colspan="2">검사결과</td><td rowspan="2">조치사항</td></tr>
<tr><td>적합</td><td>부적합</td></tr>
<tr><td rowspan="8">기본
업무</td><td rowspan="2">도서</td><td>선정된 기자재 관련 설치계획 및 시공도 확인・검토</td><td></td><td></td><td></td><td></td></tr>
<tr><td>설계도, 특기시방서 확인・검토</td><td></td><td></td><td></td><td></td></tr>
<tr><td rowspan="2">기기
및
자재</td><td>KS 등의 기기 및 자재성능 관련 서류 확인・검토</td><td></td><td></td><td></td><td></td></tr>
<tr><td>고효율 에너지 기자재 적용여부 확인・검토</td><td></td><td></td><td></td><td></td></tr>
<tr><td rowspan="2">시공</td><td>타 분야 공종과의 연관부분 확인・검토</td><td></td><td></td><td></td><td></td></tr>
<tr><td>조명기구의 구조재 부착 확인</td><td></td><td></td><td></td><td></td></tr>
<tr><td rowspan="2">공사
완료</td><td>최종 설치마감상태 육안확인</td><td></td><td></td><td></td><td></td></tr>
<tr><td>기기 및 기구설치 확인</td><td></td><td></td><td></td><td></td></tr>
</table>

<table>
<tr><td rowspan="2">시공자점검일</td><td rowspan="2">년 월 일</td><td>총괄 시공 책임자</td><td>(인)</td></tr>
<tr><td>공종별 시공 관리자</td><td>(인)</td></tr>
<tr><td rowspan="2">감리자점검일</td><td rowspan="2">년 월 일</td><td>총괄 감리 책임자</td><td>(인)</td></tr>
<tr><td>건축사보
(공종별 감리 책임자)</td><td>(인)</td></tr>
<tr><td>첨부자료</td><td colspan="3"></td></tr>
</table>

<table>
<tr><th colspan="3">공종별 감리 체크리스트</th><th>문서번호</th><th colspan="3"></th></tr>
<tr><th colspan="2">공 종</th><td>동력설비공사</td><th>세부공종</th><td colspan="3">-</td></tr>
<tr><th colspan="2">부 위</th><td>층</td><th>위치</th><td colspan="3"></td></tr>
<tr><th colspan="2" rowspan="2">구분</th><th rowspan="2">검 사 항 목</th><th rowspan="2">기준, 참고사항</th><th colspan="2">검사결과</th><th rowspan="2">조치사항</th></tr>
<tr><th>적합</th><th>부적합</th></tr>
<tr><td rowspan="10">기본
업무</td><td rowspan="2">도서</td><td>선정된 기자재 관련 설치계획 및 시공도확인 · 검토</td><td></td><td></td><td></td><td></td></tr>
<tr><td>설계도, 특기시방서 확인 · 검토</td><td></td><td></td><td></td><td></td></tr>
<tr><td rowspan="2">기기
및
자재</td><td>KS 등의 기기 및 자재성능 관련 서류 확인 · 검토</td><td></td><td></td><td></td><td></td></tr>
<tr><td>고효율 에너지 기자재 적용여부 확인 · 검토</td><td></td><td></td><td></td><td></td></tr>
<tr><td rowspan="3">시공</td><td>타 분야 공종과의 연관부분 확인 · 검토</td><td></td><td></td><td></td><td></td></tr>
<tr><td>기능시험 및 시험결과 확인</td><td></td><td></td><td></td><td></td></tr>
<tr><td>배관배선, 동력제어반의 설치 확인</td><td></td><td></td><td></td><td></td></tr>
<tr><td rowspan="3">공사
완료</td><td>최종 설치마감상태 육안확인</td><td></td><td></td><td></td><td></td></tr>
<tr><td>기기 및 기구설치 확인</td><td></td><td></td><td></td><td></td></tr>
<tr><td>제작자의 성능시험(동작시험) 성적서에 의한 시운전 확인</td><td></td><td></td><td></td><td></td></tr>
</table>

<table>
<tr><td rowspan="2">시공자점검일</td><td rowspan="2">년 월 일</td><td>총괄 시공 책임자</td><td>(인)</td></tr>
<tr><td>공종별 시공 관리자</td><td>(인)</td></tr>
<tr><td rowspan="2">감리자점검일</td><td rowspan="2">년 월 일</td><td>총괄 감리 책임자</td><td>(인)</td></tr>
<tr><td>건축사보
(공종별 감리 책임자)</td><td>(인)</td></tr>
<tr><td>첨부자료</td><td colspan="3"></td></tr>
</table>

<table>
<tr><td colspan="3">공종별 감리 체크리스트</td><td>문서번호</td><td colspan="3"></td></tr>
<tr><td colspan="2">공 종</td><td>감시제어설비공사</td><td>세부공종</td><td colspan="3">-</td></tr>
<tr><td colspan="2">부 위</td><td>층</td><td>위치</td><td colspan="3"></td></tr>
<tr><td colspan="2" rowspan="2">구분</td><td rowspan="2">검 사 항 목</td><td rowspan="2">기준, 참고사항</td><td colspan="2">검사결과</td><td rowspan="2">조치사항</td></tr>
<tr><td>적합</td><td>부적합</td></tr>
<tr><td rowspan="10">기본
업무</td><td rowspan="2">도서</td><td>선정된 기자재 관련 설치계획 및 시공도확인·검토</td><td></td><td></td><td></td><td></td></tr>
<tr><td>설계도, 특기시방서 확인·검토</td><td></td><td></td><td></td><td></td></tr>
<tr><td rowspan="2">기기
및
자재</td><td>KS 등의 기기 및 자재성능 관련 서류 확인·검토</td><td></td><td></td><td></td><td></td></tr>
<tr><td>고효율 에너지 기자재 적용여부 확인·검토</td><td></td><td></td><td></td><td></td></tr>
<tr><td rowspan="4">시공</td><td>타 분야 공종과의 연관부분 확인·검토</td><td></td><td></td><td></td><td></td></tr>
<tr><td>P&ID(운전제어 조작흐름도) 및 입출력 관제 점목록 확인</td><td></td><td></td><td></td><td></td></tr>
<tr><td>벽걸이형 그래픽 패널의 중량과 설치 대상 벽의 구조 확인</td><td></td><td></td><td></td><td></td></tr>
<tr><td>배선의 절연저항 측정 기록 등 시험검사 성적서 확인</td><td></td><td></td><td></td><td></td></tr>
<tr><td rowspan="2">공사
완료</td><td>최종 설치마감상태 육안확인</td><td></td><td></td><td></td><td></td></tr>
<tr><td>기기 및 기구설치 확인</td><td></td><td></td><td></td><td></td></tr>
</table>

<table>
<tr><td rowspan="2">시공자점검일</td><td rowspan="2">년 월 일</td><td>총괄 시공 책임자</td><td>(인)</td></tr>
<tr><td>공종별 시공 관리자</td><td>(인)</td></tr>
<tr><td rowspan="2">감리자점검일</td><td rowspan="2">년 월 일</td><td>총괄 감리 책임자</td><td>(인)</td></tr>
<tr><td>건축사보
(공종별 감리 책임자)</td><td>(인)</td></tr>
<tr><td>첨부자료</td><td colspan="3"></td></tr>
</table>

<table>
<tr><td colspan="3">공종별 감리 체크리스트</td><td>문서번호</td><td colspan="3"></td></tr>
<tr><td colspan="2">공 종</td><td>피뢰 및 접지 설비공사</td><td>세부공종</td><td colspan="3">-</td></tr>
<tr><td colspan="2">부 위</td><td>층</td><td>위치</td><td colspan="3"></td></tr>
<tr><td colspan="2" rowspan="2">구분</td><td rowspan="2">검 사 항 목</td><td rowspan="2">기준, 참고사항</td><td colspan="2">검사결과</td><td rowspan="2">조치사항</td></tr>
<tr><td>적합</td><td>부적합</td></tr>
<tr><td rowspan="12">기본
업무</td><td rowspan="2">도서</td><td>선정된 기자재 관련 설치계획 및 시공도 확인 · 검토</td><td></td><td></td><td></td><td></td></tr>
<tr><td>설계도, 특기시방서 확인 · 검토</td><td></td><td></td><td></td><td></td></tr>
<tr><td>기기
및
자재</td><td>KS 등의 기기 및 자재성능 관련 서류 확인 · 검토</td><td></td><td></td><td></td><td></td></tr>
<tr><td rowspan="5">시공</td><td>타 분야 공종과의 연관부분 확인 · 검토</td><td></td><td></td><td></td><td></td></tr>
<tr><td>돌침의 건축물 상부 기준 돌출거리 확인</td><td></td><td></td><td></td><td></td></tr>
<tr><td>접지극의 지상매설위치 및 깊이 확인</td><td></td><td></td><td></td><td></td></tr>
<tr><td>접지선이 표식 확인</td><td></td><td></td><td></td><td></td></tr>
<tr><td>접지 저항 값이 확보될 수 있는 접지봉 설치위치 및 시공방법 확인 · 검토</td><td></td><td></td><td></td><td></td></tr>
<tr><td rowspan="4">공사
완료</td><td>최종 설치마감상태 육안확인</td><td></td><td></td><td></td><td></td></tr>
<tr><td>기기 및 기구설치 확인</td><td></td><td></td><td></td><td></td></tr>
<tr><td>피뢰침의 총 접지저항, 지상 각 접속부, 단선 및 용융 등 손상부위 확인</td><td></td><td></td><td></td><td></td></tr>
<tr><td>접지 저항 값 측정 확인 및 접지극, 접지모선, 접지봉 매설위치 준공도면 표기 확인</td><td></td><td></td><td></td><td></td></tr>
</table>

<table>
<tr><td rowspan="2">시공자점검일</td><td rowspan="2">년 월 일</td><td>총괄 시공 책임자</td><td>(인)</td></tr>
<tr><td>공종별 시공 관리자</td><td>(인)</td></tr>
<tr><td rowspan="2">감리자점검일</td><td rowspan="2">년 월 일</td><td>총괄 감리 책임자</td><td>(인)</td></tr>
<tr><td>건축사보
(공종별 감리 책임자)</td><td>(인)</td></tr>
<tr><td>첨부자료</td><td colspan="3"></td></tr>
</table>

●통신 및 약전설비 공사감리 체크리스트

<table>
<tr><td colspan="3">공종별 감리 체크리스트</td><td>문서번호</td><td colspan="3"></td></tr>
<tr><td colspan="2">공 종</td><td>통신설비공사</td><td>세부공종</td><td colspan="3">-</td></tr>
<tr><td colspan="2">부 위</td><td>층</td><td>위치</td><td colspan="3"></td></tr>
<tr><td colspan="2" rowspan="2">구분</td><td rowspan="2">검 사 항 목</td><td rowspan="2">기준, 참고사항</td><td colspan="2">검사결과</td><td rowspan="2">조치사항</td></tr>
<tr><td>적합</td><td>부적합</td></tr>
<tr><td rowspan="19">기본 업무</td><td rowspan="2">도서</td><td>선정된 기자재 관련 설치계획 및 시공도 확인・검토</td><td></td><td></td><td></td><td></td></tr>
<tr><td>설계도, 특기시방서 확인・검토</td><td></td><td></td><td></td><td></td></tr>
<tr><td rowspan="2">기기 및 자재</td><td>KS 등의 기기 및 자재성능 관련 서류 확인・검토</td><td></td><td></td><td></td><td></td></tr>
<tr><td>고효율 에너지 기자재 적용여부 확인・검토</td><td></td><td></td><td></td><td></td></tr>
<tr><td rowspan="3">시공</td><td>타 분야 공종과의 연관부분 확인・검토</td><td></td><td></td><td></td><td></td></tr>
<tr><td>전화단자함의 설치높이 확인</td><td></td><td></td><td></td><td></td></tr>
<tr><td>데이터선과 전원선의 별도 배관 및 박스 내 입선 확인</td><td></td><td></td><td></td><td></td></tr>
<tr><td rowspan="10">공사 완료</td><td>통신관련 검사필증 확인</td><td></td><td></td><td></td><td></td></tr>
<tr><td>최종 설치마감상태 육안확인</td><td></td><td></td><td></td><td></td></tr>
<tr><td>기기 및 기구설치 확인</td><td></td><td></td><td></td><td></td></tr>
<tr><td>건물 내 방송 수신상태 확인</td><td></td><td></td><td></td><td></td></tr>
<tr><td>스피커의 동작상태 확인</td><td></td><td></td><td></td><td></td></tr>
<tr><td>TV수상기의 화질 확인</td><td></td><td></td><td></td><td></td></tr>
<tr><td>CCTV 카메라의 각도 범위 확인</td><td></td><td></td><td></td><td></td></tr>
<tr><td>디지털영상녹화감시기 녹화장면의 확인</td><td></td><td></td><td></td><td></td></tr>
<tr><td>주동출입시스템의 소방시스템과의 연동 확인</td><td></td><td></td><td></td><td></td></tr>
<tr><td>홈네트워크 서버에서 각 세대기의 동작상태, 원격제어 상태 및 외부의 원격지에서의 제어상태 확인</td><td></td><td></td><td></td><td></td></tr>
<tr><td colspan="2" rowspan="2">시공자점검일</td><td rowspan="2">년 월 일</td><td>총괄 시공 책임자</td><td colspan="3">(인)</td></tr>
<tr><td>공종별 시공 관리자</td><td colspan="3">(인)</td></tr>
<tr><td colspan="2" rowspan="2">감리자점검일</td><td rowspan="2">년 월 일</td><td>총괄 감리 책임자</td><td colspan="3">(인)</td></tr>
<tr><td>건축사보
(공종별 감리 책임자)</td><td colspan="3">(인)</td></tr>
<tr><td colspan="2">첨부자료</td><td colspan="5"></td></tr>
</table>

●통신 및 약전설비 공사감리 체크리스트

<table>
<tr><td colspan="3">공종별 감리 체크리스트</td><td>문서번호</td><td colspan="3"></td></tr>
<tr><td colspan="2">공 종</td><td>약전설비공사</td><td>세부공종</td><td colspan="3">-</td></tr>
<tr><td colspan="2">부 위</td><td>층</td><td>위치</td><td colspan="3"></td></tr>
<tr><td colspan="2" rowspan="2">구분</td><td rowspan="2">검 사 항 목</td><td rowspan="2">기준, 참고사항</td><td colspan="2">검사결과</td><td rowspan="2">조치사항</td></tr>
<tr><td>적합</td><td>부적합</td></tr>
<tr><td rowspan="13">기본
업무</td><td rowspan="2">도서</td><td>선정된 기자재 관련 설치계획 및 시공도 확인 · 검토</td><td></td><td></td><td></td><td></td></tr>
<tr><td>설계도, 특기시방서 확인 · 검토</td><td></td><td></td><td></td><td></td></tr>
<tr><td rowspan="2">기기
및
자재</td><td>KS 등의 기기 및 자재성능 관련 서류 확인 · 검토</td><td></td><td></td><td></td><td></td></tr>
<tr><td>고효율 에너지 기자재 적용여부 확인 · 검토</td><td></td><td></td><td></td><td></td></tr>
<tr><td rowspan="5">시공</td><td>타 분야 공종과의 연관부분 확인 · 검토</td><td></td><td></td><td></td><td></td></tr>
<tr><td>절연 저항 검사 후 전선의 결선 여부 확인</td><td></td><td></td><td></td><td></td></tr>
<tr><td>회선 상호 간의 절연저항 측정 기록 및 접지저항 측정 기록 등 시험검사 성적서 확인</td><td></td><td></td><td></td><td></td></tr>
<tr><td>모든 장치 전원의 분전반 내 차단기 경유 분기 여부 확인</td><td></td><td></td><td></td><td></td></tr>
<tr><td>가스감지기의 설치위치 확인</td><td></td><td></td><td></td><td></td></tr>
<tr><td rowspan="2">공사
완료</td><td>최종 설치마감상태 육안확인</td><td></td><td></td><td></td><td></td></tr>
<tr><td>기기 및 기구설치 확인</td><td></td><td></td><td></td><td></td></tr>
</table>

<table>
<tr><td rowspan="2">시공자점검일</td><td rowspan="2">년 월 일</td><td>총괄 시공 책임자</td><td>(인)</td></tr>
<tr><td>공종별 시공 관리자</td><td>(인)</td></tr>
<tr><td rowspan="2">감리자점검일</td><td rowspan="2">년 월 일</td><td>총괄 감리 책임자</td><td>(인)</td></tr>
<tr><td>건축사보
(공종별 감리 책임자)</td><td>(인)</td></tr>
<tr><td>첨부자료</td><td colspan="3"></td></tr>
</table>

●소화 소방 설비 공사감리 체크리스트

공종별 감리 체크리스트		문서번호	
공 종	기계소방설비공사	세부공종	-
부 위	층	위치	

구분		검 사 항 목	기준, 참고사항	검사결과 적합	검사결과 부적합	조치사항
기본 업무	도서	선정된 기자재 관련 설치계획 및 시공도 확인 · 검토				
		설계도, 특기시방서 확인 · 검토				
		옥내소화전설비, 스프링클러설비, 물분무 등 소화설비 등의 내진설계 여부 확인				
	기기 및 자재	KS 등의 기기 및 자재성능 관련 서류 확인 · 검토				
		고효율 에너지 기자재 적용여부 확인 · 검토				
	시공	타 분야 공종과의 연관부분 확인 · 검토				
		지하매설부에서 지상에 노출되는 부분과 기초가 다른 기기류와의 접속부 배관의 신축이음 확인				
		소화기구의 설치위치 및 높이 확인				
		송수구, 상수도소화전 등의 위치 및 높이, 구경 확인				
		스프링클러 가지배관에 설치되는 헤드 수 확인				
		배관 행거 설치 간격 확인				
		제연구역 출입문 설치 시 크기 및 개폐방향 확인				
	공사 완료	최종 설치마감상태 육안확인				
		기기 및 기구설치 확인				
		소방관련 검사필증 확인				
		가압송수장치 전동기의 상용전원 차단 시 가동여부 확인				
		배관의 동결방지 조치와 소방용 표시 확인				
		소화전 설비의 위치 표시등 설치 확인				
		할로겐화합물 소화설비, 청정소화약제 소화설비, 분말소화설비 등이 설치된 구역 출입구의 약제방출 여부 표시등 설치 확인				
		설치된 분말소화약제의 종류 확인				
		피난기구의 위치표시 여부 확인				
		제연 풍도의 단열 확인				
		제연 설비의 취입구와 배기구의 이격거리 확인				
		제연구역 출입문 폐쇄상태에서의 출입문의 개방력과 개방 후 자동폐쇄 여부 및 유지 확인				
		위험물 옥외저장탱크저장소의 표시 및 게시판 설치 확인				
		각종 시운전 확인				

시공자점검일	년 월 일	총괄 시공 책임자	(인)
		공종별 시공 관리자	(인)
감리자점검일	년 월 일	총괄 감리 책임자	(인)
		건축사보 (공종별 감리 책임자)	(인)
첨부자료			

<table>
<tr><td colspan="2">공종별 감리 체크리스트</td><td>문서번호</td><td colspan="3"></td></tr>
<tr><td colspan="2">공 종</td><td>전기소방설비공사</td><td>세부공종</td><td colspan="3">-</td></tr>
<tr><td colspan="2">부 위</td><td>층</td><td>위치</td><td colspan="3"></td></tr>
<tr><td colspan="2" rowspan="2">구분</td><td rowspan="2">검 사 항 목</td><td rowspan="2">기준, 참고사항</td><td colspan="2">검사결과</td><td rowspan="2">조치사항</td></tr>
<tr><td>적합</td><td>부적합</td></tr>
<tr><td rowspan="11">기본
업무</td><td rowspan="2">도서</td><td>선정된 기자재 관련 설치계획 및 시공도 확인 · 검토</td><td></td><td></td><td></td><td></td></tr>
<tr><td>설계도, 특기시방서 확인 · 검토</td><td></td><td></td><td></td><td></td></tr>
<tr><td rowspan="2">기기
및
자재</td><td>KS 등의 기기 및 자재성능 관련 서류 확인 · 검토</td><td></td><td></td><td></td><td></td></tr>
<tr><td>고효율 에너지 기자재 적용여부 확인 · 검토</td><td></td><td></td><td></td><td></td></tr>
<tr><td rowspan="3">시공</td><td>타 분야 공종과의 연관부분 확인 · 검토</td><td></td><td></td><td></td><td></td></tr>
<tr><td>감시제어반 설치장소(방재센터)의 위치 확인</td><td></td><td></td><td></td><td></td></tr>
<tr><td>자동화재탐지설비 중 수신기, 중계기, 감지기, 발신기 등의 설치위치 및 높이 확인</td><td></td><td></td><td></td><td></td></tr>
<tr><td rowspan="4">공사
완료</td><td>최종 설치마감상태 육안확인</td><td></td><td></td><td></td><td></td></tr>
<tr><td>기기 및 기구설치 확인</td><td></td><td></td><td></td><td></td></tr>
<tr><td>단독형 화재경보기의 최상층 계단실 천장 설치 확인</td><td></td><td></td><td></td><td></td></tr>
<tr><td>기기 및 기구의 현장시험 및 검사결과 확인 (절연저항, 절연내력, 공통선, 동작, 회로의 도통시험 등)</td><td></td><td></td><td></td><td></td></tr>
</table>

<table>
<tr><td rowspan="2">시공자점검일</td><td rowspan="2">년 월 일</td><td>총괄 시공 책임자</td><td>(인)</td></tr>
<tr><td>공종별 시공 관리자</td><td>(인)</td></tr>
<tr><td rowspan="2">감리자점검일</td><td rowspan="2">년 월 일</td><td>총괄 감리 책임자</td><td>(인)</td></tr>
<tr><td>건축사보
(공종별 감리 책임자)</td><td>(인)</td></tr>
<tr><td>첨부자료</td><td colspan="3"></td></tr>
</table>

※ 책임상주 공사감리 체크리스트

공종별 감리 체크리스트		문서번호	
공 종	가설공사	세부공종	-
부 위	층	위치	

구분		검 사 항 목	기준, 참고사항	검사결과		조치사항
				적합	부적합	
기본 업무	부지 상황 확인	대지경계 확인				
		건축물, 공작물, 지하매설물(가스관, 전선, 케이블, 급수관 등) 확인				
		배수로 및 배수관 확인				
		부지주변상황과 설계도서 비교 확인 · 검토				
		대지의 고저차 설계도서 확인•검토				
	줄쳐 보기	발주자(건축주), 감리자, 도급자의 3자 입회하에 평면적, 입체적(대지경계, 건물상호 간격, 경계선, 도로부터의 거리)으로 확인 · 검토하고 결과기록 확인				
		법규상제약(사선제한, 연소의 우려가 있는 부분, 인동간격, 피난거리 등) 확인 · 검토				
	벤치 마크 (BM)	기준점의 확인 · 검토				
		BM위치에 대한 확인				
	규준틀	설치위치 및 깊이 확인 · 검토: 관입깊이 30㎝이상 여부				
		먹매김 확인				
	지내력	설계지내력의 육안 또는 서류 확인 · 검토				
		과거의 자료(인근 우물의 샘플 등)에 의거한 지지층의 두께 확인 · 검토				
	가설 울타리	가설울타리의 기둥간격 확인 · 검토				
		출입문의 위치 확인 · 검토				
		재료하치장, 가설작업장, 기타 가설건축물에 대한 확인 · 검토				
		비계 계획도의 확인 · 검토				
	가설 점검	공사현장에서의 확인필 표시의 확인				
		비계 적합성 여부의 확인 · 검토				
		가설물에 대한 매월점검 · 매주점검·매일점검 실시 확인				
		비계의 허용적재하중의 표시 확인				
		쓰레기장 · 재료하치장의 정리, 정돈, 청소여부의 확인				
		가설구조물의 구조적 안전성 확인 · 검토 (해당건축물에 한함)				

시공자점검일	년 월 일	총괄 시공 책임자	(인)
		공종별 시공 관리자	(인)
감리자점검일	년 월 일	총괄 감리 책임자	(인)
		건축사보 (공종별 감리 책임자)	(인)
첨부자료			

공종별 감리 체크리스트			문서번호			
공 종		토공사	세부공종	-		
부 위		층	위치			
구분		검 사 항 목	기준, 참고사항	검사결과		조치사항
				적합	부적합	
기본 업무	터파기	기초깊이가 동결선 이하인지 확인				
		터파기 깊이 확인·검토				
		바닥면의 토질상태 확인·검토				
	터파기 계획	터파기 관련 도서 확인·검토				
		경사면의 상황, 구배, 치수의 적합성 확인·검토				
		흙막이와 굴착방법의 관련 확인·검토				
		흙막이 계획도(흙막이계산서) 확인·검토				
		출수 예상 경우 터파기전 배수계획 확인·검토				
		바닥면이 연약지반인 경우에는 히빙대책 확인·검도				
		주위지반에 적합한 터파기 계획 확인·검토				
		잔토처리장소 확인·검토				
		굴착방법(근린에 대한 진동, 소음등) 확인·검토				
		도로 파손의 대책 확인·검토				
	흙막이	비상시의 연락계통 확인·검토				
		흙막이 붕괴가 발생시 대책 확인·검토				
		터파기에 앞서 흙막이공법, 시공계획서등(구조계산서, 흙막이 설계도서)의 확인·검토				
	터파기 바닥	벤치마크로서 바닥높이 확인				
		터파기 저면층 및 바닥면의 토질 확인				
		-직접기초의 경우 보링데이터 또는 시험굴착에 의한 샘플 확인·검토				
	잔토 처리	장외처리의 경우 반출토량 및 반출시기, 잔토처리장소 등 확인				
	되메우기·성토	되메우기하는 부분의 구조체에 대한 방수상태 확인				
		되메우기, 성토용 흙은 기와조각, 나무부스러기, 바위덩어리 등 이물질을 제거하였는지 확인				
	대지성리 바닥고름	건물주위 대지정리의 확인				

시공자점검일	년 월 일	총괄 시공 책임자	(인)
		공종별 시공 관리자	(인)
감리자점검일	년 월 일	총괄 감리 책임자	(인)
		건축사보 (공종별 감리 책임자)	(인)
첨부자료			

공종별 감리 체크리스트		문서번호	
공 종	지정 및 기초공사	세부공종	말뚝공사
부 위	층	위치	

구분		검 사 항 목	기준, 참고사항	검사결과		조치사항
				적합	부적합	
기본 업무	말뚝 박기 계획	말뚝박기 관련 도서 확인・검토				
		말뚝 사용시의 확인・검토사항				
		-말뚝선단저항력 확인・검토				
		-말뚝의 주위마찰저항력 확인・검토				
		배치도 확인・검토				
		-말뚝중심 확인・검토				
		-박기순서 확인・검토				
		-하루의 박기개수, 시공공정표 첨부 등 확인・검토				
		박기 요령(타격말뚝의 경우) 확인・검토				
		-지반 또는 터파기 바닥박기 여부 확인・검토				
		-침하량의 크기 확인・검토				
		공사개요(현장타설 콘크리트 말뚝의 경우) 확인・검토				
		-현장타설 공법의 종류 확인・검토				
		-말뚝지름, 말뚝길이 등 확인・검토				
		-콘크리트(콘크리트의 종류, 품질, 설계기준강도, 슬럼프 값) 확인・검토				
		-철근가공조립 확인・검토(배근, 철근굵기, 이음방법 피복두께, 형상 등)				
		-시공기록의 확인・검토				
	시험 말뚝	타격말뚝-소정의 침하량 확인				
	말뚝 박기	말뚝 시공완료상태 육안 확인				
		타격말뚝 공사의 확인				
		-제품검사 및 재령 확인				
		-이음처리 확인				
		-말뚝머리처리 확인				
		-최종침하량 확인				
		현장타설 콘크리트 말뚝공사의 확인				
		-세우기 확인				
		-슬라임(Slime)처리 확인				
		-최종타설 말뚝의 머리 확인				
		-수압 및 토압에 의해 콘크리트 굵기가 가늘어질 불안은 없는지의 확인				
		-인접말뚝으로 콘크리트 경화중에 피해를 받을 우려는 없는지 확인				

시공자점검일	년 월 일	총괄 시공 책임자	(인)
		공종별 시공 관리자	(인)
감리자점검일	년 월 일	총괄 감리 책임자	(인)
		건축사보 (공종별 감리 책임자)	(인)
첨부자료			

<table>
<tr><td colspan="3">공종별 감리 체크리스트</td><td>문서번호</td><td colspan="3"></td></tr>
<tr><td colspan="2">공 종</td><td>지정 및 기초공사</td><td>세부공종</td><td colspan="3">지정공사</td></tr>
<tr><td colspan="2">부 위</td><td>층</td><td>위치</td><td colspan="3"></td></tr>
<tr><td colspan="2" rowspan="2">구분</td><td rowspan="2">검 사 항 목</td><td rowspan="2">기준, 참고사항</td><td colspan="2">검사결과</td><td rowspan="2">조치사항</td></tr>
<tr><td>적합</td><td>부적합</td></tr>
<tr><td rowspan="3">기본
업무</td><td rowspan="2">자갈
쇄석
지정</td><td>바닥면의 레벨 확인</td><td></td><td></td><td></td><td></td></tr>
<tr><td>지정공사의 확인</td><td></td><td></td><td></td><td></td></tr>
<tr><td>밑창
콘크리트</td><td>밑창콘크리트의 배합, 두께 확인</td><td></td><td></td><td></td><td></td></tr>
</table>

<table>
<tr><td rowspan="2">시공자점검일</td><td rowspan="2">년 월 일</td><td>총괄 시공 책임자</td><td>(인)</td></tr>
<tr><td>공종별 시공 관리자</td><td>(인)</td></tr>
<tr><td rowspan="2">감리자점검일</td><td rowspan="2">년 월 일</td><td>총괄 감리 책임자</td><td>(인)</td></tr>
<tr><td>건축사보
(공종별 감리 책임자)</td><td>(인)</td></tr>
<tr><td>첨부자료</td><td colspan="3"></td></tr>
</table>

<table>
<tr><td colspan="3">공종별 감리 체크리스트</td><td>문서번호</td><td colspan="4"></td></tr>
<tr><td colspan="2">공 종</td><td>거푸집 공사</td><td>세부공종</td><td colspan="4">-</td></tr>
<tr><td colspan="2">부 위</td><td>층</td><td>위치</td><td colspan="4"></td></tr>
<tr><td colspan="2" rowspan="2">구분</td><td rowspan="2">검 사 항 목</td><td rowspan="2">기준, 참고사항</td><td colspan="2">검사결과</td><td rowspan="2">조치사항</td></tr>
<tr><td>적합</td><td>부적합</td></tr>
<tr><td rowspan="21">기본 업무</td><td rowspan="5">먹매김</td><td>각층 바닥 먹매김 확인</td><td></td><td></td><td></td><td></td></tr>
<tr><td>밑창콘크리트 각 포인트의 기본바탕 먹매김 확인</td><td></td><td></td><td></td><td></td></tr>
<tr><td>세우기시 철근기둥 네모서리의 평면 먹매김 여부 확인</td><td></td><td></td><td></td><td></td></tr>
<tr><td>아래층에서부터 내림추로 올라가는 먹매김 확인</td><td></td><td></td><td></td><td></td></tr>
<tr><td>각층 기준 먹매김에서부터 각 부재까지의 허용오차 확인</td><td></td><td></td><td></td><td></td></tr>
<tr><td rowspan="8">거푸집조립</td><td>거푸집의 수직조립에 대한 확인 · 검토 (층 높이, 개구부 등)</td><td></td><td></td><td></td><td></td></tr>
<tr><td>-거푸집 안치수 확인 · 검토</td><td></td><td></td><td></td><td></td></tr>
<tr><td>스페이서의 크기와 거푸집 및 철근과의 간격확인 · 검토</td><td></td><td></td><td></td><td></td></tr>
<tr><td>제물치장 마감의 경우, 치장용 세퍼레이트의 배치 위치 확인 · 검토</td><td></td><td></td><td></td><td></td></tr>
<tr><td>거푸집, 동바리, 시공도면 및 단면치수 허용오차 확인 · 검토</td><td></td><td></td><td></td><td></td></tr>
<tr><td>-각층의 기준 먹매김에서부터 각부재까지 거리의 허용오차 확인 · 검토</td><td></td><td></td><td></td><td></td></tr>
<tr><td>-바닥판, 보 밑의 레벨 확인 · 검토
(층높이, 판두께, 단차, 단면, 수평도, 중앙부풀음)</td><td></td><td></td><td></td><td></td></tr>
<tr><td></td><td></td><td></td><td></td><td></td></tr>
<tr><td rowspan="3">타설시 거푸집 동바리</td><td>동바리, 거푸집검사에 대한 확인</td><td></td><td></td><td></td><td></td></tr>
<tr><td>-거푸집의 흡수나 휨 상태 / 이음면 / 상단면</td><td></td><td></td><td></td><td></td></tr>
<tr><td>-이어치기 마감주위의 페이스트가 새는지의 확인</td><td></td><td></td><td></td><td></td></tr>
<tr><td rowspan="2">거푸집존치기간</td><td>지주의 거푸집 제거 시 콘크리트 강도확인</td><td></td><td></td><td></td><td></td></tr>
<tr><td>존치일수확인(이 경우도 강도시험은 반드시 확인)</td><td></td><td></td><td></td><td></td></tr>
<tr><td>거푸집 해체</td><td>거푸집 해체시기의 확인 / 해체후 콘크리트면 확인</td><td></td><td></td><td></td><td></td></tr>
<tr><td colspan="6"></td></tr>
<tr><td colspan="6"></td></tr>
<tr><td rowspan="6">기본 외 업무</td><td rowspan="6">거푸집 자재</td><td>합판, 박리제 검사 등의 확인</td><td></td><td></td><td></td><td></td></tr>
<tr><td>합판두께의 확인 (재사용 경우 상태 확인)</td><td></td><td></td><td></td><td></td></tr>
<tr><td>박리제의 종류 확인</td><td></td><td></td><td></td><td></td></tr>
<tr><td>제물치장용 합판검사-도료의 종류 및 바르기 확인</td><td></td><td></td><td></td><td></td></tr>
<tr><td>각 마감에 적합한 거푸집확인</td><td></td><td></td><td></td><td></td></tr>
<tr><td>합판두께 / 마감바탕 / 콘크리트 표면 확인</td><td></td><td></td><td></td><td></td></tr>
<tr><td colspan="2" rowspan="2">시공자점검일</td><td rowspan="2">년 월 일</td><td>총괄 시공 책임자</td><td colspan="3">(인)</td></tr>
<tr><td>공종별 시공 관리자</td><td colspan="3">(인)</td></tr>
<tr><td colspan="2" rowspan="2">감리자점검일</td><td rowspan="2">년 월 일</td><td>총괄 감리 책임자</td><td colspan="3">(인)</td></tr>
<tr><td>건축사보
(공종별 감리 책임자)</td><td colspan="3">(인)</td></tr>
<tr><td colspan="2">첨부자료</td><td colspan="5"></td></tr>
</table>

공종별 감리 체크리스트			문서번호			
공 종		철근 콘크리트 공사	세부공종			
부 위		층	위치			
구분		검 사 항 목	기준, 참고사항	검사결과		조치사항
				적합	부적합	
기본 업무	철근 조립 ·배근	철근조립 배근 관련 도서 확인				
		스페이서, 달철물 등의 견본품의 확인 (제물치장 콘크리트 마감시 특히 유의)				
		철근배근의 확인사항				
		-개수, 철근지름, 피치 확인				
		-정착길이와 굽힘정착 깊이 확인				
		-이음위치와 이음길이 확인				
		결속선의 위치 및 간격유지 확인				
		-철근의 좁히기(offset bend)가공에 대한 양부 확인				
		-철근상호 간격 확인				
		띠철근, 스터럽의 위치, 간격, 결속상태 확인				
		-기둥과 보 교차점의 띠철근 위치 확인				
		-큰보와 작은보 교차점의 늑근 확인				
		-피복두께 등 간격 유지근 등 확인				
		배근검사 후 처리 확인				
		-보강부분 확인				
		-보강근의 개수, 지름, 길이, 방법 확인				
		-재검사 여부 확인				
	철근 가공도 확인· 확인•검토	이음, 형식의 확인 · 검토				
		-겹침이음 확인 · 검토				
		-ø 19이상 가스압접, 겹침이음 확인 · 검토				
		철근 가공도를 가공 전에 확인 · 검토하고, 특수부분은 현치도 확인 · 검토				
		철근가공도의 확인 · 검토				
		-가공형상과 필요길이				
		-철골기둥, 보와 철근의 맞춤				
		-이음의 위치와 방법				
		-콘크리트 구조도면과 대조				
		-정착길이				
		-보강근, 보조근의 요령				
		철근 시공도의 확인 · 검토				
		이음의 위치, 겹친길이, 철근갈고리방향				
		-매달기 철근의 위치 표시				
		기둥, 보근의 가공도 및 시공도의 확인 · 검토				
		-기준가공도와 확인 · 검토				
		-X · Y방향의 확인 · 검토				
		-기둥 · 보의 부호 혼돈 여부 확인 · 검토				
		-철근 스터럽의 피치와 철골 구멍 뚫기				
		-주근의 개수와 굵기				
		-겹침이음과 압접이음				
		-기둥, 보 접합부 및 정착주근이 기둥중심선을 지나는지 여부				
		-겹침이음의 주근의 갈고리 확인 · 검토				
		-최상층 기둥주근의 아무림				
	가스 압점	시공요령서를 작성후 확인 · 검토				
		압접의 형상은 샘플을 보며 사전협의				
		작업 시작 전 시험자료 및 절단부분 확인 · 검토				
		편심량에 의해 절단, 재 압접의 필요여부 확인 · 검토				
		-접합부의 부풀음이 지름의 1.3배 이하				
		-접합부에 현저한 줄흠이 남아 있는 것				
		-압접부에 갈라짐 등 결함이 생긴 것				
		콘크리트 타설 전 강도 확인 · 검토				

공종별 감리 체크리스트			문서번호			
공 종		철근 콘크리트 공사	세부공종			
부 위		층	위치			
구분		검 사 항 목	기준, 참고사항	검사결과		조치사항
				적합	부적합	
		인장시험의 확인・검토				
		-압접기				
		-압접면의 마감상황				
		-가열, 가압상태 등				
	철근 규격 증명서	규격품, 제조업체, 재료시험의 필요여부 확인				
		KS마크 또는 시험성적증명서에 의해 KS규격제품인지를 확인				
	콘크리트 타설계획서	공정상에 기후조건으로 인한 작업의 지연정도의 예상				
		타설구획, 타설량 확인・검토				
		이음타설부분 및 개구부 주위의 메탈라스(Metal lath)에 의한 보강 확인・검토				
		압송가동소요시간(콘크리트펌프차 시간당의 압송능력, 믹서차적재능력 6m^3/대 등) 확인・검토				
		배차대수, 도로상황 확인・검토				
		펌프차의 붐(boom) 및 회전 반지름 등 확인・검토				
		타설 순서, 수송배관계획, 위치, 고정방법, 받침대, 깔판계획 여부 확인・검토				
		인원배치(각 직종의 인원수), 타설기구 배치 여부 확인・검토				
	콘크리트 배합	KS 규격공장의 레디믹스트 콘크리트인지 확인				
		레미콘 배합보고서 및 송장 확인				
	타설 준비	관련공사의 검사 확인(특히 설비공사)				
		날씨, 기온측정과 기록(타설 전후) 확인				
		철근, 배관재, 기타 매설물의 고정여부 확인				
		이음타설면의 막음판 등 틈새 확인				
		구조체(기둥, 보, 내력벽, 슬래브 두께 등) 확인				
		바닥슬래브 콘크리트 타설시기 확인				
		-선타설의 경우 주각부의 배합보정 확인				
		-후타설의 경우 지주의 지지지반 보강 확인				
		바닥판의 고저단차, 바닥내림부분 확인				
		방화구획 및 바닥판 구멍메우기 확인				
		슬래브에 의한 구배(지붕, 발코니의 물구배 등) 확인				
		단열재의 시공장소(지붕슬래브, 보, 벽) 확인				
		태핑(tapping) 마감부분(지붕아스팔트 방수마감 등) 확인				
		루프드레인(Roof drain) 타설부분과 수량 확인				
		설비기계의 바닥판 올림 확인				
		내림벽(Flontage wall)의 유무와 타설 이어치기의 치수 확인				
		설비용매설물(건축, 전기, 설비공사) 확인				
		통풍, 환기슬리브 확인				
		설비배관 및 덕트 관통슬리브 부분의 아무림 확인				
		천장보밑 배관구배의 공간 확인				
		제물치장 마감부분 확인				
		제물치장 마감 시 이어치기면의 방수 또한 단차로 인한 의장처리 확인				
		방수처리(앵커, 관통관, 물막이판의 종류와 고정 등)의 확인				
		익스팬션죠인트의 위치 및 아무림의 확인				
		피아노선, 수평실 등 거푸집의 부풀림 체크용 재료				

공종별 감리 체크리스트		문서번호	
공 종	철근 콘크리트 공사	세부공종	
부 위	층	위치	

구분		검 사 항 목	기준, 참고사항	검사결과		조치사항
				적합	부적합	
		의 준비 확인				
		보양시트 및 가설재, 치올림판 보양재의 준비 확인(강우, 저온, 여름철의 일사량시 특히 유의)				
		수송관 받침대, 사다리, 달철물 및 작업원의 통로용 복공판의 준비 확인				
		타설 30분~1시간 전에 거푸집 내부 청소상태 확인				
	콘크리트 타설	콘크리트 타설 작업원 인원 확인				
		타설중지 마감(막음판, 줄눈막대 등)의 확인				
		가로설치배관이나 토출호스 받이틀의 상태 확인				
		압송도중(압송관)에 폐쇄사고에 대한 대응책 확인				
		슬럼프와 공기량의 확인				
		콘크리트 면고르기 확인				
		-나무흙손 누름 / 쇠흙손 누름				
	콘크리트 양생	콘크리트 보온장치 및 적정온도 확인·검토(동절기 공사)				
	콘크리트 강도 시험	28일 압축강도 확인·검토				
		콘크리트 압축강도 시험의 확인·검토				
		-시험채취의 시기 확인·검토				
		-시험채취량 확인·검토				
		콘크리트 압축강도 시험기록의 확인·검토				
		-공시체 채취요령, 장소 확인·검토				
		-콘크리트 품질등급에 따른 압축강도 확인·검토				
	콘크리트 상태 확인	이어치기면의 확인				
		-기둥, 보, 바닥판, 벽 / 방수처리면 확인				
		-이어치기면의 보수방법 확인				
		거푸집 해체시 보수부분 확인				
		-공동(空洞), 자갈노출, 균열 여부 확인				
		-철근 노출부 / 콘크리트 마감면 확인				
기본 외 업무	콘크리트 양생	콘크리트 양생 확인·검토				
		-타설 후 적재금지 및 보양 여부				
		-처음 중량물을 설치시 안전성				
	프리캐스트 콘크리트	공장제작인지 현장제작인지 확인				
		공장도, 현척도의확인 및 견본품 확인				
		거푸집의 종류·형상·크기 확인				
		배근, 보강근, 인서트 등 확인				
		시멘트, 골재, 물 등의 품질 확인				
		배합에 대한 강도 및 슬럼프 시험반죽에 의해 확인				
		현장설치시 확인				
		-정착부의 볼트조임고정, 앵커용접에 의한 강도확인				

시공자점검일	년 월 일	총괄 시공 책임자	(인)
		공종별 시공 관리자	(인)
감리자점검일	년 월 일	총괄 감리 책임자	(인)
		건축사보(공종별 감리 책임자)	(인)
첨부자료			

공종별 감리 체크리스트		문서번호	
공 종	철골 공사	세부공종	
부 위	층	위치	

구분		검 사 항 목	기준, 참고사항	검사결과 적합	검사결과 부적합	조치사항
기본 업무	시공	강재 규격・치수의확인・검토				
		설계도서와의 대조・확인・검토				
		-치수기준의 통일(안치수, 바깥치수 중 통일) 확인・검토				
		-설계도와 치수선 대조 확인・검토				
		-기둥, 보의 부호 및 부재단면 확인・검토				
		-앵커볼트의 배치, 베이스플레이트와 주근 개수 확인・검토				
		-철골과 철근의 접촉부 확인・검토				
		・벽중심과 보중심이 일치된 경우 확인・검토				
		・벽중심과 기둥중심이 일치하고 주근의 수가 홀수인 경우 확인・검토				
		・가셋플레이트(Gusset plate)와 철근의 접촉여부 확인・검토				
		-철골접합 부분에 필러 설치여부 확인•검토				
		-철근, 덕트, 배관 등 각종 관통구멍의 위치 및 상세 확인•검토				
		-내화피복의 유무와 두께, 치수 확인・검토				
		-조립순서, 허용공차, 오차수정 확인・검토				
		제작도면(Shop drawing) 확인・검토				
		공장의 현치용인 것과 현장공사용의 테이프맞춤용인지 확인				
		현치도의 확인・검토(시공도와 치수)				
		공정, 수송, 양생, 세우기 순서에 대한 협의・확인・검토				
	앵커 볼트	앵커볼트 주위에 배근이 있는 경우 베이스플레이트에 접촉되지 않도록 베이스플레이트의 크기와 철근의 위치 확인				
		앵커 볼트 상태 확인				
		-콘크리트 타설 전 / 후 확인				
		-세우기 전 확인				
	기둥밑고르기	무수축 모르타르에 의한 그라우트 시공 여부 확인				
		-높이 조정 후 확인				
		-수평세우기 수정 후 확인				
	제작 공장 (업자)	제조업자의 관련 자료 확인				
	강재 재질	강재의 재질 규격 확인				
		공공기관의 강재시험성적표 확인				
	현장 세우기	세우기 조립 정도에 대한 확인・검토				
		허용되는 조립기울기의 범위내 인지 확인・검토(KASS의 수치)				
	고장력 볼트 본조임	고장력 볼트의 조임 순서 지도				
		-볼트, 너트 규격품 확인				
		-나사정밀도 확인				
		-죄이기 순서 지도				
	현장 용접	용접봉 검시에 대한 확인・검토				
		스터드(Stud) 용접의 확인・검토				
	공장 가공	공장가공 제품의 확인・검토				
		-공장 방청도장의 종류와 도장회수 확인・검토				

<table>
<tr><td colspan="2">공종별 감리 체크리스트</td><td>문서번호</td><td colspan="3"></td></tr>
<tr><td colspan="2">공 종</td><td>철골 공사</td><td>세부공종</td><td colspan="3"></td></tr>
<tr><td colspan="2">부 위</td><td>층</td><td>위치</td><td colspan="3"></td></tr>
<tr><td colspan="2" rowspan="2">구분</td><td rowspan="2">검 사 항 목</td><td rowspan="2">기준, 참고사항</td><td colspan="2">검사결과</td><td rowspan="2">조치사항</td></tr>
<tr><td>적합</td><td>부적합</td></tr>
<tr><td rowspan="5"></td><td rowspan="4">제품 공장 검사</td><td>확인 사항 확인・검토</td><td></td><td></td><td></td><td></td></tr>
<tr><td>-공장내의 사내 검사보고서의 수리・확인</td><td></td><td></td><td></td><td></td></tr>
<tr><td>-제품가조립 상태 확인</td><td></td><td></td><td></td><td></td></tr>
<tr><td>-철근관통 구멍뚫기 위치 확인</td><td></td><td></td><td></td><td></td></tr>
<tr><td>용접 공사 보고서</td><td>용접부 시험성적표의 확인・검토</td><td></td><td></td><td></td><td></td></tr>
<tr><td rowspan="8">기본 외 업무</td><td rowspan="4">제작 요령서</td><td>절단시 확인사항 확인•검토</td><td></td><td></td><td></td><td></td></tr>
<tr><td>-강재 가공방법 확인</td><td></td><td></td><td></td><td></td></tr>
<tr><td>-강재의 재질 확인</td><td></td><td></td><td></td><td></td></tr>
<tr><td>용접봉에 대한 확인</td><td></td><td></td><td></td><td></td></tr>
<tr><td>제품 공장 검사</td><td>가공한 철골의 조립용 표시(동서남북, X・Y 등 세우기 방향 명시, 통일성) 여부 확인</td><td></td><td></td><td></td><td></td></tr>
<tr><td rowspan="3">용접 공사 보고서</td><td>용접 전의 확인사항</td><td></td><td></td><td></td><td></td></tr>
<tr><td>-용접순서, 용접절차 시방서 확인</td><td></td><td></td><td></td><td></td></tr>
<tr><td>용접 후의 확인 사항</td><td></td><td></td><td></td><td></td></tr>
</table>

<table>
<tr><td rowspan="2">시공자점검일</td><td rowspan="2">년 월 일</td><td>총괄 시공 책임자</td><td>(인)</td></tr>
<tr><td>공종별 시공 관리자</td><td>(인)</td></tr>
<tr><td rowspan="2">감리자점검일</td><td rowspan="2">년 월 일</td><td>총괄 감리 책임자</td><td>(인)</td></tr>
<tr><td>건축사보
(공종별 감리 책임자)</td><td>(인)</td></tr>
<tr><td>첨부자료</td><td colspan="3"></td></tr>
</table>

<table>
<tr><td colspan="3">공종별 감리 체크리스트</td><td>문서번호</td><td colspan="4"></td></tr>
<tr><td colspan="2">공 종</td><td>벽돌 · 블록 및 ALC 패널 공사</td><td>세부공종</td><td colspan="4">벽돌공사</td></tr>
<tr><td colspan="2">부 위</td><td>층</td><td>위치</td><td colspan="4"></td></tr>
<tr><td colspan="2" rowspan="2">구분</td><td rowspan="2">검 사 항 목</td><td rowspan="2">기준, 참고사항</td><td colspan="2">검사결과</td><td rowspan="2">조치사항</td></tr>
<tr><td>적합</td><td>부적합</td></tr>
<tr><td rowspan="8">기본 업무</td><td rowspan="3">자재</td><td>KS 등의 자재성능 관련 서류 확인 · 검토</td><td></td><td></td><td></td><td></td></tr>
<tr><td>벽체쌓기 및 두께 확인 · 검토</td><td></td><td></td><td></td><td></td></tr>
<tr><td>KS 규격품 여부 확인 · 검토</td><td></td><td></td><td></td><td></td></tr>
<tr><td rowspan="4">시공</td><td>공간쌓기시 연결철물 설치 및 종류 확인</td><td></td><td></td><td></td><td></td></tr>
<tr><td>쌓기높이 및 단수 확인</td><td></td><td></td><td></td><td></td></tr>
<tr><td>테두리보의 위치 및 크기 확인</td><td></td><td></td><td></td><td></td></tr>
<tr><td>바닥재의 경우 미끄럼방지 확인(논슬립)</td><td></td><td></td><td></td><td></td></tr>
<tr><td>공사 완료</td><td>최종 마감상태 육안 확인</td><td></td><td></td><td></td><td></td></tr>
<tr><td rowspan="7">기본 외 업무</td><td rowspan="4">도서</td><td>벽돌 나누기 확인</td><td></td><td></td><td></td><td></td></tr>
<tr><td>보강철물의 위치, 크기 및 간격 확인</td><td></td><td></td><td></td><td></td></tr>
<tr><td>조적과 접촉되는 부분(콘크리트 구조의 벽, 기둥, 보 등)의 상세도 확인</td><td></td><td></td><td></td><td></td></tr>
<tr><td>개구부 보강방법 확인</td><td></td><td></td><td></td><td></td></tr>
<tr><td rowspan="2">자재</td><td>품질 및 치수 확인</td><td></td><td></td><td></td><td></td></tr>
<tr><td>모르타르 종류 및 배합비 확인</td><td></td><td></td><td></td><td></td></tr>
<tr><td>공사 완료</td><td>모르타르 채우기 확인</td><td></td><td></td><td></td><td></td></tr>
<tr><td colspan="2" rowspan="2">시공자점검일</td><td rowspan="2">년 월 일</td><td>총괄 시공 책임자</td><td colspan="3">(인)</td></tr>
<tr><td>공종별 시공 관리자</td><td colspan="3">(인)</td></tr>
<tr><td colspan="2" rowspan="2">감리자점검일</td><td rowspan="2">년 월 일</td><td>총괄 감리 책임자</td><td colspan="3">(인)</td></tr>
<tr><td>건축사보
(공종별 감리 책임자)</td><td colspan="3">(인)</td></tr>
<tr><td colspan="2">첨부자료</td><td colspan="5"></td></tr>
</table>

공종별 감리 체크리스트			문서번호			
공 종		벽돌 · 블록 및 ALC 패널 공사	세부공종	블록공사		
부 위		층	위치			
구분		검 사 항 목	기준, 참고사항	검사결과		조치사항
				적합	부적합	
기본 업무	자재	KS 등의 자재성능 관련 서류 확인				
	시공	현장에 반입된 블록의 규격품 확인(KS마크와 종별표시)				
		모르타르배합 확인				
		콘크리트, 유리 블록쌓기의 확인				
		-쌓기 높이 확인				
		-보강근의 위치 확인				
		-모르타르 채움부분 확인				
		연결철물 설치 및 종류, 쌓기 높이 및 단 수, 테두리보의 위치 및 크기, 보강블록 시공시 가로근과 세로근의 치수 · 간격 확인				
	공사 완료	최종 마감상태 육안 확인				
기본 외 업무	도서	배치도의 확인 · 검토				
		-블록단수의 처리 확인 · 검토				
		보강근의 배근도 확인 · 검토				
		구멍을 뚫는 곳과 크기 확인 · 검토				
		나무벽돌의 배치, 배관의 위치 확인 · 검토				
	공사 완료	전체의 수평 · 수직성은 안전한지에 대한 확인				
		보강근의 앵커류는 안전한지에 대한 확인				

시공자점검일	년 월 일	총괄 시공 책임자	(인)
		공종별 시공 관리자	(인)
감리자점검일	년 월 일	총괄 감리 책임자	(인)
		건축사보 (공종별 감리 책임자)	(인)
첨부자료			

공종별 감리 체크리스트			문서번호			
공 종		벽돌·블록 및 ALC 패널 공사	세부공종	ALC공사		
부 위		층	위치			
구분		검 사 항 목	기준, 참고사항	검사결과		조치사항
				적합	부적합	
기본 업무	도서	공사범위(패널받이 철물공사, 개구부 보강철물공사, 설비용 구멍뚫기공사 등 별도 공사범위)확인·검토				
		배치치수의 확인·검토				
		따내기, 구멍뚫기, 개구부(설비용 구멍뚫기) 확인·검토				
	자재	KS등의 자재성능 관련 서류 확인·검토				
	시공	ALC 블록 공사시 쌓기 높이, 수직 수평여부, 공간벽의 연결 철물, 개구부 보강, 콘크리트 구조체와의 연결부 부위, 세면기 및 벽장 고정부, 창호와 접합부, 방수·방습처리 확인				
		시공부분별 쌓기 및 붙이기 공법(건식공법, 습식공법)등 확인				
		설치바탕, 철근(수직, 수평). 설치철물(고정용 철물, 꽂임촉, 꺾쇠)의 종류 및 방청처리				
	공사완료	최종 마감상태 육안 확인				
기본 외 업무	자재	검사항목(물성, 치수, 형상, 철근) 확인				
	공사완료	지붕, 바닥패널의 불균형과 돌출부분 확인				
		미장공사, 마감뿜칠공사 바탕 확인				

시공자점검일	년 월 일	총괄 시공 책임자	(인)
		공종별 시공 관리자	(인)
감리자점검일	년 월 일	총괄 감리 책임자	(인)
		건축사보 (공종별 감리 책임자)	(인)
첨부자료			

공종별 감리 체크리스트			문서번호			
공 종		석공사	세부공종	-		
부 위		층	위치			
구분		검 사 항 목	기준, 참고사항	검사결과		조치사항
				적합	부적합	
기본 업무	자재	KS 등의 자재성능 관련 서류 확인・검토				
	시공	바닥재의 경우 미끄럼방지 확인(논슬립)				
	공사 완료	최종 마감상태 육안 확인				
기본 외 업무	도서	재료의 종류와 사용할 곳에 대한 확인・검토				
		긴결방법, 부착철물(고정용 철물, 꽂임촉)에 대한 확인・검토				
		창호류, 치장철물, 설비와의 접합 확인・검토				
		다른 마감재료와의 접합(겹침, 벌어짐, 근입) 확인・검토				
	자재	다듬기의 정도, 연마, 마감의 종류 및 가공정도 확인・검토				
		시공부분별 시험제작 견본품 확인・검토				
	시공	시공부분별 쌓기 및 붙이기 공법(건식공법, 습식공법)등 확인・검토				
		설치바탕, 철근(수직, 수평), 설치철물(고정용 철물, 꽂임촉, 꺾쇠)의 종류 확인・검토				
		시공도에 따른 쌓기, 붙이기 확인				
		접합, 철물류의 준비, 점검 확인				
		습식 공법의 경우 뒤채움 시공 확인				
	공사 완료	줄눈 채우기, 줄눈마감상태 검사에 대한 확인				

시공자점검일	년 월 일	총괄 시공 책임자	(인)
		공종별 시공 관리자	(인)
감리자점검일	년 월 일	총괄 감리 책임자	(인)
		건축사보 (공종별 감리 책임자)	(인)
첨부자료			

공종별 감리 체크리스트		문서번호	
공 종	타일 및 테라코타 공사	세부공종	-
부 위	층	위치	

구분		검 사 항 목	기준, 참고사항	검사결과		조치사항
				적합	부적합	
기본 업무	자재	외장 · 내장 · 바닥타일의 견본품의 형상, 치수, 색조, 바탕상태 등 확인 · 검토				
		모자이크 타일 견본 확인 · 검토				
		테라코타의 품명, 형상, 치수, 표면상태, 유약의 색깔등 견본품 확인 · 검토				
		KS 등의 자재성능 관련 서류 확인 · 검토				
	시공	바닥재의 경우 미끄럼 방지 확인(논슬립)				
	공사 완료	최종 마감상태 육안 확인				
기본 외 업무	도서	외장타일의 확인 · 검토				
		-익스팬션 줄눈의 위치 및 상세도 확인 · 검토				
		-설비관계 기구의 명시, 나누기 및 아무림 여부 확인 · 검토				
		내장타일의 확인 · 검토				
		-이형타일 확인 · 검토				
		· 치수, 유약, 붙임공법의 종류 확인 · 검토				
		-징두리 타일 확인 · 검토				
		· 치수, 유약, 붙임공법의 종류 확인 · 검토				
		바닥타일의 확인 · 검토				
		-무유약타일 또는 논슬립타일 여부 확인 · 검토				
		-형상 및 치수 확인 · 검토				
	시공	압착공법의 확인				
		-시공단위별 붙이기 공법 확인				
		세미 압착공법의 확인				
		-바탕 모르타르 확인				
		모르타르붙이기 공법의 확인				
		-타일과 바탕면의 접착부위 확인				
		-쌓기 높이 확인				
		그라우트 붙임공법의 확인				
		접착제 붙임의 시공법 확인				
		-접착제 종류 확인				
		바닥타일 붙이기의 시공법 확인				
		줄눈보양 및 타일의 상태 확인				
		테라코타의 고정철물, 촉, 연결철물 등의 재질, 형상, 치수 확인				
		테라코타의 녹막이 도장 확인, 줄눈 나누기 확인				
	공사 완료	타일들뜸 검사에 대한 확인				

시공자점검일	년 월 일	총괄 시공 책임자	(인)
		공종별 시공 관리자	(인)
감리자점검일	년 월 일	총괄 감리 책임자	(인)
		건축사보 (공종별 감리 책임자)	(인)
첨부자료			

공종별 감리 체크리스트			문서번호			
공 종		목공사	세부공종	-		
부 위		층	위치			
구분		검 사 항 목	기준, 참고사항	검사결과		조치사항
				적합	부적합	
기본 업무	자재	KS 등의 자재성능 관련 서류 확인 · 검토				
	시공	바닥재의 경우 미끄럼방지 확인(논슬립)				
	공사 완료	최종 마감상태 육안 확인				
기본 외 업무	도서	부위별 가공도에 의한 형상 확인				
		불연재 사용 확인				
	자재	목재, 바탕재, 구조재, 수종, 무늬목의 품질, 치수 확인				
		방부, 방충처리제 확인				
	시공	시공도에 따르는 기준먹매김, 바닥높이, 마감먹매김 확인				
		목재의 건조정도 확인				
		목재검사에 대한 확인				
		방부, 방충처리제(방부, 방충처리필 증명) 검사				
	공사 완료	바닥판 턱솔, 바닥판 흔들림 여부에 대한 확인				
		수장재, 올거미의 고정, 턱솔 등 검사에 대한 확인				

시공자점검일	년 월 일	총괄 시공 책임자	(인)
		공종별 시공 관리자	(인)
감리자점검일	년 월 일	총괄 감리 책임자	(인)
		건축사보 (공종별 감리 책임자)	(인)
첨부자료			

<table>
<tr><td colspan="3">공종별 감리 체크리스트</td><td>문서번호</td><td colspan="3"></td></tr>
<tr><td colspan="2">공 종</td><td>단열공사</td><td>세부공종</td><td colspan="3"></td></tr>
<tr><td colspan="2">부 위</td><td>층</td><td>위치</td><td colspan="3"></td></tr>
<tr><td colspan="2" rowspan="2">구분</td><td rowspan="2">검 사 항 목</td><td rowspan="2">기준, 참고사항</td><td colspan="2">검사결과</td><td rowspan="2">조치사항</td></tr>
<tr><td>적합</td><td>부적합</td></tr>
<tr><td rowspan="4">기본
업무</td><td>도서</td><td>단열재 부위별 공법 및 시공방법의 확인・검토</td><td></td><td></td><td></td><td></td></tr>
<tr><td rowspan="2">자재</td><td>KS 등의 자재성능 관련 서류 확인</td><td></td><td></td><td></td><td></td></tr>
<tr><td>단열재의 반입 및 적정 사용량 확인</td><td></td><td></td><td></td><td></td></tr>
<tr><td>공사
완료</td><td>최종 마감상태 육안 확인</td><td></td><td></td><td></td><td></td></tr>
<tr><td rowspan="3">기본
외
업무</td><td rowspan="3">시공</td><td>부위별 자재 규격 및 설치 확인</td><td></td><td></td><td></td><td></td></tr>
<tr><td>단열 부위 및 개소 확인</td><td></td><td></td><td></td><td></td></tr>
<tr><td>단열재의 가공 및 설치(단열부위 사이의 접합부 등) 확인</td><td></td><td></td><td></td><td></td></tr>
</table>

<table>
<tr><td rowspan="2">시공자점검일</td><td rowspan="2">년 월 일</td><td>총괄 시공 책임자</td><td>(인)</td></tr>
<tr><td>공종별 시공 관리자</td><td>(인)</td></tr>
<tr><td rowspan="2">감리자점검일</td><td rowspan="2">년 월 일</td><td>총괄 감리 책임자</td><td>(인)</td></tr>
<tr><td>건축사보
(공종별 감리 책임자)</td><td>(인)</td></tr>
<tr><td>첨부자료</td><td colspan="3"></td></tr>
</table>

<table>
<tr><td colspan="3">공종별 감리 체크리스트</td><td>문서번호</td><td colspan="3"></td></tr>
<tr><td colspan="2">공 종</td><td>방수공사</td><td>세부공종</td><td colspan="3"></td></tr>
<tr><td colspan="2">부 위</td><td>층</td><td>위치</td><td colspan="3"></td></tr>
<tr><td colspan="2" rowspan="2">구분</td><td rowspan="2">검 사 항 목</td><td rowspan="2">기준, 참고사항</td><td colspan="2">검사결과</td><td rowspan="2">조치사항</td></tr>
<tr><td>적합</td><td>부적합</td></tr>
<tr><td rowspan="4">기본 업무</td><td>도서</td><td>방수재 부위별 공법 및 시공방법의 확인·검토</td><td></td><td></td><td></td><td></td></tr>
<tr><td>자재</td><td>KS 등의 자재성능 관련 서류 확인</td><td></td><td></td><td></td><td></td></tr>
<tr><td rowspan="2">공사 완료</td><td>최종 마감상태 육안 확인</td><td></td><td></td><td></td><td></td></tr>
<tr><td>방수층의 누수검사에 대한 확인</td><td></td><td></td><td></td><td></td></tr>
<tr><td rowspan="6">기본 외 업무</td><td>자재</td><td>방수재 반입 및 적정사용량 확인·검토</td><td></td><td></td><td></td><td></td></tr>
<tr><td rowspan="5">시공</td><td>시공 준비 확인·검토</td><td></td><td></td><td></td><td></td></tr>
<tr><td>공사 범위 확인·검토</td><td></td><td></td><td></td><td></td></tr>
<tr><td>시공 계획 확인·검토</td><td></td><td></td><td></td><td></td></tr>
<tr><td>배합 계획 확인·검토</td><td></td><td></td><td></td><td></td></tr>
<tr><td>보양 계획 확인·검토</td><td></td><td></td><td></td><td></td></tr>
<tr><td colspan="2" rowspan="2">시공자점검일</td><td rowspan="2">년 월 일</td><td>총괄 시공 책임자</td><td colspan="3">(인)</td></tr>
<tr><td>공종별 시공 관리자</td><td colspan="3">(인)</td></tr>
<tr><td colspan="2" rowspan="2">감리자점검일</td><td rowspan="2">년 월 일</td><td>총괄 감리 책임자</td><td colspan="3">(인)</td></tr>
<tr><td>건축사보
(공종별 감리 책임자)</td><td colspan="3">(인)</td></tr>
<tr><td colspan="2">첨부자료</td><td colspan="5"></td></tr>
</table>

공종별 감리 체크리스트			문서번호			
공 종		지붕 및 홈통공사	세부공종			
부 위		층	위치			
구분		검 사 항 목	기준, 참고사항	검사결과		조치사항
				적합	부적합	
기본 업무	도서	금속의 두께, 유효 폭 확인・검토				
		표면처리 확인・검토				
		이음상세 확인・검토				
		지붕 바탕재(자기소화성 발포스티롤)의 사용 여부 확인・검토				
		-물매(2.5/10-수직물매) 확인・검토				
		-한식기와의 재래식공법인 경우 확인・검토				
	자재	KS 등의 자재성능 관련 서류 확인・검토				
		금속패널(복합자재) 시험성적서 및 패널시스템 구조적 안전성 등 품질을 확인・검토할 수 있는 서류(품질관리서 등)				
		재료견본 확인・검토				
		-금속두께, 유효폭 확인・검토				
		-특수가공 및 표면처리(앵커등) 여부 확인・검토				
	시공	이어 올라감의 불균형 검사에 대한 확인				
		기와잇기 상태의 확인				
		접합부분 아무림의 확인				
		코킹부분의 확인				
		설계도서에 명시된 설치방향, 크기 및 위치 확인				
		선홈통 고정상태, 길이의 적정여부 확인				
		배관의 구배 상태 확인				
	공사 완료	최종 마감상태 육안 확인				

시공자점검일	년 월 일	총괄 시공 책임자	(인)
		공종별 시공 관리자	(인)
감리자점검일	년 월 일	총괄 감리 책임자	(인)
		건축사보 (공종별 감리 책임자)	(인)
첨부자료			

<table>
<tr><td colspan="3">공종별 감리 체크리스트</td><td>문서번호</td><td colspan="3"></td></tr>
<tr><td colspan="2">공 종</td><td>금속공사</td><td>세부공종</td><td colspan="3"></td></tr>
<tr><td colspan="2">부 위</td><td>층</td><td>위치</td><td colspan="3"></td></tr>
<tr><td colspan="2" rowspan="2">구분</td><td rowspan="2">검 사 항 목</td><td rowspan="2">기준, 참고사항</td><td colspan="2">검사결과</td><td rowspan="2">조치사항</td></tr>
<tr><td>적합</td><td>부적합</td></tr>
<tr><td rowspan="14">기본 업무</td><td>도서</td><td>기성품 이외의 시공도, 공작도, 설치도 확인 · 검토</td><td></td><td></td><td></td><td></td></tr>
<tr><td rowspan="3">자재</td><td>KS 등의 자재성능 관련 서류 확인 · 검토</td><td></td><td></td><td></td><td></td></tr>
<tr><td>기성품은 견본품(시판품 견본)이나 설명서(카탈로그)로 확인 · 검토</td><td></td><td></td><td></td><td></td></tr>
<tr><td>제작도(시공도)와의 대조 · 확인 · 검토</td><td></td><td></td><td></td><td></td></tr>
<tr><td rowspan="6">시공</td><td>이음, 맞춤, 겹치기 확인</td><td></td><td></td><td></td><td></td></tr>
<tr><td>나사고정, 용접의 종류 확인</td><td></td><td></td><td></td><td></td></tr>
<tr><td>방청방법 확인</td><td></td><td></td><td></td><td></td></tr>
<tr><td>구조체와 접속부분 주위 코킹작업 여부 확인</td><td></td><td></td><td></td><td></td></tr>
<tr><td>옥상난간의 아무림 확인</td><td></td><td></td><td></td><td></td></tr>
<tr><td>방청, 방식처리 검사의 확인</td><td></td><td></td><td></td><td></td></tr>
<tr><td rowspan="4">공사 완료</td><td>최종 마감상태 육안 확인</td><td></td><td></td><td></td><td></td></tr>
<tr><td>난간 등의 높이 확인</td><td></td><td></td><td></td><td></td></tr>
<tr><td>아무림 접합부 코킹 검사에 대한 확인</td><td></td><td></td><td></td><td></td></tr>
<tr><td>구조체관통부 등 비아무림, 방수처리 검사에 대한 확인</td><td></td><td></td><td></td><td></td></tr>
<tr><td>기본 외 업무</td><td>도서</td><td>난간 등 바닥으로부터의 높이 및 설치장소, 길이 확인</td><td></td><td></td><td></td><td></td></tr>
</table>

<table>
<tr><td rowspan="2">시공자점검일</td><td rowspan="2">년 월 일</td><td>총괄 시공 책임자</td><td>(인)</td></tr>
<tr><td>공종별 시공 관리자</td><td>(인)</td></tr>
<tr><td rowspan="2">감리자점검일</td><td rowspan="2">년 월 일</td><td>총괄 감리 책임자</td><td>(인)</td></tr>
<tr><td>건축사보
(공종별 감리 책임자)</td><td>(인)</td></tr>
<tr><td>첨부자료</td><td colspan="3"></td></tr>
</table>

<table>
<tr><td colspan="3">공종별 감리 체크리스트</td><td>문서번호</td><td colspan="3"></td></tr>
<tr><td colspan="2">공 종</td><td>미장공사</td><td>세부공종</td><td colspan="3"></td></tr>
<tr><td colspan="2">부 위</td><td>층</td><td>위치</td><td colspan="3"></td></tr>
<tr><td colspan="2" rowspan="2">구분</td><td rowspan="2">검 사 항 목</td><td rowspan="2">기준, 참고사항</td><td colspan="2">검사결과</td><td rowspan="2">조치사항</td></tr>
<tr><td>적합</td><td>부적합</td></tr>
<tr><td rowspan="21">기본
업무</td><td rowspan="6">도서</td><td>배합계획 확인・검토</td><td></td><td></td><td></td><td></td></tr>
<tr><td>흙손누름, 바르기 두께 확인・검토</td><td></td><td></td><td></td><td></td></tr>
<tr><td>바름두께 확인・검토</td><td></td><td></td><td></td><td></td></tr>
<tr><td>혹한기, 혹서기의 시공 유의사항 확인・검토</td><td></td><td></td><td></td><td></td></tr>
<tr><td>바름층의 보양, 건조기간 확인・검토</td><td></td><td></td><td></td><td></td></tr>
<tr><td>보양, 안전대책 확인・검토</td><td></td><td></td><td></td><td></td></tr>
<tr><td rowspan="4">지재</td><td>KS 등의 자재성능 관련 서류 확인・검토</td><td></td><td></td><td></td><td></td></tr>
<tr><td>재료 확인・검토</td><td></td><td></td><td></td><td></td></tr>
<tr><td>-시멘트류는 모두 KS 규격품인지 여부 확인・검토</td><td></td><td></td><td></td><td></td></tr>
<tr><td>-플라스터류는 KS 규격품인지 여부 확인・검토</td><td></td><td></td><td></td><td></td></tr>
<tr><td rowspan="8">시공</td><td>바름두께의 고른 바탕처리 확인</td><td></td><td></td><td></td><td></td></tr>
<tr><td>바닥콘크리트의 고름마감 확인</td><td></td><td></td><td></td><td></td></tr>
<tr><td>바닥모르타르 바름 확인</td><td></td><td></td><td></td><td></td></tr>
<tr><td>벽모르타르 바르기 확인</td><td></td><td></td><td></td><td></td></tr>
<tr><td>방수모르타르 시공부분 확인</td><td></td><td></td><td></td><td></td></tr>
<tr><td>-외부 시공부분 확인</td><td></td><td></td><td></td><td></td></tr>
<tr><td>-내부 시공부분 확인</td><td></td><td></td><td></td><td></td></tr>
<tr><td>방청, 방식처리 검사의 확인</td><td></td><td></td><td></td><td></td></tr>
<tr><td rowspan="3">공사
완료</td><td>최종 마감상태 육안 확인</td><td></td><td></td><td></td><td></td></tr>
<tr><td>바닥 모르타르바름 검사에 대한 확인</td><td></td><td></td><td></td><td></td></tr>
<tr><td>벽, 천장의 모르타르바름면 검사에 대한 확인</td><td></td><td></td><td></td><td></td></tr>
</table>

<table>
<tr><td rowspan="2">시공자점검일</td><td rowspan="2">년 월 일</td><td>총괄 시공 책임자</td><td>(인)</td></tr>
<tr><td>공종별 시공 관리자</td><td>(인)</td></tr>
<tr><td rowspan="2">감리자점검일</td><td rowspan="2">년 월 일</td><td>총괄 감리 책임자</td><td>(인)</td></tr>
<tr><td>건축사보
(공종별 감리 책임자)</td><td>(인)</td></tr>
<tr><td>첨부자료</td><td colspan="3"></td></tr>
</table>

공종별 감리 체크리스트			문서번호			
공 종		창호공사	세부공종			
부 위		층	위치			
구분		검 사 항 목	기준, 참고사항	검사결과		조치사항
				적합	부적합	
기본 업무	도서	방화셔터에 대한 확인 · 검토				
		설계도와 대조 · 확인 · 검토				
		방화문에 대한 확인 · 검토				
		셔터의 확인 · 검토				
		시방서 등의 확인 · 검토				
		창호목록에 의한 부호, 종별분류, 수량, 개구부 치수, 철물의 종류와 수량 확인 · 검토				
	자재	KS 등의 자재성능 관련 서류 확인 · 검토				
		제조업체에 대한 확인 · 검토, 철물류의 견본품 확인 · 검토				
		증명서의 수리 및 확인 · 검토				
		납품기일 확인 · 검토				
		입회 · 제품검사 기록의 작성과 확인 · 검토				
		제조업체별 철물 확인 · 검토				
		부속철물의 확인 · 검토				
		알루미늄 창호 및 PVC 창호의 공장제품인 경우 제조회사의 제품검사 성적보고서 확인 · 검토				
		견본을 통해 색깔의 확인 · 검토				
	시공	방화문 및 방화셔터의 경우 현장반입제품의 점검은 부착전 확인				
		부착위치의 먹매김 확인				
		문의 마구리의 방청마감은 세우기 전 확인				
		부착공사 후 모르타르 채움 상태, 개폐상태, 방화문의 개폐장치 작동상태 확인				
		유리를 끼운 후 작동상태 확인				
		비막이 창틀 주위의 기밀성 여부 확인				
		현장제작 제품의 경우 종별(플러시문, 미서기문, 유리문, 장지문)에 따르는 조립 및 협의사항 확인 · 검토				
	공사 완료	개폐상태의 검사 확인				
		방화문의 개폐장치 작동검사 확인				
		최종 마감상태 육안 확인				
기본 외 업무	공사 완료	새시접합부 등의 실링재 종류에 대한 확인				
		방수처리부분 확인				
		스토퍼, 맞물림, 문주위 틈새 확인				
		부속철물의 부착위치, 파넣기 상태 확인				
		나사, 고정못의 조이기 상태 확인				

시공자점검일	년 월 일	총괄 시공 책임자	(인)
		공종별 시공 관리자	(인)
감리자점검일	년 월 일	총괄 감리 책임자	(인)
		건축사보 (공종별 감리 책임자)	(인)
첨부자료			

<table>
<tr><td colspan="3">공종별 감리 체크리스트</td><td>문서번호</td><td colspan="3"></td></tr>
<tr><td colspan="2">공 종</td><td>유리공사</td><td>세부공종</td><td colspan="3"></td></tr>
<tr><td colspan="2">부 위</td><td>층</td><td>위치</td><td colspan="3"></td></tr>
<tr><td colspan="2" rowspan="2">구분</td><td rowspan="2">검 사 항 목</td><td rowspan="2">기준, 참고사항</td><td colspan="2">검사결과</td><td rowspan="2">조치사항</td></tr>
<tr><td>적합</td><td>부적합</td></tr>
<tr><td rowspan="7">기본 업무</td><td>도서</td><td>설계풍압 및 설치 형태 등의 제반조건 확인·검토</td><td></td><td></td><td></td><td></td></tr>
<tr><td rowspan="2">자재</td><td>KS등의 자재성능 관련 서류 확인·검토</td><td></td><td></td><td></td><td></td></tr>
<tr><td>유리제조회사의 상호 및 라벨 확인·검토</td><td></td><td></td><td></td><td></td></tr>
<tr><td rowspan="2">시공</td><td>복층 유리 시공 시 최소 유리 물림 깊이 확인</td><td></td><td></td><td></td><td></td></tr>
<tr><td>유리 및 공기층 두께, 1차 및 2차 실링제, 스페이서, 흡습제, 코너 처리, 유리 색상 및 열처리, 코팅 사양 등 확인</td><td></td><td></td><td></td><td></td></tr>
<tr><td rowspan="2">공사 완료</td><td>최종 마감상태 육안 확인</td><td></td><td></td><td></td><td></td></tr>
<tr><td>유리의 평활도, 파손 등 확인</td><td></td><td></td><td></td><td></td></tr>
</table>

<table>
<tr><td rowspan="2">시공자점검일</td><td rowspan="2">년 월 일</td><td>총괄 시공 책임자</td><td>(인)</td></tr>
<tr><td>공종별 시공 관리자</td><td>(인)</td></tr>
<tr><td rowspan="2">감리자점검일</td><td rowspan="2">년 월 일</td><td>총괄 감리 책임자</td><td>(인)</td></tr>
<tr><td>건축사보
(공종별 감리 책임자)</td><td>(인)</td></tr>
<tr><td>첨부자료</td><td colspan="3"></td></tr>
</table>

<table>
<tr><td colspan="3">공종별 감리 체크리스트</td><td>문서번호</td><td colspan="3"></td></tr>
<tr><td colspan="2">공 종</td><td>커튼월공사</td><td>세부공종</td><td colspan="3">-</td></tr>
<tr><td colspan="2">부 위</td><td>층</td><td>위치</td><td colspan="3"></td></tr>
<tr><td colspan="2" rowspan="2">구분</td><td rowspan="2">검 사 항 목</td><td rowspan="2">기준, 참고사항</td><td colspan="2">검사결과</td><td rowspan="2">조치사항</td></tr>
<tr><td>적합</td><td>부적합</td></tr>
<tr><td rowspan="10">기본 업무</td><td rowspan="2">도서</td><td>배연창 및 피난창의 위치, 크기, 개폐방법 확인・검토</td><td></td><td></td><td></td><td></td></tr>
<tr><td>부재의 설치 순서, 설치방법 확인・검토</td><td></td><td></td><td></td><td></td></tr>
<tr><td rowspan="2">자재</td><td>KS등의 자재성능 관련 서류 확인・검토</td><td></td><td></td><td></td><td></td></tr>
<tr><td>앵커 및 브래킷류 재질 확인・검토</td><td></td><td></td><td></td><td></td></tr>
<tr><td rowspan="4">시공</td><td>세부 시공 상세도에 의한 긴결재 및 브래킷 등 주요 지점 먹매김 확인</td><td></td><td></td><td></td><td></td></tr>
<tr><td>층간 방화구획 부위 확인</td><td></td><td></td><td></td><td></td></tr>
<tr><td>- 층간 방화 충전재의 간격, 길이 등 확인</td><td></td><td></td><td></td><td></td></tr>
<tr><td>줄눈재의 손상 및 오염여부 확인</td><td></td><td></td><td></td><td></td></tr>
<tr><td rowspan="2">공사 완료</td><td>최종 마감상태 육안 확인</td><td></td><td></td><td></td><td></td></tr>
<tr><td>배연창의 자동 및 수동 개폐 확인</td><td></td><td></td><td></td><td></td></tr>
</table>

<table>
<tr><td rowspan="2">시공자점검일</td><td rowspan="2">년 월 일</td><td>총괄 시공 책임자</td><td>(인)</td></tr>
<tr><td>공종별 시공 관리자</td><td>(인)</td></tr>
<tr><td rowspan="2">감리자점검일</td><td rowspan="2">년 월 일</td><td>총괄 감리 책임자</td><td>(인)</td></tr>
<tr><td>건축사보
(공종별 감리 책임자)</td><td>(인)</td></tr>
<tr><td>첨부자료</td><td colspan="3"></td></tr>
</table>

공종별 감리 체크리스트			문서번호			
공 종		도장공사	세부공종	-		
부 위		층	위치			
구분		검 사 항 목	기준, 참고사항	검사결과		조치사항
				적합	부적합	
기본 업무	자재	KS 등의 자재성능 관련 서류 확인·검토				
		제조업체지정 및 재료견본 확인·검토				
	시공	모르타르 바탕면인 경우의 바탕만들기 여부 확인				
		철부(鐵) 바탕면의 확인				
		목조(木造) 바탕면의 확인				
		도막할 곳 주변, 도장이 끝난 면에 오염, 손상을 주지 않도록 보호를 위한 보양 확인				
	공사 완료	최종 마감상태 육안 확인				
		도장시 발생한 도막의 결함에 대한 확인				
		도장후에 생긴 도막의 결함검사 및 확인				

시공자점검일	년 월 일	총괄 시공 책임자	(인)
		공종별 시공 관리자	(인)
감리자점검일	년 월 일	총괄 감리 책임자	(인)
		건축사보 (공종별 감리 책임자)	(인)

첨부자료	

<table>
<tr><td colspan="3">공종별 감리 체크리스트</td><td>문서번호</td><td colspan="3"></td></tr>
<tr><td colspan="2">공 종</td><td>수장공사</td><td>세부공종</td><td colspan="3"></td></tr>
<tr><td colspan="2">부 위</td><td>층</td><td>위치</td><td colspan="3"></td></tr>
<tr><td colspan="2" rowspan="2">구분</td><td rowspan="2">검 사 항 목</td><td rowspan="2">기준, 참고사항</td><td colspan="2">검사결과</td><td rowspan="2">조치사항</td></tr>
<tr><td>적합</td><td>부적합</td></tr>
<tr><td rowspan="13">기본 업무</td><td rowspan="3">도서</td><td>균열방지 대책 확인・검토</td><td></td><td></td><td></td><td></td></tr>
<tr><td>경질타일, 돌붙이기 등의 경우에는 줄눈나누기, 붙임모르타르 두께등 확인・검토</td><td></td><td></td><td></td><td></td></tr>
<tr><td>설비장치용 개구부 주위의 처리 확인・검토</td><td></td><td></td><td></td><td></td></tr>
<tr><td rowspan="4">자재</td><td>KS 등의 자재성능 관련 서류 확인・검토</td><td></td><td></td><td></td><td></td></tr>
<tr><td>차음 및 내화 성능을 확인할 수 있는 서류 확인・검토</td><td></td><td></td><td></td><td></td></tr>
<tr><td>규격, 제조업체, 상품명 확인・검토</td><td></td><td></td><td></td><td></td></tr>
<tr><td>제품검사에 대한 확인・검토</td><td></td><td></td><td></td><td></td></tr>
<tr><td>시공</td><td>바탕면 확인</td><td></td><td></td><td></td><td></td></tr>
<tr><td rowspan="6">공사 완료</td><td>최종 마감상태 육안 확인</td><td></td><td></td><td></td><td></td></tr>
<tr><td>바닥공사의 확인</td><td></td><td></td><td></td><td></td></tr>
<tr><td>-도장마감 확인</td><td></td><td></td><td></td><td></td></tr>
<tr><td>-보양 여부 확인</td><td></td><td></td><td></td><td></td></tr>
<tr><td>-바닥 표면 처리 여부 확인</td><td></td><td></td><td></td><td></td></tr>
<tr><td>벽・천장 공사의 확인</td><td></td><td></td><td></td><td></td></tr>
</table>

<table>
<tr><td rowspan="2">시공자점검일</td><td rowspan="2">년 월 일</td><td>총괄 시공 책임자</td><td>(인)</td></tr>
<tr><td>공종별 시공 관리자</td><td>(인)</td></tr>
<tr><td rowspan="2">감리자점검일</td><td rowspan="2">년 월 일</td><td>총괄 감리 책임자</td><td>(인)</td></tr>
<tr><td>건축사보
(공종별 감리 책임자)</td><td>(인)</td></tr>
<tr><td>첨부자료</td><td colspan="3"></td></tr>
</table>

공종별 감리 체크리스트		문서번호	
공 종	조경공사	세부공종	
부 위	층	위치	

구분		검 사 항 목	기준, 참고사항	검사결과		조치사항
				적합	부적합	
기본 업무	자재	조경수 및 시설물의 납품확인서 확인・검토				
	공사 완료	식재 및 조경시설물 등 설치 확인				
기본 외 업무	도서	설계도서와의 대조, 확인・검토				
		기존식목의 확인・검토				
		나무심기의 배치 확인・검토				
	자재	수목 및 그루터기 등의 확인・검토				
		반입토(객토질)의 확인・검토				
		잔디 (종류와 시방 등) 확인・검토				
		보양재료(통나무, 대나무, 새끼줄, 철사 등의 품질)의 확인・검토 등				
	시공	식재재의 확인				
		-흙덩이, 기와조각, 잡초 등의 확인				
		-성토, 굴착으로 인한 고저 확인				
		-객토 사용 확인 등				
		식재의 확인				
		-이식, 파내기 상태의 확인				
		-운반시의 보양을 확인				
		-심기위치의 적정배치, 모습 상태 확인				
		-심은 후의 버팀기둥 확인 등				
		잔디심기의 확인				
		-지정줄눈폭, 심기의 확인				
		-줄눈 메우기흙, 물대기의 확인 등				
	공사 완료	지정된 보호, 보양방법의 검사에 대한 확인				
		건축허가 조건과의 부합 여부				

시공자점검일	년 월 일	총괄 시공 책임자	(인)
		공종별 시공 관리자	(인)
감리자점검일	년 월 일	총괄 감리 책임자	(인)
		건축사보 (공종별 감리 책임자)	(인)
첨부자료			

<table>
<tr><th colspan="3">공종별 감리 체크리스트</th><th>문서번호</th><th colspan="3"></th></tr>
<tr><td colspan="2">공 종</td><td>잡공사</td><td>세부공종</td><td colspan="3"></td></tr>
<tr><td colspan="2">부 위</td><td>층</td><td>위치</td><td colspan="3"></td></tr>
<tr><th colspan="2" rowspan="2">구분</th><th rowspan="2">검 사 항 목</th><th rowspan="2">기준, 참고사항</th><th colspan="2">검사결과</th><th rowspan="2">조치사항</th></tr>
<tr><th>적합</th><th>부적합</th></tr>
<tr><td rowspan="3">기본 업무</td><td rowspan="2">자재</td><td>KS 등의 자재성능 관련 서류 확인・검토</td><td></td><td></td><td></td><td></td></tr>
<tr><td>실내건축 확인・검토, 불연・준불연・난연재료 등 확인・검토</td><td></td><td></td><td></td><td></td></tr>
<tr><td>공사 완료</td><td>최종 마감상태 육안 확인</td><td></td><td></td><td></td><td></td></tr>
<tr><td rowspan="8">기본 외 업무</td><td rowspan="3">도서</td><td>커튼박스의 유무와 종류 확인・검토</td><td></td><td></td><td></td><td></td></tr>
<tr><td>배기, 환기후드의 설치장소, 크기 내・외 마감재질 확인・검토</td><td></td><td></td><td></td><td></td></tr>
<tr><td>안내판, 간판 등 확인・검토</td><td></td><td></td><td></td><td></td></tr>
<tr><td rowspan="3">자재</td><td>제조업체의 확인・검토</td><td></td><td></td><td></td><td></td></tr>
<tr><td>재료견본에 의한 재질, 형상, 색깔, 기능 등 확인・검토</td><td></td><td></td><td></td><td></td></tr>
<tr><td>카탈로그에 의한 제조업체, 규격, 시방 확인・검토</td><td></td><td></td><td></td><td></td></tr>
<tr><td rowspan="2">공사 완료</td><td>인도까지의 보양, 보호에 대한 확인(청소, 연마도 포함)</td><td></td><td></td><td></td><td></td></tr>
<tr><td>오염, 청소, 정리상태 등 검사에 대한 확인</td><td></td><td></td><td></td><td></td></tr>
<tr><td colspan="2" rowspan="2">시공자점검일</td><td rowspan="2">년 월 일</td><td>총괄 시공 책임자</td><td colspan="3">(인)</td></tr>
<tr><td>공종별 시공 관리자</td><td colspan="3">(인)</td></tr>
<tr><td colspan="2" rowspan="2">감리자점검일</td><td rowspan="2">년 월 일</td><td>총괄 감리 책임자</td><td colspan="3">(인)</td></tr>
<tr><td>건축사보
(공종별 감리 책임자)</td><td colspan="3">(인)</td></tr>
<tr><td colspan="2">첨부자료</td><td colspan="5"></td></tr>
</table>

<table>
<tr><td colspan="3">**공종별 감리 체크리스트**</td><td>문서번호</td><td colspan="4"></td></tr>
<tr><td colspan="2">공 종</td><td>건물주위 공사</td><td>세부공종</td><td colspan="4">-</td></tr>
<tr><td colspan="2">부 위</td><td>층</td><td>위치</td><td colspan="4"></td></tr>
<tr><td colspan="2" rowspan="2">구분</td><td rowspan="2">검 사 항 목</td><td rowspan="2">기준, 참고사항</td><td colspan="2">검사결과</td><td rowspan="2">조치사항</td></tr>
<tr><td>적합</td><td>부적합</td></tr>
<tr><td rowspan="7">기본 업무</td><td rowspan="5">바닥 포장</td><td>포장의 경계위치는 줄쳐보기에 의한 확인</td><td></td><td></td><td></td><td></td></tr>
<tr><td>아스팔트 포장 확인</td><td></td><td></td><td></td><td></td></tr>
<tr><td>주차장의 위치, 주차대수 확인</td><td></td><td></td><td></td><td></td></tr>
<tr><td>배수구, 집수구류의 구배와 배수면 높이 확인</td><td></td><td></td><td></td><td></td></tr>
<tr><td>KS등의 자재성능 관련 서류 확인</td><td></td><td></td><td></td><td></td></tr>
<tr><td rowspan="2">공사 완료</td><td>공공시설의 복구완료 검사에 대한 확인</td><td></td><td></td><td></td><td></td></tr>
<tr><td>오염, 청소, 정리상태 등 검사에 대한 확인</td><td></td><td></td><td></td><td></td></tr>
<tr><td rowspan="4">기본 외 업무</td><td>문, 담장</td><td>줄쳐보기에 의한 위치 관계 확인</td><td></td><td></td><td></td><td></td></tr>
<tr><td rowspan="3">도서</td><td>경계말뚝 관계자의 입회에 의해 확인</td><td></td><td></td><td></td><td></td></tr>
<tr><td>건물주위 마감 확인</td><td></td><td></td><td></td><td></td></tr>
<tr><td>공공시설의 기록 확인</td><td></td><td></td><td></td><td></td></tr>
</table>

<table>
<tr><td rowspan="2">시공자점검일</td><td rowspan="2">년 월 일</td><td>총괄 시공 책임자</td><td>(인)</td></tr>
<tr><td>공종별 시공 관리자</td><td>(인)</td></tr>
<tr><td rowspan="2">감리자점검일</td><td rowspan="2">년 월 일</td><td>총괄 감리 책임자</td><td>(인)</td></tr>
<tr><td>건축사보
(공종별 감리 책임자)</td><td>(인)</td></tr>
<tr><td>첨부자료</td><td colspan="3"></td></tr>
</table>

●기계설비 공사감리 체크리스트

<table>
<tr><th colspan="3">공종별 감리 체크리스트</th><th>문서번호</th><th colspan="3"></th></tr>
<tr><td colspan="2">공 종</td><td>승강설비 및 기계식주차 설비공사</td><td>세부공종</td><td colspan="3">-</td></tr>
<tr><td colspan="2">부 위</td><td>층</td><td>위치</td><td colspan="3"></td></tr>
<tr><td colspan="2" rowspan="2">구분</td><td rowspan="2">검 사 항 목</td><td rowspan="2">기준, 참고사항</td><td colspan="2">검사결과</td><td rowspan="2">조치사항</td></tr>
<tr><td>적합</td><td>부적합</td></tr>
<tr><td rowspan="9">기본 업무</td><td rowspan="3">도서</td><td>선정된 기자재 관련 설치계획 및 시공도 확인</td><td></td><td></td><td></td><td></td></tr>
<tr><td>승강기 및 주차설비 내외부 설계도 확인</td><td></td><td></td><td></td><td></td></tr>
<tr><td>설계도, 특기시방서 확인</td><td></td><td></td><td></td><td></td></tr>
<tr><td>기기 및 자재</td><td>KS 등의 기기 및 자재성능 관련 서류 확인·검토</td><td></td><td></td><td></td><td></td></tr>
<tr><td rowspan="2">시공</td><td>타 분야 공종과의 연관부분(간섭 및 구조, 치수, 마감 등) 확인·검토</td><td></td><td></td><td></td><td></td></tr>
<tr><td>방화구획 관련사항 확인</td><td></td><td></td><td></td><td></td></tr>
<tr><td rowspan="3">공사 완료</td><td>최종 마감상태 육안확인</td><td></td><td></td><td></td><td></td></tr>
<tr><td>제작사 성능보증서 및 검사필증 확인</td><td></td><td></td><td></td><td></td></tr>
<tr><td>시운전 확인</td><td></td><td></td><td></td><td></td></tr>
</table>

<table>
<tr><td rowspan="2">시공자점검일</td><td rowspan="2">년 월 일</td><td>총괄 시공 책임자</td><td>(인)</td></tr>
<tr><td>공종별 시공 관리자</td><td>(인)</td></tr>
<tr><td rowspan="2">감리자점검일</td><td rowspan="2">년 월 일</td><td>총괄 감리 책임자</td><td>(인)</td></tr>
<tr><td>건축사보
(공종별 감리 책임자)</td><td>(인)</td></tr>
<tr><td>첨부자료</td><td colspan="3"></td></tr>
</table>

공종별 감리 체크리스트			문서번호			
공 종		급배수위생 설비 공사	세부공종	-		
부 위		층	위치			
구분		검 사 항 목	기준, 참고사항	검사결과		조치사항
				적합	부적합	
기본 업무	도서	선정된 기자재 관련 설치계획 및 시공도 확인				
		정화조 용량 확인				
		설계도, 특기시방서 확인				
	기기 및 자재	KS 등의 기기 및 자재성능 관련 서류 확인・검토(보일러, 펌프, 급배수관, 물탱크, 위생기구, 정화조 등)				
		고효율 에너지 기자재 적용여부 확인・검토				
	시공	타 분야 공종과의 연관부분(간섭 및 구조, 치수, 마감 등) 확인・검토				
		배수트랩의 설치여부, 청소구 및 통기관 위치 확인				
		정화조 배기관 및 맨홀 위치 확인				
	공사 완료	최종 마감상태 육안확인				
		시운전(밸브류 개폐, 누수여부 등) 확인				

시공자점검일	년 월 일	총괄 시공 책임자	(인)
		공종별 시공 관리자	(인)
감리자점검일	년 월 일	총괄 감리 책임자	(인)
		건축사보 (공종별 감리 책임자)	(인)
첨부자료			

<table>
<tr><td colspan="3">공종별 감리 체크리스트</td><td>문서번호</td><td colspan="3"></td></tr>
<tr><td colspan="2">공 종</td><td>공기 조화설비공사</td><td>세부공종</td><td colspan="3">-</td></tr>
<tr><td colspan="2">부 위</td><td>층</td><td>위치</td><td colspan="3"></td></tr>
<tr><td colspan="2" rowspan="2">구분</td><td rowspan="2">검 사 항 목</td><td rowspan="2">기준, 참고사항</td><td colspan="2">검사결과</td><td rowspan="2">조치사항</td></tr>
<tr><td>적합</td><td>부적합</td></tr>
<tr><td rowspan="8">기본 업무</td><td rowspan="2">도서</td><td>선정된 기자재 관련 설치계획 및 시공도 확인·검토</td><td></td><td></td><td></td><td></td></tr>
<tr><td>설계도, 특기시방서 확인·검토</td><td></td><td></td><td></td><td></td></tr>
<tr><td rowspan="2">기기 및 자재</td><td>KS 등의 기기 및 자재성능 관련 서류 확인·검토(냉동기, 오일탱크, 연도, 연돌, 히터열교환기, 송풍기, 공기조화기, 팬코일 유니트, 냉각탑, 축열조, 냉매배관 등)</td><td></td><td></td><td></td><td></td></tr>
<tr><td>고효율 에너지 기자재 적용여부 확인·검토</td><td></td><td></td><td></td><td></td></tr>
<tr><td>시공</td><td>타 분야 공종과의 연관부분(간섭 및 구조, 치수, 마감 등) 확인·검토</td><td></td><td></td><td></td><td></td></tr>
<tr><td rowspan="2">공사 완료</td><td>최종 마감상태 육안확인</td><td></td><td></td><td></td><td></td></tr>
<tr><td>시운전 확인</td><td></td><td></td><td></td><td></td></tr>
</table>

<table>
<tr><td rowspan="2">시공자점검일</td><td rowspan="2">년 월 일</td><td>총괄 시공 책임자</td><td>(인)</td></tr>
<tr><td>공종별 시공 관리자</td><td>(인)</td></tr>
<tr><td rowspan="2">감리자점검일</td><td rowspan="2">년 월 일</td><td>총괄 감리 책임자</td><td>(인)</td></tr>
<tr><td>건축사보
(공종별 감리 책임자)</td><td>(인)</td></tr>
<tr><td>첨부자료</td><td colspan="3"></td></tr>
</table>

<table>
<tr><th colspan="2">공종별 감리 체크리스트</th><th>문서번호</th><th colspan="3"></th></tr>
<tr><td colspan="2">공 종</td><td>배관설비공사</td><td>세부공종</td><td colspan="3">-</td></tr>
<tr><td colspan="2">부 위</td><td>층</td><td>위치</td><td colspan="3"></td></tr>
<tr><th colspan="2" rowspan="2">구분</th><th rowspan="2">검 사 항 목</th><th rowspan="2">기준, 참고사항</th><th colspan="2">검사결과</th><th rowspan="2">조치사항</th></tr>
<tr><th>적합</th><th>부적합</th></tr>
<tr><td rowspan="12">기본
업무</td><td rowspan="2">도서</td><td>선정된 기자재 관련 설치계획 및 시공도확인</td><td></td><td></td><td></td><td></td></tr>
<tr><td>설계도, 특기시방서 확인</td><td></td><td></td><td></td><td></td></tr>
<tr><td>기기
및
자재</td><td>KS 등의 기기 및 자재성능 관련 서류 확인·검토(냉,온수 배관, 냉각수 배관, 냉매 배관, 증기배관, 기타 배관 및 보온재, 발열선)</td><td></td><td></td><td></td><td></td></tr>
<tr><td rowspan="7">시공</td><td>타 분야 공종과의 연관부분(간섭 및 구조, 치수, 마감 등) 확인·검토</td><td></td><td></td><td></td><td></td></tr>
<tr><td>물배관의 전기설비로부터의 이격 확인</td><td></td><td></td><td></td><td></td></tr>
<tr><td>관경 확인</td><td></td><td></td><td></td><td></td></tr>
<tr><td>관 관통부위의 틈새채움(방화구획 등 규정 준수 여부 포함) 확인</td><td></td><td></td><td></td><td></td></tr>
<tr><td>신축이음부 양쪽 배관의 서포트 설치 확인</td><td></td><td></td><td></td><td></td></tr>
<tr><td>내화성능을 확보한 보온재의 사용여부 확인(해당부분에 한함)</td><td></td><td></td><td></td><td></td></tr>
<tr><td>최종 마감상태 육안확인</td><td></td><td></td><td></td><td></td></tr>
<tr><td>공사
완료</td><td>시운전 확인</td><td></td><td></td><td></td><td></td></tr>
</table>

<table>
<tr><td rowspan="2">시공자점검일</td><td rowspan="2">년 월 일</td><td>총괄 시공 책임자</td><td>(인)</td></tr>
<tr><td>공종별 시공 관리자</td><td>(인)</td></tr>
<tr><td rowspan="2">감리자점검일</td><td rowspan="2">년 월 일</td><td>총괄 감리 책임자</td><td>(인)</td></tr>
<tr><td>건축사보
(공종별 감리 책임자)</td><td>(인)</td></tr>
<tr><td>첨부자료</td><td colspan="3"></td></tr>
</table>

<table>
<tr><td colspan="3">공종별 감리 체크리스트</td><td>문서번호</td><td colspan="3"></td></tr>
<tr><td colspan="2">공 종</td><td>덕트설비공사</td><td>세부공종</td><td colspan="3">-</td></tr>
<tr><td colspan="2">부 위</td><td>층</td><td>위치</td><td colspan="3"></td></tr>
<tr><td colspan="2" rowspan="2">구분</td><td rowspan="2">검 사 항 목</td><td rowspan="2">기준, 참고사항</td><td colspan="2">검사결과</td><td rowspan="2">조치사항</td></tr>
<tr><td>적합</td><td>부적합</td></tr>
<tr><td rowspan="10">기본
업무</td><td rowspan="2">도서</td><td>선정된 기자재 관련 설치계획 및 시공도 확인·검토</td><td></td><td></td><td></td><td></td></tr>
<tr><td>설계도, 특기시방서 확인·검토</td><td></td><td></td><td></td><td></td></tr>
<tr><td>기기
및
자재</td><td>KS 등의 기기 및 자재성능 관련 서류 확인·검토(흡입 및 배출구, 흡입루버, 배기그릴, 방화댐퍼, 보온재(난연 및 준불연, 불연 성능) 등)</td><td></td><td></td><td></td><td></td></tr>
<tr><td rowspan="4">시공</td><td>타 분야 공종과의 연관부분(간섭 및 구조, 치수, 마감 등) 확인·검토</td><td></td><td></td><td></td><td></td></tr>
<tr><td>덕트 관통부위의 처리(틈새채움 등) 확인</td><td></td><td></td><td></td><td></td></tr>
<tr><td>내화성능을 확보한 보온재의 사용여부 확인(해당부분에 한함)</td><td></td><td></td><td></td><td></td></tr>
<tr><td>점검구 설치 확인</td><td></td><td></td><td></td><td></td></tr>
<tr><td rowspan="3">공사
완료</td><td>최종 마감상태 육안확인</td><td></td><td></td><td></td><td></td></tr>
<tr><td>방재센터의 배연 관련 조작표시 확인</td><td></td><td></td><td></td><td></td></tr>
<tr><td>시운전(댐퍼류 개폐, 누기 등) 확인</td><td></td><td></td><td></td><td></td></tr>
</table>

<table>
<tr><td rowspan="2">시공자점검일</td><td rowspan="2">년 월 일</td><td>총괄 시공 책임자</td><td>(인)</td></tr>
<tr><td>공종별 시공 관리자</td><td>(인)</td></tr>
<tr><td rowspan="2">감리자점검일</td><td rowspan="2">년 월 일</td><td>총괄 감리 책임자</td><td>(인)</td></tr>
<tr><td>건축사보
(공종별 감리 책임자)</td><td>(인)</td></tr>
<tr><td>첨부자료</td><td colspan="3"></td></tr>
</table>

<table>
<tr><td colspan="3">공종별 감리 체크리스트</td><td>문서번호</td><td colspan="3"></td></tr>
<tr><td colspan="2">공 종</td><td>자동제어 설비공사</td><td>세부공종</td><td colspan="3">-</td></tr>
<tr><td colspan="2">부 위</td><td>층</td><td>위치</td><td colspan="3"></td></tr>
<tr><td colspan="2" rowspan="2">구분</td><td rowspan="2">검 사 항 목</td><td rowspan="2">기준, 참고사항</td><td colspan="2">검사결과</td><td rowspan="2">조치사항</td></tr>
<tr><td>적합</td><td>부적합</td></tr>
<tr><td rowspan="9">기본 업무</td><td rowspan="2">도서</td><td>선정된 기자재 관련 설치계획 및 시공도 확인 · 검토</td><td></td><td></td><td></td><td></td></tr>
<tr><td>설계도, 특기시방서 확인 · 검토</td><td></td><td></td><td></td><td></td></tr>
<tr><td rowspan="2">기기 및 자재</td><td>KS 등의 기기 및 자재성능 관련 서류 확인 · 검토</td><td></td><td></td><td></td><td></td></tr>
<tr><td>고효율 에너지 기자재 적용여부 확인 · 검토</td><td></td><td></td><td></td><td></td></tr>
<tr><td rowspan="2">시공</td><td>타 분야 공종과의 연관부분(간섭 및 구조, 치수, 마감 등) 확인 · 검토</td><td></td><td></td><td></td><td></td></tr>
<tr><td>온,습도 제어장치 설치 확인</td><td></td><td></td><td></td><td></td></tr>
<tr><td rowspan="2">공사 완료</td><td>최종 마감상태 육안확인</td><td></td><td></td><td></td><td></td></tr>
<tr><td>시운전(자동 및 수동 조작 등) 확인</td><td></td><td></td><td></td><td></td></tr>
</table>

<table>
<tr><td rowspan="2">시공자점검일</td><td rowspan="2">년 월 일</td><td>총괄 시공 책임자</td><td>(인)</td></tr>
<tr><td>공종별 시공 관리자</td><td>(인)</td></tr>
<tr><td rowspan="2">감리자점검일</td><td rowspan="2">년 월 일</td><td>총괄 감리 책임자</td><td>(인)</td></tr>
<tr><td>건축사보
(공종별 감리 책임자)</td><td>(인)</td></tr>
<tr><td>첨부자료</td><td colspan="3"></td></tr>
</table>

<table>
<tr><td colspan="3">공종별 감리 체크리스트</td><td>문서번호</td><td colspan="3"></td></tr>
<tr><td colspan="2">공 종</td><td>신재생에너지 설비공사</td><td>세부공종</td><td colspan="3">-</td></tr>
<tr><td colspan="2">부 위</td><td>층</td><td>위치</td><td colspan="3"></td></tr>
<tr><td colspan="2" rowspan="2">구분</td><td rowspan="2">검 사 항 목</td><td rowspan="2">기준, 참고사항</td><td colspan="2">검사결과</td><td rowspan="2">조치사항</td></tr>
<tr><td>적합</td><td>부적합</td></tr>
<tr><td rowspan="10">기본 업무</td><td rowspan="2">도서</td><td>선정된 기자재 관련 설치계획 및 시공도 확인・검토</td><td></td><td></td><td></td><td></td></tr>
<tr><td>설계도, 특기시방서 확인・검토</td><td></td><td></td><td></td><td></td></tr>
<tr><td rowspan="2">기기 및 자재</td><td>KS 등의 기기 및 자재성능 관련 서류 확인・검토(태양열 집열판, 열펌프 등)</td><td></td><td></td><td></td><td></td></tr>
<tr><td>고효율 에너지 기자재 적용여부 확인・검토</td><td></td><td></td><td></td><td></td></tr>
<tr><td rowspan="3">시공</td><td>타 분야 공종과의 연관부분(간섭 및 구조, 치수, 마감 등) 확인・검토</td><td></td><td></td><td></td><td></td></tr>
<tr><td>대양열 집열판 설치 방향 및 경사도 확인</td><td></td><td></td><td></td><td></td></tr>
<tr><td>지중열교환기의 지하매설깊이 확인</td><td></td><td></td><td></td><td></td></tr>
<tr><td rowspan="3">공사 완료</td><td>최종 마감상태 육안확인</td><td></td><td></td><td></td><td></td></tr>
<tr><td>에너지절약계획서 이행확인서 확인(해당 건축물에 한함)</td><td></td><td></td><td></td><td></td></tr>
<tr><td>시운전 확인</td><td></td><td></td><td></td><td></td></tr>
</table>

<table>
<tr><td rowspan="2">시공자점검일</td><td rowspan="2">년 월 일</td><td>총괄 시공 책임자</td><td>(인)</td></tr>
<tr><td>공종별 시공 관리자</td><td>(인)</td></tr>
<tr><td rowspan="2">감리자점검일</td><td rowspan="2">년 월 일</td><td>총괄 감리 책임자</td><td>(인)</td></tr>
<tr><td>건축사보
(공종별 감리 책임자)</td><td>(인)</td></tr>
<tr><td>첨부자료</td><td colspan="3"></td></tr>
</table>

공종별 감리 체크리스트			문서번호			
공 종		냉동냉장 설비공사	세부공종	-		
부 위		층	위치			
구분		검 사 항 목	기준, 참고사항	검사결과		조치사항
				적합	부적합	
기본 업무	도서	선정된 기자재 관련 설치계획 및 시공도 확인·검토				
		설계도, 특기시방서 확인·검토				
	기기 및 자재	KS 등의 기기 및 자재성능 관련 서류 확인·검토				
		고효율 에너지 기자재 적용여부 확인·검토				
	시공	타 분야 공종과의 연관부분(간섭 및 구조, 치수, 마감 등) 확인·검토				
		경보등 설치여부 확인				
	공사 완료	최종 마감상태 육안확인				
		실내 감금방지 회로의 작동여부 확인				
		냉매 충전여부 확인				
		성능시험보고서 확인				
		시운전 확인				

시공자점검일	년 월 일	총괄 시공 책임자	(인)
		공종별 시공 관리자	(인)
감리자점검일	년 월 일	총괄 감리 책임자	(인)
		건축사보 (공종별 감리 책임자)	(인)
첨부자료			

<table>
<tr><td colspan="3">공종별 감리 체크리스트</td><td>문서번호</td><td colspan="3"></td></tr>
<tr><td colspan="2">공 종</td><td>클린룸 설비공사</td><td>세부공종</td><td colspan="3">-</td></tr>
<tr><td colspan="2">부 위</td><td>층</td><td>위치</td><td colspan="3"></td></tr>
<tr><td colspan="2" rowspan="2">구분</td><td rowspan="2">검 사 항 목</td><td rowspan="2">기준, 참고사항</td><td colspan="2">검사결과</td><td rowspan="2">조치사항</td></tr>
<tr><td>적합</td><td>부적합</td></tr>
<tr><td rowspan="10">기본 업무</td><td rowspan="3">도서</td><td>선정된 기자재 관련 설치계획 및 시공도 확인 · 검토</td><td></td><td></td><td></td><td></td></tr>
<tr><td>설계도서 상 클린룸 성능(청정도등급, 온도, 습도, 차압 등) 명시 여부 확인 · 검토</td><td></td><td></td><td></td><td></td></tr>
<tr><td>설계도, 특기시방서 확인 · 검토</td><td></td><td></td><td></td><td></td></tr>
<tr><td rowspan="2">기기 및 자재</td><td>KS 등의 기기 및 자재성능 관련 서류 확인 · 검토</td><td></td><td></td><td></td><td></td></tr>
<tr><td>고효율 에너지 기자재 적용여부 확인 · 검토</td><td></td><td></td><td></td><td></td></tr>
<tr><td rowspan="3">시공</td><td>타 분야 공종과의 연관부분(간섭 및 구조, 치수, 마감 등) 확인 · 검토</td><td></td><td></td><td></td><td></td></tr>
<tr><td>불연재료 사용여부 확인(해당 부분에 한함)</td><td></td><td></td><td></td><td></td></tr>
<tr><td>클린룸의 준청정상태에서 필터 설치여부 확인</td><td></td><td></td><td></td><td></td></tr>
<tr><td rowspan="3">공사 완료</td><td>최종 마감상태 육안확인</td><td></td><td></td><td></td><td></td></tr>
<tr><td>외부로 통하는 출입문의 잠김기능 및 자동개폐장치 설치여부 확인</td><td></td><td></td><td></td><td></td></tr>
<tr><td>시운전 확인</td><td></td><td></td><td></td><td></td></tr>
</table>

<table>
<tr><td rowspan="2">시공자점검일</td><td rowspan="2">년 월 일</td><td>총괄 시공 책임자</td><td>(인)</td></tr>
<tr><td>공종별 시공 관리자</td><td>(인)</td></tr>
<tr><td rowspan="2">감리자점검일</td><td rowspan="2">년 월 일</td><td>총괄 감리 책임자</td><td>(인)</td></tr>
<tr><td>건축사보
(공종별 감리 책임자)</td><td>(인)</td></tr>
<tr><td>첨부자료</td><td colspan="3"></td></tr>
</table>

공종별 감리 체크리스트			문서번호			
공 종		가스설비공사	세부공종	-		
부 위		층	위치			
구분		검 사 항 목	기준, 참고사항	검사결과		조치사항
				적합	부적합	
기본 업무	도서	선정된 기자재 관련 설치계획 및 시공도 확인・검토				
		액화석유가스(프로판, 부탄 등) 용기 보관장소 설치기준 부합여부 확인・검토				
		설계도, 특기시방서 확인・검토				
	기기 및 자재	KS 등의 기기 및 자재성능 관련 서류 확인・검토				
	시공	타 분야 공종과의 연관부분(간섭 및 구조, 치수, 마감 등) 확인・검토				
		배관의 외부 노출여부(매설가능조건 부합여부 포함) 확인				
		액화석유가스 용기의 넘어짐 방지시설 설치여부 확인				
	공사 완료	최종 마감상태 육안 확인				
		검사필증 확인				
		시운전 확인				

시공자점검일	년 월 일	총괄 시공 책임자	(인)
		공종별 시공 관리자	(인)
감리자점검일	년 월 일	총괄 감리 책임자	(인)
		건축사보 (공종별 감리 책임자)	(인)

첨부자료	

<table>
<tr><td colspan="3">공종별 감리 체크리스트</td><td>문서번호</td><td colspan="3"></td></tr>
<tr><td colspan="2">공 종</td><td>방음방진 및 내진 설비공사</td><td>세부공종</td><td colspan="3">-</td></tr>
<tr><td colspan="2">부 위</td><td>층</td><td>위치</td><td colspan="3"></td></tr>
<tr><td colspan="2" rowspan="2">구분</td><td rowspan="2">검 사 항 목</td><td rowspan="2">기준, 참고사항</td><td colspan="2">검사결과</td><td rowspan="2">조치사항</td></tr>
<tr><td>적합</td><td>부적합</td></tr>
<tr><td rowspan="10">기본
업무</td><td rowspan="2">도서</td><td>선정된 기자재 관련 설치계획 및 시공도 확인·검토</td><td></td><td></td><td></td><td></td></tr>
<tr><td>설계도, 특기시방서 확인·검토</td><td></td><td></td><td></td><td></td></tr>
<tr><td>기기
및
자재</td><td>KS 등의 기기 및 자재성능 관련 서류 확인·검토(덕트소음기 효율계산서 또는 시험성적서, 방진제품 시험성적서 등)</td><td></td><td></td><td></td><td></td></tr>
<tr><td rowspan="4">시공</td><td>타 분야 공종과의 연관부분(간섭 및 구조, 치수, 마감 등) 확인·검토</td><td></td><td></td><td></td><td></td></tr>
<tr><td>방진스프링의 앵커볼트 매설 깊이 확인</td><td></td><td></td><td></td><td></td></tr>
<tr><td>지진완충기의 설치여부 확인(해당 기기에 한함)</td><td></td><td></td><td></td><td></td></tr>
<tr><td>방음설비 흡음재 규격 확인</td><td></td><td></td><td></td><td></td></tr>
<tr><td rowspan="2">공사
완료</td><td>최종 마감상태 육안확인</td><td></td><td></td><td></td><td></td></tr>
<tr><td>시운전 확인</td><td></td><td></td><td></td><td></td></tr>
</table>

<table>
<tr><td rowspan="2">시공자점검일</td><td rowspan="2">년 월 일</td><td>총괄 시공 책임자</td><td>(인)</td></tr>
<tr><td>공종별 시공 관리자</td><td>(인)</td></tr>
<tr><td rowspan="2">감리자점검일</td><td rowspan="2">년 월 일</td><td>총괄 감리 책임자</td><td>(인)</td></tr>
<tr><td>건축사보
(공종별 감리 책임자)</td><td>(인)</td></tr>
<tr><td>첨부자료</td><td colspan="3"></td></tr>
</table>

●전기설비 공사감리 체크리스트

<table>
<tr><th colspan="3">공종별 감리 체크리스트</th><th>문서번호</th><th colspan="3"></th></tr>
<tr><td colspan="2">공 종</td><td>옥외공사</td><td>세부공종</td><td colspan="3">-</td></tr>
<tr><td colspan="2">부 위</td><td>층</td><td>위치</td><td colspan="3"></td></tr>
<tr><th colspan="2" rowspan="2">구분</th><th rowspan="2">검 사 항 목</th><th rowspan="2">기준, 참고사항</th><th colspan="2">검사결과</th><th rowspan="2">조치사항</th></tr>
<tr><th>적합</th><th>부적합</th></tr>
<tr><td rowspan="12">기본 업무</td><td rowspan="2">도서</td><td>선정된 기자재 관련 설치계획 및 시공도 확인・검토</td><td></td><td></td><td></td><td></td></tr>
<tr><td>설계도, 특기시방서 확인・검토</td><td></td><td></td><td></td><td></td></tr>
<tr><td rowspan="2">기기 및 자재</td><td>KS 등의 기기 및 자재성능 관련 서류 확인・검토</td><td></td><td></td><td></td><td></td></tr>
<tr><td>고효율 에너지 기자재 적용여부 확인・검토</td><td></td><td></td><td></td><td></td></tr>
<tr><td rowspan="6">시공</td><td>타 분야 공종과의 연관부분 확인・검토</td><td></td><td></td><td></td><td></td></tr>
<tr><td>기기, 재료, 시험결과 관련 자료 확인・검토</td><td></td><td></td><td></td><td></td></tr>
<tr><td>지중전선로의 매설깊이, 매설표지 설치 확인</td><td></td><td></td><td></td><td></td></tr>
<tr><td>고압 또는 특별고압용 지중배관 상부 위험표시용 비닐시트 설치 확인</td><td></td><td></td><td></td><td></td></tr>
<tr><td>맨홀과 하수관 연결부위 역수여부 확인</td><td></td><td></td><td></td><td></td></tr>
<tr><td>케이블배선용 배관의 배수를 위한 구배 및 방향 확인</td><td></td><td></td><td></td><td></td></tr>
<tr><td rowspan="2">공사 완료</td><td>최종 설치마감상태 육안확인</td><td></td><td></td><td></td><td></td></tr>
<tr><td>지중전선로 매설위치의 준공도면 표시 확인</td><td></td><td></td><td></td><td></td></tr>
<tr><td colspan="2" rowspan="2">시공자점검일</td><td rowspan="2">지중전선로 매설위치의 준공도면 표시 확인</td><td>총괄 시공 책임자</td><td colspan="3">(인)</td></tr>
<tr><td>공종별 시공 관리자</td><td colspan="3">(인)</td></tr>
<tr><td colspan="2" rowspan="2">감리자점검일</td><td rowspan="2">년 월 일</td><td>총괄 감리 책임자</td><td colspan="3">(인)</td></tr>
<tr><td>건축사보
(공종별 감리 책임자)</td><td colspan="3">(인)</td></tr>
<tr><td colspan="2">첨부자료</td><td colspan="5"></td></tr>
</table>

공종별 감리 체크리스트			문서번호			
공 종		수변전(인입공사) 설비공사	세부공종	-		
부 위		층	위치			
구분		검 사 항 목	기준, 참고사항	검사결과		조치사항
				적합	부적합	
기본 업무	도서	선정된 기자재 관련 설치계획 및 시공도 확인·검토				
		설계도, 특기시방서 확인·검토				
		기기 및 분전반 제작도 확인·검토				
	기기 및 자재	KS 등의 기기 및 자재성능 관련 서류 확인·검토				
		고효율 에너지 기자재 적용여부 확인·검토				
		가스절연개폐장치 또는 가스절연배전반의 신축이음 조치 확인				
	시공	타 분야 공종과의 연관부분 확인·검토				
		기기, 재료, 시험결과 관련 자료 확인				
		전기실 내 설치가 제한된 수도관, 증기관, 덕트(전기실 환기용 제외)의 통과여부 확인				
		전기실 내 침수방지 조치여부 확인				
		기기의 반출입을 고려한 배선용 트렌치 덮개 설치여부 확인				
		콘크리트 타설 전 기초의 위치, 배근, 전기실 내 매입 배관 등 확인				
		기초볼트 위치 및 설치형태, 배전반 설치, 방화구획 관통부의 내화처리, 외벽관통부의 방수처리, 전선과 기기의 접속부, 접지극 매설 전 매설상태 등 확인				
		앵커볼트, 스토퍼, 지지대 등 내진시설의 종류, 설치위치, 설치간격 및 수량 등의 상세도면과의 일치여부 확인				
	공사 완료	최종 설치마감상태 육안확인				
		기기의 설치 위치 확인				
		법적 규정의 이격거리, 각 기구의 접지 확인				
		옥외시설의 배수설비 설치 확인				
		옥외 변전시설 출입구에 안전표시판 설치 확인				
		비상시 전기실 조명의 정상가동 여부 확인·검토				
		변압기 설치 완료 후 저압회로의 누설전류 측정 여부 확인				
		특고압 주 회로와 대지 간, 고압충전부 상호 간 및 대지 간 내전압 시험 실시여부 확인				

시공자점검일	년 월 일	총괄 시공 책임자	(인)
		공종별 시공 관리자	(인)
감리자점검일	년 월 일	총괄 감리 책임자	(인)
		건축사보 (공종별 감리 책임자)	(인)
첨부자료			

<table>
<tr><td colspan="3">공종별 감리 체크리스트</td><td>문서번호</td><td colspan="3"></td></tr>
<tr><td colspan="2">공 종</td><td>예비전원 설비공사</td><td>세부공종</td><td colspan="3">-</td></tr>
<tr><td colspan="2">부 위</td><td>층</td><td>위치</td><td colspan="3"></td></tr>
<tr><td colspan="2" rowspan="2">구분</td><td rowspan="2">검 사 항 목</td><td rowspan="2">기준, 참고사항</td><td colspan="2">검사결과</td><td rowspan="2">조치사항</td></tr>
<tr><td>적합</td><td>부적합</td></tr>
<tr><td rowspan="17">기본
업무</td><td rowspan="2">도서</td><td>선정된 기자재 관련 설치계획 및 시공도 확인·검토</td><td></td><td></td><td></td><td></td></tr>
<tr><td>설계도, 특기시방서 확인·검토</td><td></td><td></td><td></td><td></td></tr>
<tr><td rowspan="3">기기
및
자재</td><td>KS 등의 기기 및 자재성능 관련 서류 확인·검토</td><td></td><td></td><td></td><td></td></tr>
<tr><td>고효율 에너지 기자재 적용여부 확인·검토</td><td></td><td></td><td></td><td></td></tr>
<tr><td>시공자의 발전기, 원동기, 배전반 등 성능시험 확인</td><td></td><td></td><td></td><td></td></tr>
<tr><td rowspan="5">시공</td><td>타 분야 공종과의 연관부분 확인·검토</td><td></td><td></td><td></td><td></td></tr>
<tr><td>기기, 재료, 시험결과 관련 자료 확인</td><td></td><td></td><td></td><td></td></tr>
<tr><td>실내연료탱크 통기관의 높이, 건물 개구부와의 이격상태 확인</td><td></td><td></td><td></td><td></td></tr>
<tr><td>콘크리트 타설 전 기초의 위치, 배근상태, 매입배관 부설 등의 확인</td><td></td><td></td><td></td><td></td></tr>
<tr><td>기초볼트 위치 및 설치형태, 지중매설관 부설, 방화구획 관통부의 내화처리, 외벽관통부의 방수처리, 기기류 및 전선의 부설, 전선과 기기의 접속부, 접지극 매설, 전선 단말처리, 도장 등 확인</td><td></td><td></td><td></td><td></td></tr>
<tr><td rowspan="5">공사
완료</td><td>최종 설치마감상태 육안확인</td><td></td><td></td><td></td><td></td></tr>
<tr><td>기기의 설치 위치 확인</td><td></td><td></td><td></td><td></td></tr>
<tr><td>법적 규정의 이격거리, 각 기구의 접지 확인</td><td></td><td></td><td></td><td></td></tr>
<tr><td>기동정지시험, 충기 및 충전시험, 부하시험 및 연료소비율 시험, 진동시험, 안전장치시험 및 계전기시험, 접비저항시험, 배기배압측정시험, 압력시험, 매연시험, 소음측정 등 시험성적서 확인</td><td></td><td></td><td></td><td></td></tr>
<tr><td>태양광발전설비의 구조시험, 성능시험(절연저항, 계전기 특성, 내전압시험, 태양전지 어레이 출력, 시스템의 출력·기능, 시스템 운전특성, 접지시험 등), 기능시험 관련 시험성적서 확인</td><td></td><td></td><td></td><td></td></tr>
</table>

<table>
<tr><td rowspan="2">시공자점검일</td><td rowspan="2">년 월 일</td><td>총괄 시공 책임자</td><td>(인)</td></tr>
<tr><td>공종별 시공 관리자</td><td>(인)</td></tr>
<tr><td rowspan="2">감리자점검일</td><td rowspan="2">년 월 일</td><td>총괄 감리 책임자</td><td>(인)</td></tr>
<tr><td>건축사보
(공종별 감리 책임자)</td><td>(인)</td></tr>
<tr><td>첨부자료</td><td colspan="3"></td></tr>
</table>

공종별 감리 체크리스트	문서번호	
공 종: 옥내배선공사	세부공종	-
부 위: 층	위치	

구분		검 사 항 목	기준, 참고사항	검사결과 적합	검사결과 부적합	조치사항
기본 업무	도서	선정된 기자재 관련 설치계획 및 시공도 확인・검토				
		설계도, 특기시방서 확인・검토				
	기기 및 자재	KS 등의 기기 및 자재성능 관련 서류 확인・검토				
		고효율 에너지 기자재 적용여부 확인・검토				
	시공	타 분야 공종과의 연관부분 확인・검토(각종 박스와의 간섭으로 철근 배근의 위치변경, 굴절발생 시 철근보강검토 등)				
		배선설비 기기, 재료 시험성적서 항목 중 기기, 재료와 동일 여부 확인				
		배관공사, 풀박스류의 설치, 분전반설치 관련사항 확인				
		노출배관, 은폐배관 확인				
		전선의 상별 동일 색상 사용 확인				
		슬래브 및 콘크리트 벽체 내 설치된 전선관 등의 두께 및 설치간격, 위치, 고정상태 등 확인				
		아웃렛박스, 점멸기, 콘센트 등의 매설깊이 확인(건축 마감면과의 관계검토)				
		방화구획을 관통하는 덕트 내부의 방화구획 확인				
		동일 덕트 내 서로 다른 전압배선 설치 시 격벽설치 확인				
		배선기구의 설치 높이 확인				
	공사 완료	최종 설치마감상태 육안확인				
		기기의 설치 위치 확인				
		전기 충전 전 및 준공검사 시 회로의 절연저항시험 확인				
		전기안전검사필증 확인・검토				

시공자점검일	년 월 일	총괄 시공 책임자	(인)
		공종별 시공 관리자	(인)
감리자점검일	년 월 일	총괄 감리 책임자	(인)
		건축사보 (공종별 감리 책임자)	(인)
첨부자료			

공종별 감리 체크리스트			문서번호			
공 종		조명설비공사	세부공종	-		
부 위		층	위치			
구분		검 사 항 목	기준, 참고사항	검사결과		조치사항
				적합	부적합	
기본 업무	도서	선정된 기자재 관련 설치계획 및 시공도 확인 · 검토				
		설계도, 특기시방서 확인 · 검토				
	기기 및 자재	KS 등의 기기 및 자재성능 관련 서류 확인 · 검토				
		고효율 에너지 기자재 적용여부 확인 · 검토				
	시공	타 분야 공종과의 연관부분 확인 · 검토				
		조명기구의 구조재 부착 확인				
	공사 완료	최종 설치마감상태 육안확인				
		기기 및 기구설치 확인				

시공자점검일	년 월 일	총괄 시공 책임자	(인)
		공종별 시공 관리자	(인)
감리자점검일	년 월 일	총괄 감리 책임자	(인)
		건축사보 (공종별 감리 책임자)	(인)

첨부자료	

<table>
<tr><td colspan="3">공종별 감리 체크리스트</td><td>문서번호</td><td colspan="3"></td></tr>
<tr><td colspan="2">공 종</td><td>동력설비공사</td><td>세부공종</td><td colspan="3">-</td></tr>
<tr><td colspan="2">부 위</td><td>층</td><td>위치</td><td colspan="3"></td></tr>
<tr><td colspan="2" rowspan="2">구분</td><td rowspan="2">검 사 항 목</td><td rowspan="2">기준, 참고사항</td><td colspan="2">검사결과</td><td rowspan="2">조치사항</td></tr>
<tr><td>적합</td><td>부적합</td></tr>
<tr><td rowspan="10">기본
업무</td><td rowspan="2">도서</td><td>선정된 기자재 관련 설치계획 및 시공도확인·검토</td><td></td><td></td><td></td><td></td></tr>
<tr><td>설계도, 특기시방서 확인·검토</td><td></td><td></td><td></td><td></td></tr>
<tr><td rowspan="2">기기
및
자재</td><td>KS 등의 기기 및 자재성능 관련 서류 확인·검토</td><td></td><td></td><td></td><td></td></tr>
<tr><td>고효율 에너지 기자재 적용여부 확인·검토</td><td></td><td></td><td></td><td></td></tr>
<tr><td rowspan="3">시공</td><td>타 분야 공종과의 연관부분 확인·검토</td><td></td><td></td><td></td><td></td></tr>
<tr><td>기능시험 및 시험결과 확인</td><td></td><td></td><td></td><td></td></tr>
<tr><td>배관배선, 동력제어반의 설치 확인</td><td></td><td></td><td></td><td></td></tr>
<tr><td rowspan="3">공사
완료</td><td>최종 설치미감상태 육안확인</td><td></td><td></td><td></td><td></td></tr>
<tr><td>기기 및 기구설치 확인</td><td></td><td></td><td></td><td></td></tr>
<tr><td>제작자의 성능시험(동작시험) 성적서에 의한 시운전 확인</td><td></td><td></td><td></td><td></td></tr>
<tr><td colspan="2" rowspan="2">시공자점검일</td><td rowspan="2">년 월 일</td><td>총괄 시공 책임자</td><td colspan="3">(인)</td></tr>
<tr><td>공종별 시공 관리자</td><td colspan="3">(인)</td></tr>
<tr><td colspan="2" rowspan="2">감리자점검일</td><td rowspan="2">년 월 일</td><td>총괄 감리 책임자</td><td colspan="3">(인)</td></tr>
<tr><td>건축사보
(공종별 감리 책임자)</td><td colspan="3">(인)</td></tr>
<tr><td colspan="2">첨부자료</td><td colspan="5"></td></tr>
</table>

<table>
<tr><td colspan="3">공종별 감리 체크리스트</td><td>문서번호</td><td colspan="3"></td></tr>
<tr><td colspan="2">공 종</td><td>감시제어설비공사</td><td>세부공종</td><td colspan="3">-</td></tr>
<tr><td colspan="2">부 위</td><td>층</td><td>위치</td><td colspan="3"></td></tr>
<tr><td colspan="2" rowspan="2">구분</td><td rowspan="2">검 사 항 목</td><td rowspan="2">기준, 참고사항</td><td colspan="2">검사결과</td><td rowspan="2">조치사항</td></tr>
<tr><td>적합</td><td>부적합</td></tr>
<tr><td rowspan="10">기본
업무</td><td rowspan="2">도서</td><td>선정된 기자재 관련 설치계획 및 시공도확인・검토</td><td></td><td></td><td></td><td></td></tr>
<tr><td>설계도, 특기시방서 확인・검토</td><td></td><td></td><td></td><td></td></tr>
<tr><td rowspan="2">기기
및
자재</td><td>KS 등의 기기 및 자재성능 관련 서류 확인・검토</td><td></td><td></td><td></td><td></td></tr>
<tr><td>고효율 에너지 기자재 적용여부 확인・검토</td><td></td><td></td><td></td><td></td></tr>
<tr><td rowspan="4">시공</td><td>타 분야 공종과의 연관부분 확인・검토</td><td></td><td></td><td></td><td></td></tr>
<tr><td>P&ID(운전제어 조작흐름도) 및 입출력 관제 점목록 확인</td><td></td><td></td><td></td><td></td></tr>
<tr><td>벽걸이형 그래픽 패널의 중량과 설치 대상 벽의 구조 확인</td><td></td><td></td><td></td><td></td></tr>
<tr><td>배선의 절연저항 측정 기록 등 시험검사 성적서 확인</td><td></td><td></td><td></td><td></td></tr>
<tr><td rowspan="2">공사
완료</td><td>최종 설치마감상태 육안확인</td><td></td><td></td><td></td><td></td></tr>
<tr><td>기기 및 기구설치 확인</td><td></td><td></td><td></td><td></td></tr>
</table>

<table>
<tr><td rowspan="2">시공자점검일</td><td rowspan="2">년 월 일</td><td>총괄 시공 책임자</td><td>(인)</td></tr>
<tr><td>공종별 시공 관리자</td><td>(인)</td></tr>
<tr><td rowspan="2">감리자점검일</td><td rowspan="2">년 월 일</td><td>총괄 감리 책임자</td><td>(인)</td></tr>
<tr><td>건축사보
(공종별 감리 책임자)</td><td>(인)</td></tr>
<tr><td>첨부자료</td><td colspan="3"></td></tr>
</table>

<table>
<tr><th colspan="3">공종별 감리 체크리스트</th><th>문서번호</th><th colspan="3"></th></tr>
<tr><th colspan="2">공 종</th><td>피뢰 및 접지 설비공사</td><th>세부공종</th><td colspan="3">-</td></tr>
<tr><th colspan="2">부 위</th><td>층</td><th>위치</th><td colspan="3"></td></tr>
<tr><th colspan="2" rowspan="2">구분</th><th rowspan="2">검 사 항 목</th><th rowspan="2">기준, 참고사항</th><th colspan="2">검사결과</th><th rowspan="2">조치사항</th></tr>
<tr><th>적합</th><th>부적합</th></tr>
<tr><td rowspan="13">기본 업무</td><td rowspan="2">도서</td><td>선정된 기자재 관련 설치계획 및 시공도 확인·검토</td><td></td><td></td><td></td><td></td></tr>
<tr><td>설계도, 특기시방서 확인·검토</td><td></td><td></td><td></td><td></td></tr>
<tr><td>기기 및 자재</td><td>KS 등의 기기 및 자재성능 관련 서류 확인·검토</td><td></td><td></td><td></td><td></td></tr>
<tr><td rowspan="5">시공</td><td>타 분야 공종과의 연관부분 확인·검토</td><td></td><td></td><td></td><td></td></tr>
<tr><td>돌침의 건축물 상부 기준 돌출거리 확인</td><td></td><td></td><td></td><td></td></tr>
<tr><td>접지극의 지상매설위치 및 깊이 확인</td><td></td><td></td><td></td><td></td></tr>
<tr><td>접지선의 표식 확인</td><td></td><td></td><td></td><td></td></tr>
<tr><td>접지 저항 값이 확보될 수 있는 접지봉 설치위치 및 시공방법 확인·검토</td><td></td><td></td><td></td><td></td></tr>
<tr><td rowspan="4">공사 완료</td><td>최종 설치마감상태 육안확인</td><td></td><td></td><td></td><td></td></tr>
<tr><td>기기 및 기구설치 확인</td><td></td><td></td><td></td><td></td></tr>
<tr><td>피뢰침의 총 접지저항, 지상 각 접속부, 단선 및 용융 등 손상부위 확인</td><td></td><td></td><td></td><td></td></tr>
<tr><td>접지 저항 값 측정 확인 및 접지극, 접지모선, 접지봉 매설위치 준공도면 표기 확인</td><td></td><td></td><td></td><td></td></tr>
<tr><td colspan="2" rowspan="2">시공자점검일</td><td rowspan="2">년 월 일</td><td>총괄 시공 책임자</td><td colspan="3">(인)</td></tr>
<tr><td>공종별 시공 관리자</td><td colspan="3">(인)</td></tr>
<tr><td colspan="2" rowspan="2">감리자점검일</td><td rowspan="2">년 월 일</td><td>총괄 감리 책임자</td><td colspan="3">(인)</td></tr>
<tr><td>건축사보
(공종별 감리 책임자)</td><td colspan="3">(인)</td></tr>
<tr><td colspan="2">첨부자료</td><td colspan="5"></td></tr>
</table>

●통신 및 약전설비 공사감리 체크리스트

공종별 감리 체크리스트		문서번호	
공 종	통신설비공사	세부공종	-
부 위	층	위치	

구분		검 사 항 목	기준, 참고사항	검사결과		조치사항
				적합	부적합	
기본 업무	도서	선정된 기자재 관련 설치계획 및 시공도 확인 · 검토				
		설계도, 특기시방서 확인 · 검토				
	기기 및 자재	KS 등의 기기 및 자재성능 관련 서류 확인 · 검토				
		고효율 에너지 기자재 적용여부 확인 · 검토				
	시공	타 분야 공종과의 연관부분 확인 · 검토				
		전화단자함의 설치높이 확인				
		데이터선과 전원선의 별도 배관 및 박스 내 입선 확인				
	공사 완료	최종 설치마감상태 육안확인				
		기기 및 기구설치 확인				
		건물 내 방송 수신상태 확인				
		스피커의 동작상태 확인				
		TV수상기의 화질 확인				
		CCTV 카메라의 각도 범위 확인				
		디지털영상녹화감시기 녹화장면의 확인				
		주동출입시스템의 소방시스템과의 연동 확인				
		홈네트워크 서버에서 각 세대기의 동작상태, 원격제어 상태 및 외부의 원격지에서의 제어 상태 확인				

시공자점검일	년 월 일	총괄 시공 책임자	(인)
		공종별 시공 관리자	(인)
감리자점검일	년 월 일	총괄 감리 책임자	(인)
		건축사보 (공종별 감리 책임자)	(인)
첨부자료			

●통신 및 약전설비 공사감리 체크리스트

공종별 감리 체크리스트		문서번호	
공 종	약전설비공사	세부공종	-
부 위	층	위치	

구분		검 사 항 목	기준, 참고사항	검사결과 적합	검사결과 부적합	조치사항
기본업무	도서	선정된 기자재 관련 설치계획 및 시공도 확인 · 검토				
		설계도, 특기시방서 확인 · 검토				
	기기 및 자재	KS 등의 기기 및 자재성능 관련 서류 확인 · 검토				
		고효율 에너지 기자재 적용여부 확인 · 검토				
	시공	타 분야 공종과의 연관부분 확인 · 검토				
		절연 저항 검사 후 전선의 결선 여부 확인				
		회선 상호 간의 절연저항 측정 기록 및 접지저항 측정 기록 등 시험검사 성적서 확인				
		모든 장치 전원의 분전반 내 차단기 경유 분기여부 확인				
		가스감지기의 설치위치 확인				
	공사완료	최종 설치마감상태 육안확인				
		기기 및 기구설치 확인				

시공자점검일	년 월 일	총괄 시공 책임자	(인)
		공종별 시공 관리자	(인)
감리자점검일	년 월 일	총괄 감리 책임자	(인)
		건축사보 (공종별 감리 책임자)	(인)
첨부자료			

●소화 소방 설비 공사감리 체크리스트

공종별 감리 체크리스트		문서번호	
공 종	기계소방설비공사	세부공종	-
부 위	층	위치	

구분		검 사 항 목	기준, 참고사항	검사결과		조치사항
				적합	부적합	
기본 업무	도서	선정된 기자재 관련 설치계획 및 시공도 확인 · 검토				
		설계도, 특기시방서 확인 · 검토				
		옥내소화전설비, 스프링클러설비, 물분무 등 소화설비 등의 내진설계 여부 확인				
	기기 및 자재	KS 등의 기기 및 자재성능 관련 서류 확인 · 검토				
		고효율 에너지 기자재 적용여부 확인 · 검토				
	시공	타 분야 공종과의 연관부분 확인 · 검토				
		지하매설부에서 지상에 노출되는 부분과 기초가 다른 기기류와의 접속부 배관의 신축이음 확인				
		소화기구의 설치위치 및 높이 확인				
		송수구, 상수도소화전 등의 위치 및 높이, 구경 확인				
		스프링클러 가지배관에 설치되는 헤드 수 확인				
		배관 행거 설치 간격 확인				
		제연구역 출입문 설치 시 크기 및 개폐방향 확인				
	공사 완료	최종 설치마감상태 육안확인				
		기기 및 기구설치 확인				
		소방관련 검사필증 확인				
		가압송수장치 전동기의 상용전원 차단 시 가동 여부 확인				
		배관의 동결방지 조치와 소방용 표시 확인				
		소화전 설비의 위치 표시등 설치 확인				
		할로겐화합물 소화설비, 청정소화약제 소화설비, 분말소화설비 등이 설치된 구역 출입구의 약제 방출 여부 표시등 설치 확인				
		설치된 분말소화약제의 종류 확인				
		피난기구의 위치표시 여부 확인				
		제연 풍도의 단열 확인				
		제연 설비의 취입구와 배기구의 이격거리 확인				
		제연구역 출입문 폐쇄상태에서의 출입문의 개방력과 개방 후 자동폐쇄 여부 및 유지 확인				
		위험물 옥외저장탱크저장소의 표시 및 게시판 설치 확인				
		각종 시운전 확인				

시공자점검일	년 월 일	총괄 시공 책임자	(인)
		공종별 시공 관리자	(인)
감리자점검일	년 월 일	총괄 감리 책임자	(인)
		건축사보 (공종별 감리 책임자)	(인)
첨부자료			

<table>
<tr><td colspan="3">공종별 감리 체크리스트</td><td>문서번호</td><td colspan="3"></td></tr>
<tr><td colspan="2">공 종</td><td>전기소방설비공사</td><td>세부공종</td><td colspan="3">-</td></tr>
<tr><td colspan="2">부 위</td><td>층</td><td>위치</td><td colspan="3"></td></tr>
<tr><td colspan="2" rowspan="2">구분</td><td rowspan="2">검 사 항 목</td><td rowspan="2">기준, 참고사항</td><td colspan="2">검사결과</td><td rowspan="2">조치사항</td></tr>
<tr><td>적합</td><td>부적합</td></tr>
<tr><td rowspan="12">기본
업무</td><td rowspan="2">도서</td><td>선정된 기자재 관련 설치계획 및 시공도 확인・검토</td><td></td><td></td><td></td><td></td></tr>
<tr><td>설계도, 특기시방서 확인・검토</td><td></td><td></td><td></td><td></td></tr>
<tr><td rowspan="2">기기
및
자재</td><td>KS 등의 기기 및 자재성능 관련 서류 확인・검토</td><td></td><td></td><td></td><td></td></tr>
<tr><td>고효율 에너지 기자재 적용여부 확인・검토</td><td></td><td></td><td></td><td></td></tr>
<tr><td rowspan="3">시공</td><td>타 분야 공종과의 연관부분 확인・검토</td><td></td><td></td><td></td><td></td></tr>
<tr><td>감시제어반 실치장소(방재센터)의 위치 확인</td><td></td><td></td><td></td><td></td></tr>
<tr><td>자동화재탐지설비 중 수신기, 중계기, 감지기, 발신기 등의 설치위치 및 높이 확인</td><td></td><td></td><td></td><td></td></tr>
<tr><td rowspan="4">공사
완료</td><td>최종 설치마감상태 육안확인</td><td></td><td></td><td></td><td></td></tr>
<tr><td>기기 및 기구설치 확인</td><td></td><td></td><td></td><td></td></tr>
<tr><td>단독형 화재경보기의 최상층 계단실 천장 설치 확인</td><td></td><td></td><td></td><td></td></tr>
<tr><td>기기 및 기구의 현장시험 및 검사결과 확인 (절연저항, 절연내력, 공통선, 동작, 회로의 도통시험 등)</td><td></td><td></td><td></td><td></td></tr>
</table>

<table>
<tr><td rowspan="2">시공자점검일</td><td rowspan="2">년 월 일</td><td>총괄 시공 책임자</td><td>(인)</td></tr>
<tr><td>공종별 시공 관리자</td><td>(인)</td></tr>
<tr><td rowspan="2">감리자점검일</td><td rowspan="2">년 월 일</td><td>총괄 감리 책임자</td><td>(인)</td></tr>
<tr><td>건축사보
(공종별 감리 책임자)</td><td>(인)</td></tr>
<tr><td>첨부자료</td><td colspan="3"></td></tr>
</table>

Guidelines
건축공사감리 체크리스트

2025년 11월 20일 발행

편집부 편

펴낸이 / 김기현

발행처 / 도서출판 시공문화사
등　록 / 1993년 3월 12일
주　소 / (03733) 서울시 서대문구 독립문공원길 13 극동프라자 5층
전　화 / 02)3147-1212 · 2323
팩　스 / 02)3147-2626

인　쇄 / 한림인쇄
제　본 / (주)아이엔북
용　지 / (주)대림지업사

ISBN 978-89-5592-401-5

정가 12,000원

※본서에 수록된 내용들은 발매시점의 개정사항 등을 반영하였으므로
법규 적용시 반드시 확인하시기 바랍니다.